航空服务艺术与管理本科系列教材

民航应用文写作基础教程

Practical Writing for Civil Aviation

陈 艳 ◎ 主 编
方晓静 ◎ 副主编
白前永 ◎ 参 编

电子工业出版社
Publishing House of Electronics Industry
北京·BEIJING

未经许可，不得以任何方式复制或抄袭本书之部分或全部内容。
版权所有，侵权必究。

图书在版编目（CIP）数据

民航应用文写作基础教程 / 张莹，陈艳主编. —北京：电子工业出版社，2023.7
ISBN 978-7-121-45636-7

Ⅰ. ①民… Ⅱ. ①张… ②陈… Ⅲ. ①民用航空－应用文－写作－高等学校－教材 Ⅳ. ①V2

中国国家版本馆 CIP 数据核字（2023）第 089056 号

责任编辑：刘淑丽
印　　刷：大厂回族自治县聚鑫印刷有限责任公司
装　　订：大厂回族自治县聚鑫印刷有限责任公司
出版发行：电子工业出版社
　　　　　北京市海淀区万寿路 173 信箱　邮编 100036
开　　本：787×1092　1/16　印张：14　字数：359 千字
版　　次：2023 年 7 月第 1 版
印　　次：2023 年 7 月第 1 次印刷
定　　价：56.00 元

凡所购买电子工业出版社图书有缺损问题，请向购买书店调换。若书店售缺，请与本社发行部联系，联系及邮购电话：（010）88254888，88258888。
质量投诉请发邮件至 zlts@phei.com.cn，盗版侵权举报请发邮件至 dbqq@phei.com.cn。
本书咨询联系方式：（010）88254182，liusl@phei.com.cn。

航空服务艺术与管理本科系列教材建设委员会

丛书总主编：

刘　永　　北京中航未来科技集团有限公司董事长兼总裁

丛书总策划：

王益友　　中国东方航空集团驻国外办事处原经理，教授

丛书编委会秘书长：

胡明良　　江南影视艺术职业学院航空乘务学院副院长

丛书编委会成员：（按姓氏笔画数为序，姓氏笔画数相同者，按姓名第2个字笔画数为序）

刘岩松　　沈阳航空航天大学民用航空学院院长
刘　超　　华侨大学厦航学院副院长兼空乘系主任
李广春　　郑州航空工业管理学院民航学院院长
张树生　　山东交通学院航空学院原院长、山东通用航空研究院院长
陈　健　　北华航天工业学院外国语学院院长
郑步生　　南京航空航天大学金城学院航空运输与工程学院院长
宫新军　　滨州学院乘务学院院长
熊越强　　桂林航天工业学院教授

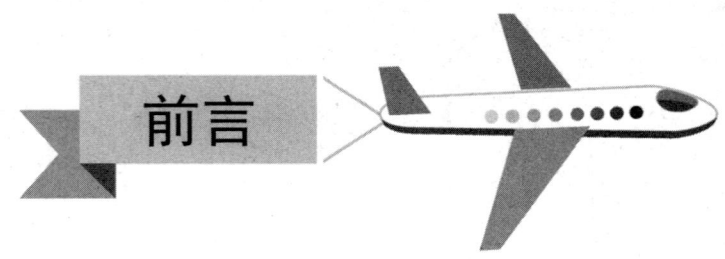

前言

《"十四五"民用航空发展规划》开启了多领域民航强国建设新征程。聚焦智慧民航建设对人才的最新要求，着力培养创新型、应用型国际化的高素质民航技能人才，是贯彻国家高等教育改革方针政策、落实民航"一二三三四"总体发展思路、推动民航高质量发展、实现民航强国战略目标的重要保障。

高素质的民航技能人才不仅需要具备扎实的专业知识、过硬的本领，还要有良好的综合语言表达能力，尤其是常见应用文写作能力。

本教材基于"必需、够用"的原则，选取航空服务艺术与管理、空中乘务等民航专业学生应知应会的实用文体，精心编撰而成。通过对本教材的学习，航空服务艺术与管理、空中乘务等民航专业学生可以掌握常用应用文写作基础知识及技能，达到能写、会用的教学目的，为其日常生活、学习以及未来职业生涯发展提供必要的知识与能力储备。

本教材在编写过程中，注重应用文体写作基本规范与民航专业要求的有机结合，主要特色表现如下。

一是够用。本教材秉承"以就业为导向""一切为了学生"的教学理念，紧扣航空服务艺术与管理、空中乘务、安检、运输、商务等各类民航专业学生职业能力素养之需，精心选择了学生学习、生活以及未来岗位工作中常用、常见的应用文文体，编写而成。全书共九章，涵盖民航常用公务文书、民航管理事务文书、客舱服务专用文书、民航宣传事务文书、民航常用礼仪文书、民航常用财经文书、民航常用职场文书、民航常用学业文书，基本满足学生学业及未来岗位工作之需。

二是实用。本教材在编写过程中，坚持"学以致用、以用促学、学用相长"的教学原则，在秉承应用文写作基本规范的同时，注重选取学生日常生活、学习以及未来工作岗位中有代表性的典型文案作为范例，同时辅以极具民航属性的实用文体表现形式解读，具有鲜明的民航专业特色。将应用文写作基本规范与学生真实可感的文体适用情境紧密结合，实现了所学内容与学生的生活、学习以及工作需要的有机衔接，打通了应用文写作课程与民航专业学科之间的知识壁垒，有助于提升学生的学习兴趣与主观能动性，增进学生对所学专业及未来工作岗位的了解，强化学生的行业文化认同感。

三是好用。本教材打破了传统"先理论、后实践"的做法，强调"学中做、做中学"的教学理念，借鉴了任务驱动教学法的先进理念，以任务引领为驱动，按照"任务签派→任务解读→任务导航→案例赏析→注意事项→拓展训练→知识链接"的主体思路谋篇布局，通过"实践→理论→实践→再实践"的启发式教学，充分调动学生的学习主动性与积极性，使学生在"导→引→学→思→做"的自主探究式学习与实践中，获取解决任务的有效方法和步骤，实现从"不会→会→熟练→巩固→提高"的教学目标预期。

　　四是致用。本教材秉承"立德树人"总方针，注重将思政教育贯穿应用文写作教育教学全过程，推动课程思政与思政课程同向同行，发挥协同育人作用，为培养德智体美劳全面发展的新时代中国特色社会主义高素质民航应用型、技术型人才提供有力的支撑。

　　本教材由上海民航职业技术学院、中国民航管理干部学院、中国民航大学、海南三亚航空职业技术学院4所民航业内高校的9位一线教师共同编写而成，是一本实用性强、行业特色鲜明的校际合作教材。

　　本教材由张莹、陈艳主编，陈梅花、邹铁夫、方晓静副主编，匡旭娟、胡宝丹、沈新军、白前永参编。

　　本教材在编写过程中，得到了中国东方航空集团驻外办事处原经理王益友教授的悉心指导，得到了中国民航管理干部学院刘占伟老师、高翔老师的热心帮助，得到了诸多同行的热切关注与指教，在此深表谢意。

　　本教材在编写过程中，参考了大量的相关书籍、文章，有的内容和文章注明了出处，有的因多次转载或文献获取途径记载不够清晰等原因未做详细说明，谨此，对有关作者及各类媒体表示歉意并致以衷心感谢！

　　由于编写时间仓促，编者水平有限，本教材难免存在缺点和错误，敬请广大读者批评指正！

编　者

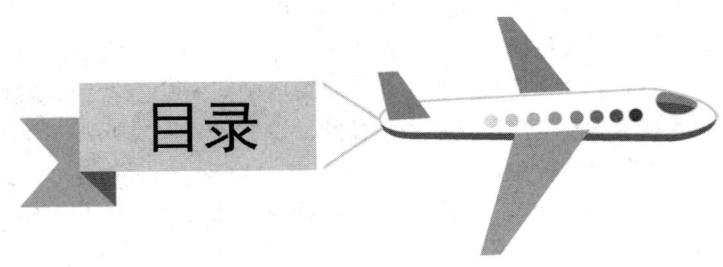

目录

第一章　绪论 1
　　第一节　民航应用文写作概论 1
　　第二节　民航应用文写作要求 4
第二章　民航常用公务文书 11
　　第一节　通告 11
　　第二节　通知 17
　　第三节　通报 23
　　第四节　请示 29
　　第五节　报告 35
　　第六节　函 43
　　第七节　纪要 48
第三章　民航管理事务文书 54
　　第一节　计划 54
　　第二节　总结 60
　　第三节　简报 68
　　第四节　规章制度 73
第四章　客舱服务专用文书 79
　　第一节　客舱广播词 79
　　第二节　客舱乘务初始新雇员适应性带飞记录表 87
　　第三节　机上事件报告单 91
　　第四节　紧急医疗事件报告单 96

第五节　特殊旅客空中生活记录表 …………………………………… 100

第五章　民航宣传事务文书 …………………………………………… 104
　　第一节　消息 …………………………………………………………… 104
　　第二节　通讯 …………………………………………………………… 112
　　第三节　专题活动策划书 ……………………………………………… 123

第六章　民航常用礼仪文书 …………………………………………… 128
　　第一节　邀请函 ………………………………………………………… 128
　　第二节　贺词　贺信 …………………………………………………… 132
　　第三节　感谢信 ………………………………………………………… 137
　　第四节　慰问信 ………………………………………………………… 141

第七章　民航常用财经文书 …………………………………………… 145
　　第一节　市场调查报告 ………………………………………………… 145
　　第二节　可行性研究报告 ……………………………………………… 150
　　第三节　意向书 ………………………………………………………… 156
　　第四节　经济合同 ……………………………………………………… 160

第八章　民航常用职场文书 …………………………………………… 168
　　第一节　求职信 ………………………………………………………… 168
　　第二节　简历 …………………………………………………………… 174
　　第三节　竞聘演讲稿 …………………………………………………… 178
　　第四节　述职报告 ……………………………………………………… 183
　　第五节　申请书 ………………………………………………………… 188

第九章　民航常用学业文书 …………………………………………… 193
　　第一节　实习报告 ……………………………………………………… 193
　　第二节　毕业论文 ……………………………………………………… 199

附录A　常见文章修改符号及其用法 …………………………………… 206

附录B　民航应用文写作常见惯用语一览表 …………………………… 208

附录C　民航客舱服务常用专业术语一览表 …………………………… 209

附录D 民航咨询通告式样 211

附录E 公文式样 212

附录F 民航明传电报式样 213

附录G 信函式样 214

附录H 纪要式样 215

参考文献 216

第一章 绪 论

应用文是人们在日常生活、工作和学习中所应用的简易通俗的文体形式，一般有固定的格式，包括书信、公文、契约、单据等。

民航应用文是从应用文的大体系中分支出来的，可供空中乘务等民航专业学生，以及民航企事业单位、社会团体和个人处理行政公务、日常事务，沟通信息，协调关系时使用。

按照适用范围和内容性质，可将民航应用文分为民航常用公务文书、民航管理事务文书、客舱服务专用文书、民航宣传事务文书、民航常用礼仪文书、民航常用财经文书、民航常用职场文书、民航常用学业文书八大类别。

第一节 民航应用文写作概论

一、民航应用文的含义

民航应用文，是应用文写作的一个分支。

关于"应用文"，《辞海》的解释是：人们在日常生活、工作和学习中所应用的简易通俗文字，一般有固定的格式，包括书信、公文、契约、单据等。

民航应用文是从应用文的大体系中分支出来的，适应民航专业学生，以及有关从业人员的生活、学习和工作需要，具有较为明显的行业特色，以及惯用格式的各类实用文体的总称。

民航应用文可供民航企事业单位、社会团体和个人处理行政公务、日常事务，沟通信息，协调关系时使用。比如处理行政公务时使用的通知、通报、请示、报告、函、纪要，处理管理事务时使用的计划、总结、简报、规章制度，处理客舱事务时使用的客舱广播词、特殊旅客空中生活记录表、机上事件报告单，处理生产经营活动和企业宣传策划时使用的市场调查报告、可行性研究报告、意向书、经济合同，以及消息、通讯、专题活动策划书等宣传事务文书等都属于民航应用文。

民航应用文遵循应用文写作的基本写作规范，同时注重结合民航专业需要及特定要求，具有较为鲜明的行业特色和实用意义。

二、民航应用文的由来

应用文写作，古已有之。殷商时期刻于龟甲或兽骨上的"卜辞"，真实记录了殷商时期王室占卜、气候、食货、征伐、狩猎等生活痕迹，堪称我国古代应用文写作的雏形。

《尚书》是我国第一部上古历史文献汇编，主要记载了虞夏商周的典、谟、训、诰、誓等，其中保存了不少古代应用文书资料。

从春秋战国到唐宋元，中国封建社会经历了漫长的历史时期。顺应社会发展，应用文种类日渐增多，要求也渐趋严格，比如汉代的书、议、策、论、疏、诏、制、敕、章、奏、表等，已有明确的上行文和下行文之分。其中的诏、令、策、敕等为上对下发布命令时所用文种，章、奏、表、议等为下对上汇报政事要务时的常用文种。不同文种有着不同的适用情境与写作要求，不可混淆、乱用。至于晋代的简、牍、署，唐宋的册、籍、图，以及人们广为应用的碑、碣、志、铭等应用文种的出现，说明应用文的使用范围越来越广，人们对应用文的需求越来越多，写作要求也越来越规范、明晰。

伴随着古代应用文的发展，一篇篇精品力作相继面世，比如李斯的《谏逐客书》、贾谊的《论积贮疏》、晁错的《论贵粟疏》、司马相如的《上书谏猎》、曹操的《求贤令》、诸葛亮的《出师表》、李密的《陈情表》、魏征的《谏太宗十思疏》、韩愈的《柳子厚墓志铭》等，都是我国古代应用文的典范。

明清时期，应用文分类更趋细致、繁杂。清代著名文论家刘熙载首次提出"应用文"这一概念，并明确指出"辞命体，推之即可为一切应用之文。应用文有上行、有平行、有下行。重其辞乃所以重其实也"（《艺概·文概》）。

进入近代，应用文逐渐扬弃了古代应用文等级森严、重繁文缛节的缺点，直陈其事、务求实用的要求不断增强。进入21世纪，应用文与我们的生活关系更加密切，无论是写作理论还是写作技巧等均更趋成熟，行业化、个性化、专业化等特点也日趋明显，一批适应不同行业领域要求、具有鲜明专业特点的应用文写作专著应运而生，比如财经应用文、行政应用文、司法应用文、科技应用文、传播应用文、土木工程应用文等，均具有鲜明的行业特色。

《民航应用文写作基础教程》正是顺应这一时代特点与要求，紧扣民航企事业单位、社会团体、有关从业人员，以及高校民航专业学生工作、学习、生活需要而编写的一门针对性强、实用性好、行业特色鲜明的实用文体写作教程。本教程旨在通过对包括航空服务艺术与管理、空中乘务在内的各类民航专业学生生活、学习以及未来职业生涯中应知应会的各类实用文体进行写作训练与指导，提升民航专业学生的语言文字综合应用能力，强化其职业可持续发展的内在竞争力。

三、民航应用文的特点

作为一类兼具实用意义与行业特色的实用文体，民航应用文具有以下几个方面的特点。

（一）实用性

应用文又称"实用文"，是"为实用而作之文"。民航应用文是民航各企事业单位、社会团体或个人处理事务、解决实际问题时使用的文体，具有"为时""为事"的写作目的和功能特征。

作为民航应用文的第一特性，实用性是民航应用文区别于其他文学作品及文学体裁的重要标志。

（二）格式性

民航应用文一般有比较固定的文本格式：一种是由党政机关颁布的法定格式，比如由中共中央办公厅、国务院办公厅联合印发的《党政机关公文处理工作条例》，对格式、种类、行文规则、办理等都有统一要求；一种是在长期使用过程中形成的约定俗成的惯用格式，比如事务文书中的计划、总结、调查报告等；另一种是根据民航工作特点和行业需求形成的特定格式，比如民航明传电报、民航业务通告、民航局情况通报等。

（三）真实性

真实性是应用文写作的灵魂。民航应用文写作的内容要求实事求是，一切从实际出发，尊重实际，尊重客观规律，杜绝凭空想象、虚构或歪曲事实。在撰写民航应用文时，撰写者必须严肃认真核对材料、数据及每个细节，确保每句话、每个数字、每个细节都经得起推敲，都能真实地反映客观事实。胡编乱造、道听途说是民航应用文写作之大忌。

（四）针对性

民航应用文有比较明确的受文对象和行文目的，比如向谁请示、向谁报告、该通知谁、该函告谁等。即使是带有晓谕性或周知性的公告、通告等，其受众也往往较为明确，比如《关于维护民用航空秩序保障航空运输安全的通告》，其受众主要为旅客、货物托运人和收货人，以及其他进入机场的人员等。

（五）时效性

民航应用文是民航企事业单位、社会团体或个人处理事务、解决实际问题时使用的，既要写得及时，又要发得及时，办得及时，解决得及时，切忌随意延误或耽搁。比如民航局情况通报，其内容往往跟特定情况、特定事件、特定要求有着密切关系，如果通报不及时，会给民航安全运输工作带来不利影响，甚至可能会造成不可估量的严重后果。

四、民航应用文的分类

按照适用范围和内容性质，我们将常用民航应用文分为以下八个类别。

民航常用公务文书：通告、通知、通报、请示、报告、函、纪要。

民航管理事务文书：计划、总结、简报、规章制度。

客舱服务专用文书：客舱广播词、客舱乘务初始新雇员适应性带飞记录表、机上事件报告单、紧急医疗事件报告单、特殊旅客空中生活记录表。

民航宣传事务文书：消息、通讯、专题活动策划书。

民航常用礼仪文书：邀请函、贺词、贺信、感谢信、慰问信。

民航常用财经文书：市场调查报告、可行性研究报告、意向书、经济合同。

民航常用职场文书：求职信、简历、竞聘演讲稿、述职报告、申请书。

民航常用学业文书：实习报告、毕业论文。

上述应用文种的写作规范及撰写要求，本书将分章节一一介绍。

【拓展训练】

一、填空题

1. 民航应用文是民航企事业单位、社会团体和个人_____、_____，_____，_____时所使用的具有_____的各类实用文体的总称。

2. _____是我国第一部上古历史文献汇编，主要记载了虞夏商周的典、谟、训、诰、誓等，其中保存了不少古代应用文书资料。

3. 民航应用文具有_____、_____、_____、_____、_____等特点。

二、判断题（正确的打"√"，错误的打"×"）

1. 民航应用文是人们在日常生活、工作和学习中所应用的简易通俗文字，讲究"文无定法"。（　　）

2. 民航应用文有比较明确的受文对象和行文目的，带有晓谕性或周知性的公告和通告等文种除外。（　　）

3. 民航应用文是民航企事业单位、社会团体和个人为处理公务、办理事务或解决实际问题而写，具有较强的时效性。（　　）

4. 民航应用文具有"为时""为事"的写作目的和功能特征。（　　）

 关于"应用文"与"文学文"的讨论

> 20世纪初，我国新文化运动的先驱们曾就"应用文"与"文学文"的区别进行过积极讨论。
> 陈独秀提出，鄙意凡百文字之共名，皆谓之文。文之大别有二：一曰应用之文，一曰文学之文。刘君（半农）以诗歌戏曲小说等列入文学范围，是即余所谓文学之文也；以评论文告日记信札等列入文字范围，是即余所谓应用之文也。
> 著名文学家、语言学家、教育家刘半农则有如下表述。应用文与文学文，性质全然不同，有两个譬喻：应用文是个青菜黄米的家常便饭，文学文却是肥鱼大肉；应用文是"无事三十里"的随便走路，文学文乃是运动场上大出风头的一英里（1英里=1.609 344公里）赛跑。其比喻之贴切、形象，堪称一绝。

第二节　民航应用文写作要求

相比小说、诗歌、散文、戏剧等文学作品而言，民航应用文在写作规范与学写训练方面均有不同要求。

一、民航应用文写作的基本要求

主旨、材料、结构、语言是一切文章的构成要素。主旨是灵魂，材料是血肉，结构是骨骼，语言是细胞。各要素之间相互关联，构成一个统一体。

与一般文学作品相比，民航应用文在主旨、材料、结构、语言等方面的写作要求各有不同。

（一）主旨

主旨是文章的灵魂和核心。"凡为文以意为主"，文章的主旨决定着文章的价值、质量和生命力。民航应用文写作的材料取舍、谋篇布局、技巧运用，乃至标题拟定、遣词造句等均受主旨制约并服从表现文章主旨的需要。

民航应用文写作的主旨遵循正确、鲜明、新颖、深刻、集中的原则。

1. 正确

民航应用文的主旨必须符合国家的法律、法规，符合党和国家的路线、方针、政策，符合国家以及交通运输部、中国民用航空局等有关部门颁布的专业要求和行业规范；必须符合客观实际情况，能反映客观事物的本质规律，经得起实践和时间的检验。比如经济合同，如果合同条款约定不符合法律规定，该条款无效。如果该条款对合同起关键作用，该合同无效。

2. 鲜明

民航应用文写作的主旨要清楚、明确，反对什么，赞成什么；提倡什么，禁止什么；应该怎么做，不应该怎么做；要解决什么问题，达到什么目的等，都要旗帜鲜明地表达出来，并形成一条主线贯穿全文。切忌主旨不明、含糊其词、模棱两可、吞吞吐吐绕弯子或"犹抱琵琶半遮面"。以通报为例，无论是表彰性通报，还是批评性通报，文章主旨一定要鲜明，态度一定要明确，既不能随意拔高，也不能任意贬低，要掌握分寸，就事论理，只有评析、奖罚客观公正，才能收到良好的教育效果。

3. 新颖

民航应用文写作的主旨要有新意，所形成的观点、主张、感受、意见等要有自己的独特之处，不落俗套，不落窠臼，能引人关注，使人耳目一新。千篇一律、平淡无奇、枯燥乏味，老调重弹、人云亦云、因循守旧的观点、主张、感受或意见等，不仅与民航应用文写作的实用目的相悖，也不利于发现问题、解决问题。比如评审学术论文，首先要看的就是论文的观点是否明确清晰并且富有新意。

4. 深刻

民航应用文写作的主旨不仅要正确，还要有思想深度，能反映和揭示客观事物的本质。要善于去芜存菁、去伪存真，从事实中把握规律，从现象中提炼思想，进而形成精辟独到的观点与见解。如元代文论家陈绎曾在《文说》中所言："凡作文发意，第一番来者，陈言也，扫去不用；第二番来者，正语也，停止不用；第三番来者，精意也，方可用之。"又如清代著名诗论家袁枚在《随园诗话》中提到的："一题到手，必有一种供给应付之语，老生常谈，不召自来，若作家，必如谢绝泛交，尽行麾去。必心精独运，自出新裁，及其成后，又必浑成精当，无斧凿痕，方称合作。"反复思考，方可获得独到创新的意旨，写出自出心裁、有思想深度的文章。

5. 集中

民航应用文写作的主旨要集中，重点要突出。一篇文章只能实现一个写作意图，表达一个基本观点。一般情况下，民航应用文要求内容单一、一文一事、一题一议、一个中心贯穿全文。少数综合性大型报告可能会涉及多个事项，写作时应按照一定的逻辑关系，紧扣文章主旨，共同表达一个中心思想。

（二）材料

应用文的材料，是指为了一定写作目的、实现写作意图而收集、整理、截取并写入文章的一系列事实根据或理论依据，包括能够运用到应用文写作中的客观事实、实际现象、数字图表、科学原理以及党和国家的方针、政策、法规等。

民航应用文写作的材料选择以真实、典型、切题、新颖为标准。

1. 真实

民航应用文是民航各企事业单位、社会团体和个人处理行政公务、日常事务，沟通信息，协调关系时使用的，是为解决实际问题而写的，所选材料必须符合实际情况，真实可靠，准确无误，不仅时间、地点、情况要真实，各种数据也必须做到精准，否则达不到办实事的目的。比如情况报告，若所反映的情况存在夸大或缩小等情形，则易导致因材料不实而做出错误判断或决策，甚至产生不可估量的后果与影响。

2. 典型

民航应用文选择、使用的材料是在真人真事的基础上，经过作者的选择、提炼、集中、概括等艺术加工而形成的，具有广泛代表性和普适性，能够反映客观事物的本质和发展规律，并产生较强的说服力和广泛影响力。比如通报，尤其是表彰性或批评性通报，若所选取的材料具有典型意义，能充分说明问题，其教育意义往往会事半功倍。

3. 切题

民航应用文选用的材料要有针对性，必须符合文章的主旨要求，服从表达中心思想的需要。与主旨无关的材料，不仅于支撑观点无益，还会让读者不得要领，无所适从。比如某航空事件调查情况报告，调查资料表明，该事件主要是机长违反有关规定、有关民航管理机构监管不到位等所致。如果撰文者所提供的佐证材料主要为航空器、机组、有关航司、机场及当日气象情况，而对航线审批、有关民航管理机构的监管、事件发生经过以及应急处置等重要情况简而化之，避重就轻，则无益于抓住问题所在，达不到以案为鉴、以案促改的理想效果。

4. 新颖

民航应用文选用的材料要有时代感，能够表现客观事物发展变化的新趋势，能够反映客观事物的新面貌以及人们关心关注的新人、新事、新气象、新思想、新成果、新问题等。恰如明末清初著名学者李渔在《闲情偶记》中所言："'人惟求旧，物惟求新。'新也者，天下事物之美称也。而文章一道，较之他物，尤加倍焉。"

（三）结构

结构，是表现文章主旨的行文思路。它通过谋篇布局将对选材料进行合理的组织安排，使其形成一个有机统一体，进而呈现出符合逻辑的组织形式。如果说，民航应用文的主旨决定了"写什么"，材料解决了"用什么写"，那么结构则提示"该怎么写"。知道了"该怎样写"才能使文章"言而有序"，也能让所选择的材料各得其所、各尽其能、各尽其妙。

民航应用文的结构应遵循以下原则。

1. 符合客观规律和人们的认知规律

应用文是对现实生活和客观事物的反映，客观事物有其发展、变化的特有规律，人们对客观事物的认识也应遵循一定的规律。民航应用文文种繁多，其行文思路通常为"提出问题—分析问题—解决问题""开头—主体—结尾""绪论—正文—结论"等，谋篇布局上则大多采取"总—分""分—总""总—分—总"等结构类型，也有"一段式""并列式""递进式""条款式"等多种表现形式，写作时应根据人们的认知规律选择适当的结构样式，便于理解。

2. 为文章主旨服务

主旨是作者的写作目的和意图的体现，是文章的"纲"，统帅全篇。怎样开头，怎样结尾，怎样划分层次和段落，怎样设置过渡和照应，怎样确定详略与主次，都要由主旨决定。标新立异不是文章结构的取胜之道，能突出表现文章主旨的结构才是好结构。

3. 适应不同文种要求

应用文是具有一定惯用格式的文体。每类应用文种都有符合自身特点的结构样式，比如书信、消息、可行性研究报告等均有不同的结构要求。即便是同属公文系列，不同文种之间也往往有细微差别，比如公告和通告、通知和通报、请示和报告等，写作时应仔细区分，不能混淆使用。

无论采取何种结构样式，都应做到严谨自然、详略得当、重点突出、顺理成章，尤其是文章的开头和结尾，要简明扼要，切忌拖泥带水、不着边际。

（四）语言

民航应用文重在实用，其语言要求庄重、平实、明确、简约、得体。

1. 庄重

民航应用文的语言必须严肃、端庄，符合汉语语言文字使用的基本规范。主张用书面语，避免使用土语或方言。规范使用专用名称，不使用难懂的术语、行话，不滥用省略。数字表示要规范。外来语如人名、地名、机构名、报刊名等一般以新华社译名为准。历经多年的发展与应用，应用文写作积累了许多具有规范化、定型化特征的惯用语，如"按照""遵照""特此报告""获悉""准予备案""此致敬礼""即此函洽"等，这些惯用语的恰当使用，可以使文章表述更加简练、严谨、富有节奏感，体现了应用文庄重、严肃的语言风格。

2. 平实

民航应用文的写作目的是办实事。语言讲究朴实无华、简洁明快、言之有理、言之有物。叙事贵在求实、周全，说理重在平易、严谨，说明力求质朴、明了，最忌舞文弄墨、做作卖弄、华而不实、哗众取宠。"假大空""王婆卖瓜"式的浮夸语风，既不利于真实准确地反映客观事实，也不利于解决实际问题。

3. 明确

民航应用文写作要求选词用语取"最普通常用者"，不追求辞藻华丽，不滥用典故。注重遣词造句的分寸感和合适度，强调语意鲜明，忌模棱两可、含糊其辞、曲折隐晦。人名、地名、数字、引文要准确。外文词语应当注明中文含义。使用民航专业术语时，应根据文种适用对象和适用范围恰当选择。使用非规范化简称，应当先用全称并注明简称。使用国际组织外文名称或者其缩写形式，应当在第一次出现时注明标准的中文译名。

4. 简约

民航应用文写作不追求语言的细腻以及纤毫毕现的细节展示，强调从特定目的、特定对象出发，根据实际需要，写最重要的、最主要的内容。倡导清新简练的文风，主张"有话则长，无话则短",不讲空话、套话、虚话。突出思想性、针对性和可操作性,做到条理清楚、文字精练、意尽文止。

5. 得体

"语言得体"指的是遣词造句符合文章主旨以及所处语境。撰写民航应用文时,应注意行文对象与受文对象之间的关系,选择符合行文者身份并适合表现文章主旨、契合用语环境、符合文章整体风格的语言。比如请示的语气必须谦恭,不能以决定的口吻说话,在写请示事项时,只能写"拟"怎么做,不能写"决定"怎么做。

民航应用文写作重在实用,表达方式上多用叙述、说明、议论。反映情况时,侧重叙述;提出要求时,侧重说明;阐明观点时,侧重议论。至于描写和抒情这两种表达方式,通常只在演讲稿、书信、消息通讯等应用文体中使用,以增加文章感染力,使表述更加形象、生动。

二、民航应用文写作的学习方法

语言学家张志公先生在《两种目的,两种文章》中指出:"会写应用性文体的文章,是任何人都需要的,几乎可以说无一例外。每个受过中等教育甚至受过小学以上教育的,都要写他在生活、工作和学习问题上所需要的应用文,这种写作能力是为现代社会的公民必须具备的。社会交际不可能都是口头交际,书面交际占很大比重,占很重要的地位。要完成社会交际的任务,完成各项工作,提高工作效率,从事某项工作的人,就要能够写好和他工作有关的应用文。"著名教育家叶圣陶先生也曾明确指出:"大学毕业生不一定要能写小说、诗歌,但是一定要能写工作和生活中实用的文章,而且非写得既通顺又扎实不可。"可见,航空服务艺术与管理、空中乘务等民航专业学生及有关从业人员会写、会用民航应用文,不仅有助于提升语言文字综合应用能力,也有助于提升职业生涯可持续发展竞争力。

应用文体种类繁多,难以尽举。本书所选,主要为航空服务艺术与管理、空中乘务等民航专业学生及有关从业人员常用、常见的各类应用文体。经过长期的写作实践,民航应用文形成了有别于其他文学类作品的写作方式及写作特点,初学者应注意甄别,用心领会,认真把握。

对初学民航应用文的大学生而言,学深、悟透、写好、用好各类民航应用文,可从以下三个方面入手。

(一)有针对地学

本教材适合航空服务艺术与管理、空中乘务等各类民航专业学生使用。专业不同,需求有异。一部分文种是必须把握的,另一部分文种是急需要用的,还有一部分文种是可能暂时用不到但今后会用到的。建议在教学过程中,以"必需、够用"为标准,结合各专业需要以及学生自身生活、学习和未来岗位需求,有针对性地选取必需的、急用的应用文体作为重点来学,其余文种可视情况有选择性地学,或者先做简单了解,待有实际需要时重点学习、参考与借鉴。

(二)有目的地学

著名学者刘半农先生说得好:"研究文学文的,尽可读了一世书,自己半个大字不做,尚不失为'博古通今的''记丑之士';至于研究应用文,着手第一步,便抱定了'要能作应用文'的目的。"民航应用文是为实用而写的,教学只是写的准备,会写、会用、写得好、用得准确才是最终目标。民航应用文通常具有固定格式，特别是通知、通报、报告、请示、纪要等常见公务文书，其版式和格式均有严格要求。学习时，应本着"学以致用"的目的，根据不同文种的写作规范及写作要求，在强化对写作要点的理解与领悟的基础上，紧密结合实际，积极创设情境，对照范例，认真模仿，多学多练，于活学活用、反复训练中，不断积累写作经验，摸准文种特性，掌握"语随体变""体随事变"的写作基本功，达到"应知应会""会写会用"的目的。

（三）有技巧地学

知其然，更要知其所以然。本教材选取了包括航空服务艺术与管理、空中乘务等各类民航专业学生及其从业人员常用的应用文文种。初学者应仔细研读教材，充分了解民航应用文主要内容，知晓各章节内容的编排设计思路，弄清"学什么，怎么学"。求"知"是为了求"用"，"知识"应该向"能力"转化。学习时，切忌浮光掠影、蜻蜓点水，满足于浅尝辄止、点到为止，而应仔细揣摩每个文种的特点、适用范围、写作规范，凡标题、结构、材料、表达方式、习惯用语以及特定用语等有可取之处，均应认真理解，悉心领会。民航应用文写作具有一定的专业特性，经常会涉及民航领域的某些方面或某些工作，初学者应注意结合专业需要以及个人生活、学习、工作实际，熟悉本行业和本专业的工作规律，储备必要的专业知识，并制订出明确的学习计划，做到理论联系实际。

此外，民航应用文对撰稿者的政治思想素养、文化知识修养、业务技能修养等方面也有相当高的要求，比如坚定的理想信念、明确的政治态度、正确的思想观点、精深缜密的思维能力、细致入微的分析能力、准确无误的判断能力、稳健扎实的政策法律管理科技知识储备以及熟练的业务技能等，学习者应加注意，用心学习领会。

【拓展训练】

一、填空题

1. 民航应用文写作的主旨遵循＿＿＿、＿＿＿、＿＿＿、＿＿＿、＿＿＿的原则。
2. 民航应用文写作的材料选择要求＿＿＿、＿＿＿、＿＿＿、新颖。
3. 民航应用文重在实用，其语言要求＿＿＿、平实、明确、＿＿＿、＿＿＿。

二、判断题（正确的打"√"，错误的打"×"）

1. 主旨、材料、结构、语言是一切文章的构成要素。（   ）
2. 民航应用文写作，要求用书面语，禁用口语、俗语或俚语。（   ）
3. 民航应用文重在实用，写作时多用叙述、描写、抒情等表达方式。（   ）
4. 民航应用文要求撰稿者具备过硬的政治思想素养、扎实的文化知识修养、熟练的业务技能修养。（   ）
5. 民航应用文的写作结构必须符合客观规律和人们的认识规律。（   ）

三、阅读并识记本书附录1《常见文章修改符号及其用法》

四、阅读并识记本书附录2《民航应用文写作常见习惯用语一览表》

五、阅读并识记本书附录3《民航客舱服务常用专业术语一览表》

 知识链接：民航"一二三三四"

"十四五"时期，民航"一二三三四"总体工作思路确定为：践行一个理念、推动两翼齐飞、坚守三条底线、构建完善三个体系、开拓四个新局面。

践行一个理念，就是践行"发展为了人民"的理念。

推动两翼齐飞，是指推动公共运输航空和通用航空两翼齐飞。

坚守三条底线，指坚守飞行安全底线、坚守廉政安全底线、坚守真情服务底线。

构建完善三个体系，指构建完善功能健全的现代化国家机场体系，构建完善系统布局效率运行的航空运输网络体系，构建完善安全高效的生产运行保障体系。

开拓四个新局面，一是民航产业协同发展有新格局，二是智慧民航建设有新突破，三是资源保障能力有新提升，四是行业治理体系和治理能力有新成效。

其中，"一个理念、两翼齐飞、三条底线"是我国民航发展的基本原则，必须始终牢牢坚持，不能动摇。

第二章 民航常用公务文书

公务文书是各级行政机关用来实施领导、履行职能、处理公务的具有特定效力和规范体式的文书，是传达贯彻党和国家的方针政策，公布规章，指导、布置和商洽工作和答复问题，报告、通报和交流情况等的重要工具。

民航业内常用公务文书有通告、通知、通报、请示、报告、函、纪要等。

第一节 通告

【任务签派】

为维护民用航空治安秩序，保障飞机和旅客的安全，遵照国务院《关于保障民用航空安全的通告》，依据国家有关法律、规定，公安部、中国民用航空总局（2008年3月更名为"中国民用航空局"）发布联合通告：严禁旅客将枪支（含各种仿真玩具枪、枪型打火机及其他各种类型的带有攻击性的武器）、弹药、军械、警械、管制刀具、爆炸物品、易燃易爆物品、剧毒物品、放射性物品、腐蚀性物品、危险溶液及国家规定的其他禁运物品带上飞机或夹在行李、货物中托运。凡携带或夹带上述危险品的，一经查出，即交公安机关依法处理。旅客乘坐飞机时，管制刀具以外的利器、钝器（如菜刀、水果刀、餐刀、工艺品刀、手术刀、剪刀等各类刀具，以及钢锉、铁锥、斧子、短棍、锤子等）一律放入行李中托运，不得随身携带。对故意隐匿的，一经查出，即交公安机关处理，误机损失由旅客自行负责。除国家规定的免检人员外，所有乘坐民航飞机的旅客必须接受安全检查。旅客乘坐国内航班时，必须经过指定的安检通道接受安全检查。旅客乘坐国内航班必须按规定时间提前到达机场，凭客票及本人身份证件办理乘机手续。严禁伪造身份证件或冒用他人身份证件购票、登机。严禁乘机旅客利用机票为他人交运行李物品，严禁为素不相识的人捎带物品。严禁以任何理由干扰机组工作，破坏机舱内正常秩序，危害飞行安全。任何人不得以任何借口妨碍民航安检、公安和其他工作人员执行公务。凡携带或夹带上述危险品的，一经查出，即交公安机关依法处理。通告明确指出，对于违反通告规定的，由公安机关根据《中华人民共和国治安管理处罚条例》和中国民用航空总局发布的有关民用航空安全的规章查处；构成犯罪的，依法追究刑事责任。

请代为拟写这则通告。

【任务解读】

通告适用于在一定范围内公布应当遵守或者周知的事项。

通告的内容可以是政策法令方面的事项，也可以是比较具体的事务性事项，比如《关于电子进程单应用的通告》《关于加强管制员飞行冲突处置能力的通告》。

通告公布的大多是让人们遵守或照此执行的法规性事项，具有较强的强制性和约束力。有些重要通告具有法令性质和较强的行政约束力，必须遵照执行。如有违反，有关部门有权干涉或处理，如《中国民用航空局公安局关于维护民用航空秩序保障航空运输安全的通告》等。

通告不仅使用范围广泛，包括公布法规、政策和一些具体事务，而且使用通告的单位也比较广泛，国家机关、企事业单位或社会团体，都可以使用这一文种来公布有关事项。

通告具有周知性，发布形式灵活，可以通过文件的形式下达，也可以通过张贴、广播、电视、网络等多种形式发布。

根据制发目的，通告在民航业内的应用大致可分为两类。

1. 告知性通告

适用于在一定范围内公布有关单位和人员应当周知的事项。其重点在于告知有关单位和公众，不在于提出具有约束力的要求，如《关于机上PED设备正式开放使用的通告》《关于颁发2020年港澳台航线经营许可信息通告》。

2. 规定性通告

适用于在一定范围内公布应当遵守的政策、法令、规章等事项，有比较明确的具有约束力的要求，比如中国民用航空局发布的《关于在部分机场实施特别检查工作措施的通告》等。此类通告应当由具有相应职权的行政机关或有关部门制发。

【任务导航】

通告一般由标题、正文、发文机关署名和成文日期组成。

1. 标题

标题有以下三种写法。

一是直接以文种名称"通告"二字为题。

二是由"发文事由+文种"组成，如《关于加强航空器空中等待程序应用的通告》。

三是由"发文机关+发文事由+文种"组成，如《中国民用航空局公安局关于维护民用航空秩序保障航空运输安全的通告》。

标题中的发文事由部分应当准确、简要地概括通告的内容。如遇特别紧急情况，可在通告前加上"紧急"二字；如所发布内容是对之前发布的通告内容进行的补充说明，可在通告前加上"补充"二字，如《关于国内航空公司、机场实施<航班正常管理规定>相关工作情况的补充通告》。

标题中除法律、法规、规章名称需加书名号外，一般不用标点符号；如果在事由部分有多个机关、人名等并列，应用顿号分开，不使用空格。

2. 正文

通告为直接向社会公众发布的周知性文件，通常无须标注主送机关。

通告的正文由通告缘由、通告事项、结语三部分组成。

（1）通告缘由。即制发通告的目的，主要阐述发布通告的背景、根据、目的、意义。常用特定承启句式"为……，特通告如下"或"为……，根据……，特下发本通告"等引出通告事项。比如《国务院关于保障民用航空安全的通告》，以"为保障民用航空的安全，防止劫持、破坏民航飞机和破坏民用航空设施事件的发生，确保公共财产和旅客生命财产的安全，特通告如下"开头，交代发布通告的缘由和目的，并用"特通告如下"引领下文，简明扼要，过渡自然。

（2）通告事项。通告的核心部分，包括周知事项和执行要求。撰写这部分内容时，要做到条理分明，层次清晰，事项明确具体，便于理解和执行。事项内容较多时，可采用分条列项的写法；事项内容少时，可篇段合一，比如《关于国航开通北京至赣州（往返）航线的信息通告》的正文部分，"经民航局航空运输（通用航空）委员会审议，颁发国航北京—赣州—北京国内航线经营许可，每周14个航班。上述国内航线经营许可登记证自2012年4月27日起生效"，寥寥数语，一气呵成。如同一类型同一性质的通告事项较多，也可采用表格形式。

（3）结语。常用"特此通告"或"本通告自发布之日起实施"表达。有的干脆不写，自然收束。

3. 发文机关署名和成文日期

在通告正文下方的右下角，写明发文机关名称和成文日期并加盖公章，以示庄重、有效。

单一机关行文时，一般在成文日期之上、以成文日期为准居中编排发文机关全称或规范化简称；联合行文时，一般将主办机关署名、印章排列在前。

成文日期以会议通过或者发文机关负责人签发的日期为准。联合行文时，以最后一个机关负责人签发的日期为准。成文日期应用阿拉伯数字将年、月、日标全，年份应标全称，月、日不编虚位，如"2022年4月1日"。

【案例赏析】

案例1：

中国民用航空局公安局 ——标题
关于维护民用航空秩序保障航空运输安全的通告

　　为维护民用航空运输秩序，保护旅客生命财产和航空器安全，根据《中华人民共和国刑法》《中华人民共和国治安管理处罚法》《中华人民共和国居民身份证法》《中华人民共和国民用航空法》《中华人民共和国民用航空安全保卫条例》的有关规定，特通告如下：——正文／通告缘由

　　一、旅客、货物托运人和收货人以及其他进入机场的人员，应当遵守民用航空安全管理的法律、法规和规章。

　　二、机场内禁止下列行为：——通告事项
　　（一）堵塞、强占、冲击值机柜台、安检通道及登机口（通道）；
　　（二）违反规定进入机坪、跑道和滑行道；
　　（三）强行登（占）、拦截航空器；

（四）攀（钻）越、损毁机场防护围界及其他安全防护设施。

三、航空器内禁止下列行为：

（一）冲闯航空器驾驶舱；

（二）对机组人员实施人身攻击或威胁实施此类攻击；

（三）盗窃、故意损坏或者擅自移动救生物品等航空设施设备或强行打开应急舱门；

（四）妨碍机组人员履行职责；

（五）在使用中的航空器内使用可能影响导航系统正常功能的电子设备；

（六）抢占座位、行李舱（架）；

（七）吸烟（含电子香烟）、使用火种。

四、禁止下列扰乱公共航空运输企业运营秩序的行为：

（一）使用伪造、变造的居民身份证或冒用他人居民身份证购票、登机；

（二）使用伪造变造的身份证明文件或冒用他人身份证明文件购票、登机；

（三）利用客票交运或者捎带非旅客本人的行李物品。

五、乘坐民用航空器，禁止随身携带或者交运下列物品：

（一）枪支、弹药、军械、警械；

（二）弩、匕首等国家管制器具；

（三）易燃、易爆、有毒、腐蚀性、放射性等危险物质；

（四）国务院民用航空主管部门规定的其他禁止随身携带或者交运的物品。

六、托运货物、邮件和行李时，禁止下列行为：

（一）匿报、谎报货物品名、性质；

（二）谎报货物、行李重量；

（三）在普通货物中夹带危险物品，或者在危险物品中夹带禁止配装的物品。

七、禁止编造、故意传播虚假恐怖信息，严重扰乱民航正常运输秩序的行为。

违反本通告规定的，公安机关将根据《中华人民共和国治安管理处罚法》《中华人民共和国居民身份证法》《中华人民共和国民用航空安全保卫条例》给予警告、罚款、拘留的处罚；构成犯罪的，依照《中华人民共和国刑法》追究刑事责任；给单位或者个人造成财产损失的，依法承担赔偿责任。 —— 结语

中国民用航空局公安局 —— 发文机关署名

2015年8月6日 —— 成文日期

（资料来源：中国民用航空局网）

【解析】 这是一则民航告知性通告，常用来在一定范围内公布需要有关单位或个人周知的事项。本案例以法律规定为依据，罗列了机场和航空器内的各类禁止行为、扰乱公共航空运输企业运营秩序的行为、乘坐民用航空器禁止随身携带或者交运的物品，以及托运货物、邮件和行李时的禁止行为，并就违反本通告规定的责任追究进行了明示。文章结构完整，逻辑清晰，事项明确具体。

案例2：

**关于国内航空公司、机场
实施《航班正常管理规定》相关工作情况的通告**

各地区管理局，各运输航空公司，机场公司：

　　《航班正常管理规定》已于今年1月1日起实施。按照民航局关于做好该规章实施准备工作的总体部署，国内航空公司、机场已按照规章要求，对航空公司运输总条件、机上延误应急预案、大面积航班延误预案等进行了修订，连同旅客投诉受理渠道信息等报送民航地区管理局备案，同时向社会公布。

　　现将上述工作情况以及国内航空公司公布的航班延误后服务内容、补偿方案等予以通告（详见附件）。

　　附件：
　　1. 国内航空公司向社会公布运输总条件、机上延误应急预案、投诉受理电话和电子邮件地址并向民航地区管理局备案情况
　　2. 国内机场向社会公布投诉受理电话、电子邮件地址，并向地区管理局备案大面积航班延误总体应急预案情况
　　3. 国内航空公司公布的运输总条件、机上延误应急预案中关于航班延误后的服务内容及补偿方案汇总

运输司
2017年1月6日

（资料来源：中国民用航空局网）

　　【解析】 这是一则民航规定性通告，常用来公布有关政策、法规、规章等事项。本案例开门见山，交代了通告缘由，随后以"现将……予以通告"过渡到下文，明确通告事项，并辅以附件，对正文内容进行补充说明。文章结构规范，简洁明了，便于参照执行。

【注意事项】

1. 内容要集中单一

　　通告的内容具有专门性质，一份通告只通告一项专门内容。不论写法上是采取贯通式，还是条款式或其他结构样式，都不能离开通告的中心内容。

2. 事项要具体明确

　　通告所要解决的问题，发文的依据、提出的要求、做出的决定事项等，都应仔细考虑、反复斟酌，做到清晰、具体、明确，便于理解和遵守执行。

3. 用语要简洁明了

　　通告的受文对象较为广泛，写作时应尽可能少用生僻晦涩的语词以及普通大众不熟悉或难以理解的专业术语，多用适应阅读对象多样性和广泛性的简明、通俗易懂的语言文字。篇幅上要力求短小精悍，避免长篇大论，能把事情交代清楚就行。

4. 行文要严谨规范

通告的撰稿者，要有政策观念，以政策衡量通告的事项，确保其不与现行政策抵牾，切实维护国家和人民的利益，不搞不符合法律程序的"土政策"。注意不要把一些不宜公开的、机密的内容写入通告中。

【拓展训练】

一、判断题（对的打"√"，错的打"×"）

1. 通告适用于向国内外宣布重要事项或者法定事项。　　　　　　　　　　　（　　）
2. 通告常用于在一定范围内公布应当遵守的政策、法令、规章等事项，有比较明确的具有约束力的要求。　　　　　　　　　　　　　　　　　　　　　　　　　　（　　）
3. 通告的撰写者要有政策观念，以政策衡量通告的事项，不能搞不符合法律程序的"土政策"。　　　　　　　　　　　　　　　　　　　　　　　　　　　　　（　　）
4. 为了减少发文数量，通告可同时发布多个不相关联的周知事项。　　　（　　）
5. 通告标题除法律、法规、规章名称可加书名号外，一般不用标点符号。（　　）

二、试指出下文中的错误，并进行修改

关于机上 PED 设备正式开放使用的通知

自 2018 年 1 月 20 日北京时间零时起，我公司实际承运的旅客在遵守东航相关政策和规范的前提下，可以在飞机上使用移动电话（智能手机）、平板电脑（Pad）、笔记本电脑、电子阅读器等电子设备。

东航
二〇一八年一月十九日

三、请完成本章节的任务签派

知识链接：通告、民航咨询通告、民航信息通告的区别

1. 文种性质不同

通告属于公务文书，适合各级党政机关实施领导、履行职能、处理有关公务；民航咨询通告、民航信息通告属于民航规范性文件，是指民航局机关各职能厅、室、司、局，为了落实法律、法规、民航局规章和政策的有关规定，在其职责范围内制定，经民航局局长授权，由职能部门主任、司长、局长签署下发的有关民用航空管理方面的文件。

2. 适用范围不同

通告适用于在一定范围内公布应当遵守或者周知的事项；民航咨询通告，是各职能部门下发的对民用航空规章条文所做的具体阐述，如《关于规范客舱乘务员、客舱乘务教员、客舱乘务检查员资格管理的咨询通告》；民航信息通告，是各职能部门下发的反映民用航空活动中出现的新情况以及对国内外民航技术上存在的问题进行通报的文件，如《关于上海地区实行机上餐车交接制度的通知》。

3. 写作格式不同

通告适用公文格式，一般由发文机关标志、发文字号、签发人、标题、主送机关、正文、附件说明、发文机关署名、成文日期等组成；民航咨询通告一般由发文单位标志、编号、下发日期、编制部门、批准人、标题、正文、发文单位署名、成文日期等组成。民航信息通告一般由发文单位标志、编号、承办部门、成文日期、签发人、标题、主送对象、正文、发布范围、部门负责人、经办人、联系电话、有效期限等组成。

注：民航咨询通告式样（见本书附录4）

第二节 通知

【任务签派】

为明确安全生产责任、严格落实各项安全规章制度，进一步规范机上安全演示用品管理、保证航班正常运行，×航客舱部就机上安全演示管理工作通知如下：客舱业务处已在所有飞机上配备安全演示用具DEMO袋，分别为：波音飞机——前舱2个、后舱1个，EMB145飞机——前舱1个；每套机上安全演示用具（演示用氧气面罩、安全带、安全须知、救生衣）必须分别收纳在DEMO袋中（切勿与放置备份用加长安全带的包装袋相混淆），并存放于前后舱有"安全演示用具存放处"标识的储物柜内（如发现无标识，或DEMO袋中的安全演示用具损坏、缺失，请及时在《电子任务书》及机上《客舱维护记录本》上记载，填写时必须明确注明：DEMO袋中缺失××物品或机上无DEMO袋，并通知机务人员）；进行安全演示时，必须使用大托盘放置演示用具，分别将托盘放在第3和12排C座的小桌板上。演示完毕后，应立即将演示用具装入DEMO袋中，放回原位。

请代为拟写这则通知。

【任务解读】

通知适用于发布、传达要求下级机关执行和有关单位周知或者执行的事项，必要时可用于转发上级机关和不相隶属机关的公文、批转下级机关公文以及任免人员。

通知适用范围广、使用频率高，从国家行政领导机关到各级地方政府、人民团体、基层企事业单位都可以使用，素有"公文之王"之称。

根据使用目的，通知在民航业内的应用可分为以下类别。

1. 发布性通知

其适用于发布行政法令和规章制度，如《关于对<关于规范客舱乘务员、客舱乘务教员、客舱乘务检查员资格管理的咨询通告>征求意见的通知》《关于印发<民用航空安全信息保护管理办法>的通知》。

2. 指示性通知

其适用于上级机关对下级机关的工作进行部署、指示与指导。这类通知带有政策性、指导性，侧重于对重要工作、重大问题阐明方针政策，提出工作原则，对现实工作针对性强，有一定的领导权威，如《关于疫情防控期间继续调减国际客运航班量的通知》。

3. 转发性通知

其适用于转发上级机关或不相隶属机关的公文给所属单位或人员周知或执行，如中国民用航空局《关于转发国家旅游局、国家统计局"黄金周"旅游信息统计调查制度的通知》。

4. 批转性通知

其适用于上级机关批转下级机关的公文给所属单位或人员周知或执行，如《国务院批转中国民用航空局关于加强民用航空安全管理意见的通知》。

5. 知照性通知

其适用于告知事项、传递信息。通常仅限于告知，无明显的使令性，如《关于注销××航空有限公司公共航空运输企业经营许可证的通知》。参照公文格式编发的会议通知也归属此列，如《关于召开2021年全国民航工作会议暨航空安全工作会议的通知》。

6. 任免性通知

其适用于任免和聘用干部，如《××航空股份有限公司关于对周红梅等三名同志职务任免的通知》。

【任务导航】

通知由标题、主送机关、正文、发文机关署名和成文日期组成。

1. 标题

常见通知标题的写法有以下两种。

一是由"发文事由+文种"组成，如《关于印发<民用航空安全信息保护管理办法>的通知》。

二是由"发文机关+发文事由+文种"组成，如《关于切实做好疫情常态化防控形势下客票退改服务工作的通知》《民航局关于调整国际客运航班的通知》。

发布性通知的标题一般含有"印发"或"发布"的字样，如《国家税务总局中国民用航空局关于印发<航空运输电子客票行程单管理办法（暂行）>的通知》；批转性或转发性通知的标题一般含有"批转"或"转发"的字样，如《国务院批转中国民用航空局关于加强民用航空安全管理意见的通知》《中国民用航空总局关于国内投资经营民用航空企业有关政策的通知》。

作为文件发出的通知，一般不单用文种"通知"做标题。

根据通知内容的需要，可在"通知"的前面加上"重要""紧急""补充"之类的限制词，如《国务院关于加强民航安全工作的紧急通知》《关于民用航空客舱乘务员资格若干问题的补充通知》。

2. 主送机关

标题之下空一行，位于正文上一行，顶格书写。

通知的主送机关采用何种形式标注，取决于行文方向、主送机关数量、主送机关名称的长短等多种因素，制发文件时必须在综合考虑的基础上加以确定。

作为通知的主要受理机关，应当使用机关全称、规范化简称或同类型机关统称。若使用统称，地区、部门、单位要齐全，称谓要准确，比如"民航各地区管理局"。若主送机关有多个，则需要按由主到次排列，同类的用顿号隔开，不同类的用逗号隔开，比如"民航各地区管理局，各运输（通用）航空公司，各服务保障公司，各机场（集团）公司，空管局，监控中心，民航大学、飞行学院、民航干院、上海职院，校飞中心"。

3. 正文

通知的正文包括通知缘由、通知事项、结语三个部分。

（1）通知缘由。主要阐明制发通知的背景、根据、目的、意义等，常用"为了（根据、按照、遵照）……，现将有关事项通知如下"等惯用句式表达，如《关于切实做好疫情常态化防控形势下客票退改服务工作的通知》，以"为响应国家合理有序引导群众就地过年的号召，最大限度减少人员流动，切实降低疫情传播风险，现将有关事项通知如下"一语领起下文，一气呵成，简洁明了。

发布性通知、批转性通知、转发性通知往往比较简短，多数情况下会采用篇段合一的写法，无明显的开头部分，一般也不交代缘由，而是直接过渡到通知事项。比如《关于转发民航局<关于进一步做好危险品航空运输安全管理的通知>》，正文部分只有一句，"现将民航局《关于进一步做好危险品航空运输安全管理的通知》（局发明电〔2016〕679号，以下简称《危险品运输安全通知》）转发给你们，请严格遵照执行"，言简意赅，干净利落。

（2）通知事项。这是通知的主体部分，所发布的指示、安排的工作、提出的方法、措施和步骤等，都在这一部分中有条理地组织表达。内容复杂的需要分条列项或以附件形式呈现。

通知中的附件，是对通知正文的说明、补充或是相关参考材料。如有附件，应在正文下空一行，发文机关署名之上编排"附件"二字，后标全角冒号和附件名称，附件名称不加标点符号。

（3）结语。可在结尾处提出贯彻执行的有关要求，如"以上通知，请遵照执行""请认真贯彻落实"等；也可用"特此通知""此通知"之类惯用语收尾；如无必要，此部分也可不写。

4. 发文机关署名和成文日期

在正文末尾的右下角，写明发文机关名称和成文日期并加盖公章，以示生效。

单一机关行文时，一般在成文日期之上、以成文日期为准居中编排发文机关全称或规范化简称。印章端正、居中下压发文机关署名和成文日期，使发文机关署名和成文日期居印章中心偏下位置，印章顶端应当上距正文（或附件说明）一行之内。联合行文时，一般将主办机关署名、印章排列在前。

【案例赏析】

案例1：

关于印发《机场新技术推广应用管理办法》的通知 〔标题〕

民航各地区管理局，各运输航空公司、机场公司、服务保障公司，民航大学、飞行学院、管干院、航科院、民航二所，建设集团，质监总站： 〔主送机关〕

为贯彻落实《民航局关于促进机场新技术应用的指导意见》，规范和推进机场新技术应用，民航局制定了《机场新技术推广应用管理办法》，现予印发，请遵照执行。 〔正文 通知缘由 通知事项〕

附件：机场新技术推广应用管理办法 〔附件说明〕

中国民用航空局	发文机关署名
2021 年 12 月 20 日	成文日期

（资料来源：中国民用航空局网）

【解析】这是一则民航发布性通知。这类通知通常比较简短，大多采用一段式，说明发布某一规章的依据、目的和要求，有时还要指明该规章的重要意义以及贯彻执行中应注意的问题。常用"发布""颁发""公布""印发"等词语，并以被发布对象作为附件。在"执行"二字前往往会增加"认真遵照""切实遵照""参照""参考""研究""参酌"等限定修饰词，以强调其有效性。

案例 2：

关于疫情防控期间继续调减国际客运航班量的通知   标题

各运输航空公司：   主送机关

    为坚决遏制境外新冠肺炎疫情输入风险高发态势，根据国务院疫情联防联控工作要求，现决定进一步调减国际客运航班运行数量。具体要求如下：   正文／通知缘由

    一、以民航局 3 月 12 日官网发布的"国际航班信息发布（第 5 期）"为基准，国内每家航空公司经营至任一国家的航线只能保留 1 条，且每条航线每周运营班次不得超过 1 班；外国每家航空公司经营至我国的航线只能保留 1 条，且每周运营班次不得超过 1 班。   通知事项

    二、请各航空公司根据上述要求，提前向民航局运行监控中心申请预先飞行计划。

    三、各航空公司按照本通知的要求调减航班涉及的航线经营许可和起降时刻等予以保留。

    四、各航空公司要严格执行民航防控工作领导小组办公室印发的最新版《运输航空公司疫情防控技术指南》。在抵离中国的航班上采取严格的防控措施，确保客座率不高于 75%。

    五、根据疫情防控需要，我局可能出台进一步收紧国际客运航班总量的政策，请各航空公司密切关注、提前研判，做好已售机票的延期、退票等处置工作。

    六、各航空公司可利用客机执行全货运航班，不计入客运航班总量。

    七、各航空公司根据本通知第一条调整的航班计划自 2020 年 3 月 29 日起执行。

    八、本通知自发布之日起生效，截止日期另行通知。自本通知生效之日起，民航发〔2020〕11 号通知失效。

中国民用航空局	发文机关署名
2020 年 3 月 26 日	成文日期

（资料来源：中国民用航空局网）

【解析】这是一则民航指示性通知，正文为总分式结构。总说部分阐述了发此通知的目的，自然转入下文，从航线、飞行计划、客货运航班量等几个方面对此进行了部署和要求。全文语言明确，条理性强。

案例3：

转发财政部关于印发政府采购代理机构管理暂行办法的通知   标题

民航各地区管理局、直属各单位：   主送机关

  现将《财政部关于印发<政府采购代理机构管理暂行办法>的通知》（财库〔2018〕2号）转发给你们，请遵照执行。   正文

  附件：政府采购代理机构管理暂行办法   附件说明

民航局财务司   发文机关署名
2018年1月20日   成文日期

（资料来源：中国民用航空局网）

【解析】这是一则民航转发性通知。标题中的"转发"二字点明了文体特性；正文部分用"现将……转发给你们，请遵照执行"的惯用句式表达，简单明了，一气呵成。

案例4：

关于王炜月等3位同志的职务任免的通知   标题

各客舱部、乘务组：   主送机关

  经公司董事会研究决定，任命：王炜月同志为客舱乘务一组乘务长；龙阳同志为客舱乘务二组乘务长；李欣然同志为客舱乘务三组乘务长。   正文 / 通知事项

  以上同志任职期间的薪酬发放按有关规定办理。   结语

  特此通知。

×航人力资源部   发文机关署名
2022年3月12日   成文日期

【解析】这是一则任免性通知，适用于上级机关按照干部管理权限任免下级机关的干部或上级机关告知下级机关有关任免事项。一般只需写明决定任免的依据、任免人姓名及具体职务、任免期间的有关要求。常用"经……决定，任命……为……"等惯用句式表达。

注意事项

1. 明确主旨，厘清类别

  通知的使用频率高，适用范围广。写作时应明确通知目的，规范使用不同种类的通知。既不能把发布性通知写成批转性通知，也不能把批转性通知写成转发性通知。

2. 确定事项，明晰措施

  事项是通知写作的重点，写作时要求明确、具体。内容较复杂的通知事项，应注意分条列项，说清工作任务，明确具体措施和要求，便于收文单位理解和执行。

3. 严谨措辞，把握时效

要注意语言规范得体，尽量避免口语化、俗语化。要把握通知的时间性，做到及时行文、及时传达，以免延误工作。

拓展训练

一、判断题（对的打"√"，错的打"×"）

1. 通知的特点有广泛性、指导性、周知性和行文多向性。　　　　　　　　（　　）
2. 通知即可向上行文，也可向下行文。　　　　　　　　　　　　　　　　（　　）
3. 通知适用于发布、传达要求下级机关执行和有关单位周知或者执行的事项，批转、转发公文。　　　　　　　　　　　　　　　　　　　　　　　　　　　　　　　　　　　（　　）
4. 作为文件发出的通知，一般不单用文种"通知"做标题。　　　　　　　（　　）
5. 通知中的附件，是对通知正文的说明、补充或是相关参考材料。　　　　（　　）

二、试指出下文中的错误，并进行修改

通　知

为进一步规范大型飞机公共航空运输承运人对客舱乘务员、乘务长、客舱乘务教员、客舱乘务检查员资格管理工作，现就《客舱乘务员、乘务长、客舱乘务教员、客舱乘务检查员资格管理》咨询通告（AC-121-FS-2008-27）修订稿征求各单位意见，请各单位一定要组织有关人员进行讨论研究。请将书面意见于11月18日前反馈飞标司。

三、请完成本章节的任务签派

 知识链接：公文的格式

一、公文一般由份号、密级和保密期限、紧急程度、发文机关标志、发文字号、签发人、标题、主送机关、正文、附件说明、发文机关署名、成文日期、印章、附注、附件、抄送机关、印发机关和印发日期、页码等组成。

（1）份号。公文印制份数的顺序号。涉密公文应当标注份号。

（2）密级和保密期限。公文的秘密等级和保密的期限。涉密公文应当根据涉密程度分别标注"绝密""机密""秘密"和保密期限。

（3）紧急程度。公文送达和办理的时限要求。根据紧急程度，紧急公文应当分别标注"特急""加急"，电报应当分别标注"特提""特急""加急""平急"。

（4）发文机关标志。由发文机关全称或者规范化简称加"文件"二字组成，也可以使用发文机关全称或者规范化简称。联合行文时，发文机关标志可以并用联合发文机关名称，也可以单独用主办机关名称。

（5）发文字号。由发文机关代字、年份、发文顺序号组成。联合行文时，使用主办机关的发文字号。

（6）签发人。上行文应当标注签发人姓名。

（7）标题。由发文机关名称、事由和文种组成。

（8）主送机关。公文的主要受理机关，应当使用机关全称、规范化简称或者同类型机关统称。

（9）正文。公文的主体，用来表述公文的内容。

（10）附件说明。公文附件的顺序号和名称。

（11）发文机关署名。署发文机关全称或者规范化简称。

（12）成文日期。署会议通过或者发文机关负责人签发的日期。联合行文时，署最后签发机关负责人签发的日期。

（13）印章。公文中有发文机关署名的，应当加盖发文机关印章，并与署名机关相符。有特定发文机关标志的普发性公文和电报可以不加盖印章。

（14）附注。公文印发传达范围等需要说明的事项。

（15）附件。公文正文的说明、补充或者参考资料。

（16）抄送机关。除主送机关外需要执行或者知晓公文内容的其他机关，应当使用机关全称、规范化简称或者同类型机关统称。

（17）印发机关和印发日期。公文的送印机关和送印日期。

（18）页码。公文页数顺序号。

二、公文的版式按照《党政机关公文格式》国家标准执行。

三、公文使用的汉字、数字、外文字符、计量单位和标点符号等，按照有关国家标准和规定执行。民族自治地方的公文，可以并用汉字和当地通用的少数民族文字。

四、公文用纸幅面采用国际标准A4型。特殊形式的公文用纸幅面，根据实际需要确定。

注：公文式样（见本书附录5）。

第三节　通报

【任务签派】

7月26日0时40分，深圳航空公司ZH9648台州至广州航班发生一起机上纵火事件。机上9名机组成员临危不惧、协同配合、果断处置，成功扑灭明火、稳定客舱秩序、制服犯罪嫌疑人。0时58分，飞机安全着陆，确保了机上97名乘客生命财产安全和航空器安全。

"7·26"机上纵火事件的成功处置，体现了深圳航空公司ZH9648航班机组警惕性高、专业性强、协作有序、配合密切的业务素质。其中，飞行员迅速决断、安全降落；乘务员稳定旅客情绪、保持客舱秩序、及时发动旅客协助；安全员关键时刻敢于担当、英勇无畏、有效控制，发挥了关键作用。机上2名乘客挺身而出、见义勇为，为事件成功处置做出了应有的贡献。

7月29日，民航局对成功处置"7·26"机上纵火事件的深圳航空公司ZH9648航班机组进行通报表彰，决定为深圳航空公司ZH9648航班机组记集体一等功1次，奖励30万元。同时，决定奖励2名见义勇为乘客各3万元。

民航局要求全行业各单位各部门以深圳航空公司ZH9648航班机组为榜样，牢固树立反恐思维、底线思维，始终坚持守土有责、守土尽责，以坚定的政治素质和过硬的业务素养，确保"防在地面，胜在空中"，为维护民航空防持续安全做出新的更大的贡献。

请根据上述材料，拟写这则通报。

【任务解读】

通报适用于表彰先进、批评错误、传达重要精神和告知重要情况。

通报的内容一般为具有普遍意义的典型事例、成功经验和失败教训，起到表彰、惩戒、指导和宣传教育的作用。

根据内容和作用，通报在民航业内的应用大致可分为三类。

1. 表彰性通报

其适用于表彰先进单位或个人，介绍先进经验或事迹，提出希望和要求，号召大家向其学习，以完善和推进工作，如《关于表彰全国模范劳动关系和谐企业和全国民航先进劳动关系和谐企业的通报》《中南局通报表彰优秀航空电信检查员》。

2. 批评性通报

其适用于批评错误行为，告知典型事件，以便吸取教训，改进工作，如《关于2019年5月份航班正常考核指标和相关调控措施的通报》。

3. 情况通报

其适用于在一定范围内传达重要精神或重要情况，指出工作重点或需要关注的问题，以交流情况、沟通信息、指导工作，如《关于2018年度通用航空重点工作任务进展情况的通报》《关于2021年11月份航空运输消费者投诉情况的通报》等。

【任务导航】

通报一般由标题、主送机关、正文、发文机关署名和成文日期组成。

1. 标题

通报的标题有四种写法。

一是以文种名称"通报"或"情况通报"为题。

二是由"发文事由+文种"组成，如《2021年"平安民航"建设工作情况通报》。

三是由"发文机关+文种"组成，如《××航空股份有限公司培训中心通报》。

四是由"发文机关+发文事由+文种"组成，如《××国际货运航空有限公司安全监理部关于近期各类不正常事件统计的通报》。

2. 主送机关

通报的主送机关一般为直属下级机关，或需了解该内容的不相隶属单位。

3. 正文

不同类型的通报，其正文内容的写作要求不尽相同。

（1）表彰/批评性通报。正文部分一般由概括基本事实、评析性质意义、说明有关决定、提出希望要求四个部分组成。

概括基本事实。紧扣人物、时间、地点、起因、经过和结果"六要素"简要概述主要事实，不求面面俱到，但求简明扼要，主要事实清晰明了。表彰性通报要突出主要先进事迹；批评性通报要抓住主要错误事实。

评析性质意义。表彰性通报要在阐述先进事迹的基础上，提炼出主要经验、意义和值得学习与发扬的精神；批评性通报要分析错误事实的性质、所造成的危害、问题产生的根源和责任，并指出应汲取的主要教训等。

说明有关决定。写明组织结论，明确予以表彰或处理的具体决定。

提出希望要求。对被表彰或批评对象提出要求；对学习和弘扬先进人物事迹发出号召，提出希望；对类似错误事实提出警戒，并提出有针对性的防范措施或规定。

（2）情况通报。常见的有两种形式：一种只对有关事实做客观叙述，如《关于 2021 年 11 月份航空运输消费者投诉情况的通报》；另一种在对有关事实做客观叙述的基础上，加以分析说明，并就具体问题提出有针对性的对策或指导性意见。具体写法上，有的先摆情况，然后进行分析并得出结论。有的先通过简要分析得出结论，再列举情况，以佐证结论正确和有效。

4. 发文机关署名和成文日期

在正文末尾的右下角，标注发文机关名称和成文日期并加盖公章。

【案例赏析】

案例1：

**关于表彰民航北京大兴国际机场建设及运营筹备工作
先进集体和先进个人的通报** ← 标题

民航各地区管理局，各运输（通用）航空公司、各服务保障公司、各机场公司，直属各单位： ← 主送机关

　　北京大兴国际机场是党中央、国务院决策的重大项目，是京津冀协同发展的标志性工程，是国家发展一个新的动力源。2019 年 9 月 25 日，习近平总书记亲临北京大兴国际机场投运仪式现场，对大兴机场的规划、建筑品质给予了充分肯定，赞扬北京大兴国际机场体现了中国人民的雄心壮志和世界眼光、战略眼光，体现了民族精神和现代水平的大国工匠风范，铿锵有力地指出"中国人民一定能，中国一定行"，极大地鼓舞和激励了全体民航人。 ← 正文／概括基本事实

　　各建设及运营筹备单位干部职工在民航局党组的坚强领导下，不忘初心、牢记使命，坚定"四个意识"，做到"两个维护"，勇担重任、攻坚克难，克服建设规模大、主体多、施工难、工期短等困难，按期高质量完成预定建设目标，向党和人民交上了一份令人满意的答卷。 ← 评析性质意义

　　为进一步增强新时代广大民航干部职工的自豪感和使命感，营造精益求精的敬业风气，鼓励相关单位和个人再接再厉，聚焦新目标、贯彻新要求、落实新部署、创造新业绩，民航局决定对在北京大兴国际机场建设及运营筹备期间工作成绩突出的 76 个先进集体和 161 个先进个人予以全行业通报表彰。希望广大民航职工，以先进集体和先进个人为榜样，进一步践行和弘扬当代民航精神，坚定信心、奋发有为，锐意进取、埋头苦干，为早日实现交通强国和民航强国目标而努力奋斗。 ← 说明有关决定／提出希望要求

　　附件：民航北京大兴国际机场建设及运营筹备工作先进集体和先进个人名单

中国民用航空局　← 发文机关署名
2020 年 4 月 9 日　← 成文日期

（资料来源：中国民用航空局网）

【解析】这是一则民航表彰性通报，采用的是"发文事由+文种"式标题。正文第一段概述了大兴机场的建设成就，高度赞扬了各建设及运营筹备单位干部职工为大兴机场建设付出的努力，点明了通报表彰的目的，说明了有关表彰决定，并提出了希望和号召。全文内容衔接自然紧密，语言精练准确，富有感召力。

案例2：

关于2019年5月份航班正常考核指标和相关调控措施的通报 标题

民航各地区管理局，各运输航空公司、各机场公司，空管局： 主送机关

　　根据《民航局关于印发〈2019年航班正常考核指标和调控措施〉的通知》（民航 正文
规〔2018〕6号）的相关要求，现将2019年5月份航班正常考核情况通报如下：

　　一、5月份航班正常考核情况 概述

　　（一）旅客吞吐量2 000万人次（含）以上的机场（以上一年为基准）当月国内客 基本事实
运离港航班正常率低于50%（不含）、排名后3位，并且航空公司自身原因占比最高
（含并列）的航班：本月没有被处罚航班。详情见通报附件1。

　　（二）在时刻主、辅协调机场当月预先飞行计划执行率低于85%（不含）的国内
客运航空公司：涉及5家机场6家航空公司。详情见通报附件2。

　　（三）自身因素导致的不正常航班数占当月计划航班数比例高于7%（含）（公司
因素导致的不正常航班数量/计划航班数量*100%≥7%），并且比例最高的3家客运航
空公司：本月没有被处罚的国内航空公司；外国航空公司有阿富汗航空75%、澳大利
亚澳洲航空50.98%、土库曼斯坦土库曼航空50%。详情见通报附件4、附件5。

　　（四）当月到港航班正常率低于70%（不含）且排名后3位的客运航空公司：国
内航空公司有龙江航空63.39%、深圳航空67.58%、国际航空68.06%；外国航空公司
有塔吉克斯坦索蒙航空0%、伊拉克航空0%、土库曼斯坦土库曼航空11.11%。详情见
通报附件6、附件7。

　　（五）自身因素导致当月4小时（含）以上延误航班占当月计划航班比例高于1%
（含）[4小时（含）以上延误航班数量/计划航班数量*100%≥1%]，并且比例最高的3
家国内客运航空公司：本月没有被处罚的国内航空公司。详情见通报附件8。

　　（六）时刻主协调机场当月放行正常率低于75%（不含）且排名后3位的机场：
天津机场74.28%。详情见通报附件9。

　　（七）旅客吞吐量3 000万人次（含）以上机场（以上一年为基准）当月始发航班
起飞正常率低于75%（不含）且排名最后的机场：杭州机场71.19%。详情见通报附件
10。

　　（八）5月份，空管因素（含流量）导致的不正常航班数占当月计划航班数比例为
0.33%。

　　二、相关要求

　　（一）根据《民航局关于印发〈2019年航班正常考核指标和调控措施〉的通知》
的要求，现做出如下决定：

　　1. 暂停受理部分国内客运航空公司在时刻主、辅协调机场新增预先飞行计划申请

（按照本通报附件3执行）。

2. 自通报下发之日起至9月30日，停止受理阿富汗航空、澳大利亚澳洲航空、土库曼斯坦土库曼航空的客运加班、包机和新增航线航班申请。深圳航空、毛里求斯航空、巴基斯坦航空因4月数据不达标，自通报下发之日起至8月31日，停止受理其客运加班、包机和新增航线航班申请。阿联酋阿拉比亚航空因3月数据不达标，自通报下发之日起至7月31日，停止受理其客运加班、包机和新增航线航班申请。

3. 塔吉克斯坦索蒙航空因4月自身因素不正常航班数占当月计划航班数比例数据不达标，且3—5月连续3个月到港航班正常率数据不达标，自通报下发之日起至9月30日，停止受理其客运加班、包机和新增航线航班申请。

4. 给予龙江航空、深圳航空、国际航空、伊拉克航空、土库曼斯坦土库曼航空通报批评。

5. 给予天津机场、杭州机场通报批评。

6. 自7月1日起，恢复受理澳大利亚捷星航空、缅甸国家航空的客运加班、包机和新增航线航班申请。

（二）请各地区管理局做好相关调控措施的落实工作。

（三）请机关服务局通知外航服务中心周知各外国航司。

中国民用航空局　　　　发文机关署名
2019年6月26日　　　　成文日期

（资料来源：中国民用航空局网）

【解析】这是一则民航批评性通报，采用的是"发文事由+文种"式标题。通报第一部分通报了2019年5月份航班正常考核情况，第二部分对未达标的航司和机场进行了通报批评。全文语气郑重严肃、分析深入，通报的意图鲜明突出、说服力强。

案例3：

关于2018年度通用航空重点工作任务进展情况的通报 标题

局机关各部门、空管局、运行监控中心： 主送机关

　　根据《贯彻落实国务院办公厅<关于促进通用航空业发展的指导意见>重点任务分工方案》和民航局通航工作领导小组第三次会议的要求，现对《2018年度通用航空重点工作任务单》（以下简称《任务单》）中各项工作进展情况通报如下： 正文

　　一、《任务单》所列33项具体工作，目前5项已完成，15项工作前期列入《中国民用航空局关于印发深化民航改革专项（专题）方案（2018—2020）的通知》的《提升通用航空服务能力工作方案》中，为避免重复督办，上述20项任务予以关闭，其余13项工作正在推进过程中。 概述基本事实

　　二、各部门、各单位要认真对照《任务单》，牵头部门加强组织领导，协同部门积极支持配合，务实加快推进各项工作，确保各项任务按计划落实到位。 下一步工作要求及希望

　　附表：2018年度通用航空重点工作任务进展情况表 附件说明

27

中国民用航空局　　发文机关署名
2018 年 6 月 8 日　　成文日期

（资料来源：中国民用航空局网）

【解析】 这是一则民航情况通报。此通报概述了基本事实并提出了下一步工作要求及希望。文章层次清晰，数据明确具体。

【注意事项】

1. 内容真实，事例典型

通报所反映的情况必须准确无误，不能凭空捏造、虚构事实，以免因失实造成不良影响。对有关事件或情况的调查了解要深入细致，实事求是地反映客观事实。通报的事例应具有典型性、代表性，达到表彰、警戒、指导工作与宣传教育的写作目的。

2. 表意明确，评价中肯

对问题的分析和定性要深刻、全面、准确，既要观点鲜明，又要掌握分寸，力求文实相符，不讲空话、套话，不讲过头的话。批评性通报中，对错误事实的表述及定性用语，一定要反复推敲，做到恰如其分、有说服力。语言要简练生动，平易质朴，富于感染力。语意要有确定性，切忌使用"差不多""大概""大约""可能""应该"等模糊词语。

3. 态度严肃，制发及时

通报的影响比较大，写作时，态度要严肃慎重，切不可主观想象，随意推理。要把握好尺度，控制好分寸，确保事实准确、定论合理。要注重通报内容的时效性，抓住时机，及时制发，避免因时过境迁，而失去通报的教育指导意义。

【拓展训练】

一、判断题（对的打"√"，错的打"×"）

1. 通报具有典型性、真实性、引导性等特点。　　　　　　　　　　　　　　（　　）
2. 通报用于表彰先进和批评错误，通知用于传达重要精神和告知重要情况。（　　）
3. 通报的事实要准确，时间、地点、姓名、数字等不允许有丝毫差错。　　（　　）
4. "大概""大约"等模糊词语的使用，有助于激发读者的想象力，增强通报的文学性和感染力。　　　　　　　　　　　　　　　　　　　　　　　　　　　　　　（　　）

二、请根据下述材料，拟写一则通报

2021 年 2 月 20 日，××航空 DZ6297 航班（南通-西安）上，机长与乘务长发生争执，在飞行过程中相互殴打，双方均有不同程度受伤，冲突发生在落地前 50 分钟。该事件造成了极其恶劣的社会影响，为落实安全责任，深化安全整顿，强化警示教育，经××航空公司研究决定，并报董事会批准，给予相关责任人的处理决定如下：

一、机组成员

（一）当班机长张××，严重违反民航法规、行业规章及公司规章制度，给予公司终身停飞处理，并对其涉及违法行为的依法依规处理；

（二）当班乘务长杨××，严重违反民航法规、行业规章及公司规章制度，给予公司终身停飞处理，并对其涉及违法行为的依法依规处理。

二、管理人员

（一）公司领导

1. 公司常务副总裁刘××，负有公司主要管理责任，免去常务副总裁职务，扣发人民币20 000元；

2. 时任公司运行副总裁李××，负有公司领导直接责任，免去运行副总裁职务，扣发人民币15 000元；

……

（二）中层管理人员

1. 飞行部副总经理（主持工作）周××，负有部门管理责任，免去副总经理（主持工作）职务，扣发人民币8 000元；

2. 飞行部副总经理康×，在公司内部进行通报批评，扣发人民币6 000元；

……

××航空通报最后称，全体员工将引以为戒，严格遵守行业及公司规章制度，时刻保持大局意识、高度的政治责任感和安全警觉性，严防松懈麻痹，做到查找问题"准、深、全"，落实规章"严、实、细"，并以此次事件为安全管理工作的新起点，狠抓安全规章落实及纪律作风养成，杜绝发生不安全事件。

三、请完成本章节的-任务签派

知识链接：通报正文写法一览表

结构层次	表彰性通报	批评性通报	情况通报
一	介绍先进事迹	介绍错误事实或现象	介绍基本情况
二	分析先进事迹的性质和意义	分析错误性质或危害	分析原因，指明意义或提出指导性意见
三	做出表彰决定	惩罚决定或治理措施	
四	提出希望和号召	提出希望和要求	

第四节　请示

【任务签派】

银燕乘务组是×航青岛分部明星乘务组。多年来，银燕乘务组坚持以人为本，不断提升服务质量，将细微服务理念贯穿于服务全过程。从旅客登机的引导到位，到根据客舱温度变化将毛毯主动分发给老幼旅客，再到对头等舱旅客坚持姓氏称谓，银燕乘务组服务热情，积极主动，注重细节，塑造出了良好的职业形象。银燕乘务组始终坚持航空安全底线，强化红线意识，注重客舱安全检查，严格按SOP的规范执行，确保了航班的安全顺利运行。银燕乘务组优质的服务细节体现了近年我公司提出的"提升服务专注度"的要求，赢得了旅客的好评。为树立典型、发挥榜样力量，根据《××航空股份有限公司2021年度"优秀班组"评选办法》，经认真研究，拟推荐银燕乘务组为2021年度"服务工作优秀班组"。

请代为拟写这则请示。

【任务解读】

请示适用于向上级机关请求指示、批准。

请示的行文目的非常明确，即要求上级机关对本级机关权限范围内无法解决、无权决定或无力办理的事项给予明确的答复或批示。

根据内容和用途，请示在民航业内的应用主要有两类。

1. 请求指示类

此类请示一般为政策性请示，多涉及政策上、认识上的问题。适用于对上级有关方针、政策、指示或法规、规章不够明确或有不同理解，需要上级机关做出明确解释和答复等情况；从本地区本单位的实际情况出发，需要对上级的某些政策、规定做出变通处理，有待上级重新审定，明确作答；在工作中出现新情况、新问题需要处理而无章可循、无法可依，需要上级机关做出明确指示等情况，如《关于对××航空220事件有关责任人处理意见的请示》。

2. 请求批准类

此类请示多涉及人、财、物等方面的具体问题。适用于需要请求上级解决本地区、本单位的某一具体问题和实际困难；按上级机关和主管部门有关政策规定，不请示有关部门批准，无权自行处理的问题；工作中出现了一些涉及面广而本部门无法独立解决的困难和问题，必须请示上级领导或综合部门，以求得他们的支持和帮助等情况，如《关于简化购买国内飞机票手续问题的请示》等。

【任务导航】

请示一般由标题、主送机关、正文、发文机关署名和成文日期四部分组成。

1. 标题

请示的标题常见的有两种形式。

一是由"发文事由+文种"构成，如《关于开展乘务员岗位技能大练兵活动的请示》。

二是由"发文机关+发文事由+文种"构成，如《××航空股份有限公司客舱服务部关于采购航空模拟培训舱的请示》。

请示标题中常见的错误是词语含义的重复，因为文种"请示"中已经有"请"的含义，所以在发文事由的表述中，不应再出现"申请""请求"之类的词语。可直接用"动词+名词"组成发文事由，比如"增设民航客舱服务与管理专业""参加乘务员岗前培训"等。

2. 主送机关

请示的主送机关即负责受理和答复该请示事项的上级机关。

请示的主送机关是具有直接隶属关系的上级机关。通常情况下，每件请示只能写一个主送机关，不能多头请示。

受双重领导的机关，应根据请示内容，主送一个上级机关，对另一个上级机关采取抄送的形式。

除发生重大事故、突发事件等特殊情况外，一般不得越级请示。

3. 正文

请示的正文一般由请示缘由、请示事项和结语三部分组成。

（1）请示缘由。即请示的原因、背景、目的、依据等。请示缘由是请示事项能否成立的前提条件，也是上级机关批复的根据，写作时应做到事实清楚、理由充足，便于上级机关及时决断并予以有针对性的批复。

（2）请示事项。即向上级机关提出的具体请求。这部分内容要求单一，一份请示只能请求一件事。所请示事项要写得明确具体，阐述说明道理要充分。需要上级机关审核、批准的事项，要进行具体细致的分析，并提出处理建议或倾向性意见，供领导参考。所提出的请示，要符合有关方针、政策，切实可行，以便上级机关给予明确答复。

（3）结语。即请示正文的结尾，向上级机关提出批复性的期请和希望。请示的结语应谦恭有礼。常见写法有"以上请示，妥否，请批示（批准）""以上请示，如无不妥，敬请批转（批复）""以上请求，请批复（审批）""妥否，请批示"等。

4. 发文机关署名和成文日期

在正文的右下方标注发文机关名称和成文日期并加盖公章。

发文机关在上，成文日期在下。发文机关与成文日期的中轴线大致对齐。

【案例赏析】

案例1：

关于推荐乘务三分部为 2021 年度服务工作先进集体的请示   标题

×航云南分公司：   主送机关

　　乘务三分部为我部重保梯队精英组，现有组员 108 名，其中客舱经理 8 名、乘务长 22 名、头等舱乘务员 32 名、普通舱乘务员 46 名，由分部高级经理、支部书记王潇潇和分部高级副经理吴倩颖一同做好人员管理工作。   正文

　　2021 年，乘务三分部紧紧围绕公司发展战略和重点工作，凝心聚力，协同并进，有效克服疫情影响，全力确保公司服务工作平稳有序推进，取得了良好的工作成效。   请示缘由

　　一、坚持安全底线，做优服务品牌。乘务三分部坚持"安全第一、正常飞行、优质服务"根本方针，秉承责任心、爱心、包容心、同情心、耐心"五心"服务理念，落实"真情服务"工作要求，践行"三净"客舱标准，持续推进"一步到位"理念在客舱服务中的落实，推动了客舱服务质量的提升，全年无人为因素导致的航班延误，未发生重大投诉及服务责任事件。

　　二、立足客户体验，做实产品服务。乘务三分部严格按照公司和客舱部服务工作要求，积极推进、认真落实各项服务新产品、新程序、新标准。注重与公司各职能部门的协同配合，通过平台优化（MUC、航前准备）、质量解析、统一发布等办法，改进业务传导方式，贯彻服务新规，有效提升了业务投放知晓度，助力了各项服务产品的精准落地，圆满完成了年度工作指标。

31

三、注重能力培养，做强班组建设。乘务三分部坚持以正向引领、榜样传承为管理基调，以树立优质品牌、传承优秀文化为目标导向，立足能力提升，精准赋能培养。通过优秀案例分享会、党员结对赋能、师徒一对一传帮带等多种方式，传承班组优秀文化，传导先进服务经验，提升了客舱服务质量，打造了学习型、创新型、实干型、凝聚型优质班组形象。

四、狠抓责任落实，践行社会担当。乘务三分部严格遵循公司"五查五严""四最一确保"工作总体目标要求，全力以赴做好客舱安全管理、疫情防控和人员关爱工作，确保航班运行正常。积极投身防控第一线，圆满完成运送冬奥会要客、抗疫医疗救援人员等国内国际重要航班保障任务48班次，以精致、规范的客舱服务赢得了社会广泛赞誉，彰显了×航企业文化形象，体现了×航社会责任担当。

2021年，乘务三分部共计收到全渠道表扬158人次，发生温暖人温暖事62起，上报安全服务优秀案例12起、运行优秀案例10起，评选"安全之星"10名，在部内绩效排名第一。

本着"立标杆、树典型、学先进、促进步"的原则，对照《××航空股份有限公司关于评选2021年度服务工作先进集体的通知》要求，我部经综合评判、集体决策，拟推荐乘务三分部为×航2021年度服务工作先进集体。 ——请示事项

以上请示，妥否，请批示。 ——结语

×航云南分公司客舱服务部 ——发文机关署名
2022年1月10日 ——成文日期

【解析】这是一则请求批准类的请示。标题采用"发文事由+文种"形式，简洁明了。正文部分先简要概述被推荐单位的先进事迹，随后紧扣有关通知要求，提出推荐建议。理据充分，逻辑清晰，表述得当，结构完整，符合请示的基本写作规范。

案例2：

关于申报2022年民航发展基金投资补助项目预算的请示 ——标题

民航华东地区管理局、山东省财政厅： ——主送机关

根据民航局《关于组织地方机场申报2022年民航发展基金提前下达部分投资补助项目预算的通知》（局发明电〔2021〕2008号）文件规定，现申报济宁机场投资补助项目预算。 ——正文 / 请示缘由

一、特种车辆购置项目，预算投资370万元 ——请示事项

随着济宁机场航班业务量的增加，原有航班保障车辆已不能满足机场快速发展的需求，为全面提升机场安全保障能力，完善航空安全设施设备基础，满足民航行业标准和规章要求，保障机场稳定、安全、有效运行，现需增配以下保障车辆：

1. 干粉消防车1辆，预算投资110万元。
2. 电动行李牵引车2辆，预算投资110万元。
3. 电动行李传送车2辆，预算投资100万元。
4. 割草车1辆，预算投资50万元。

二、应急救援管理系统项目，预算投资115万元

为进一步加快机场智慧化建设，提高应急救援管理的自动化、智能化水平，提升应急事件处置能力，机场急需建设一套应急救援管理系统，实现应急事件发生前的日常准备与演练、事件发生过程中的应急处置与救援、应急救援完成后的事件评估等业务主线功能，提升应急救援的科学性和及时性。经过前期的调研分析，项目的建设预算投资为115万元。

以上申报项目符合《财政部 民航局关于印发〈民航发展基金预算管理有关问题的通知〉》（财建〔2016〕362号）的规定，预算总投资485万元。现申请2022年民航发展基金资金项目投资补助444万元。

当否，请审批。

附件：1. 2022年民航机场基本建设项目预算申报表
      2. 项目支出目标绩效申报表

济宁市民航事业发展中心　济宁市财政局
2021年9月10日

（资料来源：济宁市人民政府网）

【解析】 这是一则请求批准类的请示。文章开头点明了请示缘由，随后逐条逐项写明请示事项，并辅以有关附件材料对正文进行补充说明，事项明确具体，理由充足，便于上级机关理解与支持。

【注意事项】

1. 行文对象要准确

请示是请求性的上行文，其主送机关只能是具有直接隶属关系的上级机关，而不能是同级机关、下级机关或不相隶属机关。请示只能主送一个上级机关，切忌多头主送，以免出现互相推诿的情况而贻误工作。一般情况下，不得越级请示，应根据隶属关系和职权范围逐级进行请示。

2. 请求事项要合理

请示的问题必须是本机关或本单位职权范围内无法决定或解决不了的问题。请示必须一文一事，即一份请示只能请求指示、批准一件事或解决一个问题。不得在报告、意见等非请示性公文中夹带请示事项。

3. 文种选择要正确

不可请示和报告混用。不能把文种"请示"写成"请示报告"，也不能写成"报告"或"申请"。请示和报告是两种不同的文种。

4. 遣词造句要得体

请示是向上级机关请求指示和批准的公文，具有请求的性质。行文时应态度诚恳，语言谦恭。要尊重上级，不要使用要挟、命令、催促等口吻，比如"以上请示，请从速批复""以上请示，请务必尽快批准为妥"等语词。在写请示事项时，只能写"拟"怎么办，不能写"决定"怎么办。

5. 请批事项要对应

请示的目的是获得上级的指示、批准或支持，一般为"一请示，一批复"。没有请示就没有批复。请示所涉及的问题，一般较紧迫，没有批复，下级机关就无法工作。因此，下级机关应及时就有关问题向上级机关请示，上级机关应及时批复。

6. 行文时间要超前

请示必须在问题发生或处理前行文，上级机关批复后才能付诸实施，切不可"先斩后奏"或"边斩边奏"，更不可"斩而不奏"。

【拓展训练】

一、选择题

1. 下列请示的标题拟写正确的是（　　）。
A. 请示　　　　　　　　　　B. 发文机关+发文事由+请示
C. 发文机关+请示　　　　　 D. 发文事由+请示报告

2. 请示是适用于向上级机关请求（　　）的公文。
A. 指示　　　B. 批准　　　C. 通报　　　D. 支持

二、判断题（对的打"√"，错的打"×"）

1. 请示必须一文一事，一事一请。　　　　　　　　　　　　　　　　（　　）
2. 请示是适用于向上级机关请求指示、批准的公文。　　　　　　　　（　　）
3. 请示的问题必须是自己无权做出决定和处理的。　　　　　　　　　（　　）
4. 请示的主送机关可以是直接隶属的上级机关，也可以是同级机关、下级机关或不相隶属机关。　　　　　　　　　　　　　　　　　　　　　　　　　　　　　　　（　　）
5. 请示可事前行文，也可事中、事后行文。　　　　　　　　　　　　（　　）

三、请根据下述材料，拟写一则请示

新建成的×航乘务训练中心已于近日启用。为满足人数过千的乘务员队伍职业培训的需要，全面提升乘务员职业培训质量，该中心拟添置全视景波音738动态客舱模拟器一台。该模拟器可以逼真地模拟波音738机型的驾驶舱和客舱布局，包括厨房、盥洗室、舱门、应急出口及各类应急设备。舱体内部的每个舷窗和舱门观察窗均安装有液晶显示器，并用三维动画模拟出各种飞行姿态，如起飞、正常巡航、降落等场景。乘务员可以身临其境地目睹和感受各种紧急情况下的情景，如机舱外的火警、舱内烟雾、陆地和水上迫降的实景等。乘务员能够在颠簸动态的模拟舱内完成处置客舱失火、客舱失压以及从两座应急滑梯同时组织应急撤离等训练科目。客舱模拟器还能满足乘务员与飞行机组、空警、安全人员的联合训练需要。该模拟器官方报价为1 200万元。因×航乘务训练中心预算不足，故向上级行文，请求拨款300万元予以解决。

四、请完成本章节的任务签派

> 知识链接：民航明传电报

民航明传电报是民航局属各机关以传真通讯方式下发的各类文件的统称。

民航明传电报和正式文件的行政效力是一样的，区别在于传递方式。民航明传电报通过网络传输，正式文件通过邮寄方式传输。明传电报，可以减少文件运转环节，加快传递速度，提高工作效率。

民航明传电报的版头包括以下内容。

1. 报头。即明传电报的名称，如"民航明传电报"。

2. 发电单位。即制发电报的机关名称，如"民航局空管局""民航局飞行标准司"等。

3. 签批或签批盖章。即签发人签名。打印的传真电报，可直接打印签发人姓名。

4. 等级。即紧急程度，一般有"特提、特急、加急、平急"四个等级，从左到右，紧急程度依次降低。

5. 编号。即电报的文号。明传电报有"部门号""××机号"两种。部门号即电报的文号，如民航局 2021 年发出的第 666 号明传电报，文号为"局发明电〔2021〕666 号"。其他编号由机要部门分别填写。

6. 机要章。根据电报内容传送范围，有时会在报头右上方加盖机要章，比如"中国民用航空局机要发电专用章"。

版头之下，是通过传真电报下发的具体文件，比如通知、通报、报告、请示、批复等，与公文的一般格式相同，包括标题、主送机关、正文、发文机关署名和成文日期等内容。

如果通知、通报、报告、请示、批复等文件是以明传电报的形式发布的，需按公文要求保管。

注：民航明传电报式样（见本书附录 6）

第五节　报告

【任务签派】

为进一步提升公众生态文明意识和环境科学素养，中华环境保护基金会于 9 月起携手瑞丽航空举办多场形式多样的空中助力 COP15 宣传活动。

9 月 27 日，瑞丽航空第一架 COP15 主题客舱飞机从昆明起飞前往恩施；当天，瑞丽航空第二架 COP15 主题客舱飞机由昆明飞往芒市。

9 月 30 日，在瑞丽航空丽江飞往兰州的航班上，开展了以"自然，我在守护"为主题的客舱活动。乘务长通过客舱广播向乘客详细介绍了 COP15 的筹备工作情况及开展意义。机组人员邀请了 20 位旅客参与分享活动，旅客们纷纷在客舱前手持 COP15 宣传图和中华环境保护基金赠送的礼品录制短视频，并以"自然，我在守护"为主题分享了自己的活动体验感受。

为了用最直观的方式让公众了解 COP15 和生物多样性知识，瑞丽航空主题客舱飞机的行李架上、小桌板前、头枕巾中都精心布置了多种宣传图集，让旅客在享受一段舒适旅途的同时，感受COP15，了解生物多样性保护的紧迫性和重要性，积极参与和践行生物多样性保护。

活动主办单位中华环境保护基金会和瑞丽航空相关负责人表示，将积极践行和推进生物多样性保护，立足行业特点和平台，大力宣传我国生态文明建设，特别是生物多样性保护的重大成就，讲好中国生物多样性保护故事。

（摘选自昆明信息港 记者 上官艳君）

请根据上述材料，拟写一则客舱主题活动情况报告。

【任务解读】

报告适用于向上级机关汇报工作、反映情况，回复上级机关的询问。

报告的使用范围很广。按照上级部署或工作计划，每完成一项任务，一般都要向上级写报告，反映工作中的基本情况、工作中取得的经验教训、存在的问题以及今后工作设想等，以获得上级领导部门的指导。

报告是下级机关向上级机关汇报工作、反映情况使用的上行文，不需要上级机关给予答复，属于单向行文。

报告虽不需要批复，却是下级获得上级支持、指导的桥梁，也是上级获得信息，了解下情，科学决策，指导和协调工作的重要依据。

根据写作方法，报告在民航业内的应用可以分为两大类。

1. 专题报告

其适用于向上级机关反映本机关或单位在某项工作、某一问题、某一事件、某一活动等方面的情况。内容上具有专一性，要求一事一报，行文迅速及时，如《民航局政府网站与政务新媒体2021年第四季度检查工作有关情况报告》。

2. 综合报告

其适用于全面汇报本机关或单位在某一阶段的多方面工作情况。内容上具有综合性、广泛性。有些总结性报告，或者是根据上级要求必须回答几个问题的报告，可以一文多事。如《强化价值观引领提升服务新高度——×航客舱部2021年工作情况报告》，从夯实管理基础、优化运行链条、改善客户口碑、聚焦旅客体验、强化价值引领、耕好党建"责任田"等诸多方面全面总结一年来取得的主要工作成效，内容涵盖面广，写作难度较大，要求较高。

【任务导航】

报告一般由标题、主送机关、正文、发文机关署名和成文日期组成。

1. 标题

常见报告的标题写法有两种。

一是公文式。或由"发文事由+文种"组成，如《"安全生产月"系列主题活动情况报告》；或由"发文机关+发文事由+文种"组成，如《民航局政府网站与政务新媒体2022年第一季度检查工作有关情况报告》。

二是文章式。或单标题，如《聚焦合约补短板 严格考核强管理》；或双标题，如《精神传承树口碑 管理创新促服务——×航西南分公司客舱部2021年工作情况报告》，主标题对报告核心内容进行高度概括，副标题进一步揭示本质，是对主标题的辅助和补充。

2. 主送机关

报告属于报请类上行文，原则上只主送一个上级机关，并力避越级主送，不可主送同级机关或不相隶属机关。如需知会其他上级机关或同级机关，可采用抄送的形式。不抄送下级机关。

3. 正文

报告的正文一般由开头、主体和结语三个部分组成。

（1）开头。主要交代报告的目的、意义、根据、缘由或概述主要情况。常用"现将有关情况报告如下"之类惯用语作为过渡，承上启下，引出报告的主要内容。

（2）主体。报告的核心部分，写作时要求既翔实又概括。

一般来说，工作类报告侧重写本单位的基本工作情况、取得的主要成绩、存在的问题和不足以及今后的打算；情况类报告侧重概述事件发生的原因、经过、性质，并提出处理意见和建议；答复类报告则针对上级机关提出的问题或要求，写清楚问题处理的经过、结果以及处置结论。

如报告内容单一，可分段叙述；如报告内容较多，可采取分条列项的方式，逐一进行阐述说明，必要时可加上小标题。

公文中结构层次序数，第一层为"一"，第二层为"（一）"，第三层为"1."，第四层为"（1）"。一般第一层用黑体字，第二层用楷体字，第三、四层用仿宋体字。写作时，应注意上述写作规范与要求。

（3）结语。常用"特此报告""专此报告""请审阅""以上报告如有不当，请指示"等惯用语收尾。如需呈转，则多用"以上报告如无不妥，请批转各地区、各单位遵照执行"等作为结语。也可不写。

4. 发文机关署名和成文日期

在报告正文末尾的右下角，写明发文机关名称和成文日期并加盖公章。发文机关要写全称或规范化简称，发文时间要写完整。

【案例赏析】

案例1：

强化价值观引领　提升服务新高度
——×航西北分公司客舱服务部2021年工作情况报告   标题

×航集团公司：   主送机关

　　2021年，在公司的关心指导下，我部认清形势、统一思想、提高认识，坚持"三   正文
条底线"，聚焦"三个敬畏"，以"三个导向"为引领，强化作风建设，推动了旅客感
受持续改善，服务口碑稳步提升，队伍凝聚力日益增强，有效支撑了公司各项指标的   开头
顺利完成。现将有关情况报告如下：

　　一、主要工作成效

　　回顾2021年工作发展历程，有许多经验值得总结，其中最重要的体会有以下四   主体
点。

（一）坚持安全底线，强化作风建设。加强员工"三观"教育，树立正确的"是非观""荣辱观""职业观"。针对客舱安全诚信文化对乘务员进行提醒，教育引导干部职工时刻谨记红线意识、底线思维，守住底线、不踩红线和不碰高压线。坚持把"抓作风、强三基、守底线"安全整顿贯穿于作风建设当中，对照客舱部作风纪律建设《"三规八纪"清单》《客舱部"十大风险"防控清单》《客舱部飞行作风纪律负面清单》，在作风建设中倡导敬畏生命、敬畏规章、敬畏职责，为确保客舱部持续安全打下更为坚实的思想基础。

（二）增强创新意识，深化基础管理。注重加强班组建设，组织兼职教员、业务骨干对个别人员进行"会诊""把脉"，通过"机门正常操作、锂电池失火处置、颠簸处置、应急撤离处置"等情景模拟，举一反三，以"鸡蛋里挑骨头"与"无事生非"的严谨态度，进一步检查安全意识牢不牢、规章执行好不好、岗位职责与能力强不强的深层次问题。组织"情景模拟"训练，让更多的新入队的乘务人员认识到严谨的作风不是一蹴而就的，而是在长期学习教育磨炼与潜移默化传帮带的过程中逐渐形成的，深刻体会到"敬畏生命、敬畏规章、敬畏职责"的内涵，为持续加强作风建设提供了保障。

（三）强化运行管控，健全考核体系。本着"高站位、严要求、细措施"的宗旨，同航班飞行、航前检查、现场提问中存在问题的人员进行谈心谈话，组织学习规章手册、检查提问考核等，引导这些有短板的乘务人员进一步增强业务技能、提升工作的自觉性和主动性。

（四）提升服务品质，优化品牌形象。落实服务规范和标准，通过特色服务带动规范化服务。强化队伍引领，发挥银燕乘务组"聚是一团火，散是满天星"的示范引导作用，锁定服务需求响应、产品呈现能力和主动推介效果三个提升重点，以问题为导向，着力解决服务能力不均衡，旅客体验差异化的症结。2021年，我部共计完成总飞行时间60.26万小时，同比增长5%，共计完成旅客保障任务750.9万人次，同比增加15.8%，运送VIP旅客4 252人次，圆满完成×××议长等5名VVIP旅客的专包机航班保障任务。空中客户投诉率平均为万分之0.025，较去年同期降低46.3%，收到95 530来电表扬282件，同比提高10.8%，服务质量评价平均为86.88分，居全公司第二，服务质量有所提升。

二、存在的问题和不足

在肯定成绩的同时，我们也清醒地看到，我们的工作还存在不少问题和薄弱环节，比如客舱服务体制流程还不够完善，客舱服务技巧把握还不够全面，客舱服务品牌意识还比较薄弱，以顾客为主体的服务理念还有待提升等。在今后的工作中，我们必须采取有效措施，对这些问题和不足认真加以解决。

三、下一步工作思路

2022年，我们将面临更多的机遇和挑战。站在新起点、开启新征程，我们将目标一致、凝心聚力，坚持以新气象、新作为开启发展新纪元，紧紧围绕"抓班子带队伍、抓基层打基础、抓制度促建设、抓创新促落实"的总体工作思路，团结进取，精准发力，着力提升客舱服务质量，创造更多工作佳绩。

（一）夯实管理基础，守好安全底线（略）。
（二）优化运行链条，提升服务品质（略）。
（三）聚焦旅客体验，改善客户口碑（略）。
（四）强化价值引领，形成良好氛围（略）。

2022年，是《"十四五"民用航空发展规划》的深化发展之年，我部全体客舱人将锐意进取，以更好的姿态、更高的要求，真抓实干，提升服务质量，努力做到"服务软实力上五星"，实现全年各项任务目标。

×航西北分公司客舱部
2021年12月30日

【解析】这是一篇综合报告。文章从坚持安全底线、深化基础管理、强化运行管控、提升服务品质方面对2021年客舱主要工作成效进行了全面总结，并结合实际，分析了存在的问题和不足，明确了下一步工作思路。文章条理清晰，结构完整，内容翔实概括，可供写作借鉴。

案例2：

关于河南航空有限公司
黑龙江伊春"8·24"特别重大飞机坠毁事故调查报告（节选）

国务院：

2010年8月24日21时38分，河南航空有限公司E190机型B3130号飞机执行哈尔滨至伊春VD8387定期客运航班任务时，在黑龙江省伊春市林都机场进近着陆过程中失事，造成机上44人死亡、52人受伤，直接经济损失30891万元。

事故发生后，党中央、国务院高度重视，时任总书记胡锦涛、时任总理温家宝作出重要指示，要求全力抢救受伤人员，妥善处理善后，查明事故原因，举一反三，立即在全民航系统深入开展安全大检查，消除隐患，确保航空安全。张德江副总理即率交通运输部、国家安全监管总局、公安部、卫生部、民航局等有关部门负责人连夜赶赴事故现场，指导抢险救援、善后处理和事故调查工作。黑龙江省委、省政府主要负责同志也率领省有关部门及时赶赴事故现场，指导协调抢险救援和善后工作。

根据《生产安全事故报告和调查处理条例》（国务院令第493号）等有关法律法规，经国务院批准，2010年8月27日，成立了由时任国家安全监管总局副局长梁嘉琨任组长，国家安全监管总局、公安部、监察部、国资委、民航局、全国总工会和黑龙江省人民政府及有关部门负责同志参加的国务院河南航空有限公司黑龙江伊春"8·24"特别重大飞机坠毁事故调查组（以下简称事故调查组），开展事故调查工作。事故调查组通过现场勘查、技术鉴定、调查取证、综合分析和专家组论证，查明了事故发生的经过、直接原因和间接原因、人员伤亡和财产损失情况，认定了事故性质和责任，提出了对有关责任人员和责任单位的处理建议，并提出事故防范和隐患整改措施建议。现将有关情况报告如下：

一、基本情况

（一）航空器情况（略）。

（二）机组情况（略）。
（三）有关航空公司情况（略）。
（四）机场及当日气象情况（略）。
（五）航线审批情况（略）。
（六）有关民航管理机构情况（略）。

二、事故发生经过及应急处置情况

（一）事故发生经过

2010年8月24日20时51分，飞机从哈尔滨太平国际机场起飞（以下略）。

调查查明，飞机在距离伊春机场30号跑道入口外跑道延长线1 110米处首次与地面树梢产生刮擦，在1 080米处飞机主轮与地面接触并继续滑行，持续与地面猛烈撞击，在870米处两台发动机触地，部分机体分解，主机身最后停止于690米处。

在与地面撞击的过程中，飞机机翼油箱破裂导致燃油泄漏，泄漏的燃油沿地势向飞机机头、机身方向流淌并起火，飞机客舱内迅速充满浓烟，飞机机身除尾部外严重烧毁。幸存人员分别通过飞机左后舱门、驾驶舱左侧滑动窗和机身壁板的两处裂口逃生，其余舱门及应急出口因严重撞击变形或浓烟阻隔无法打开。机长没有组织指挥旅客撤离，没有救助受伤人员，而是擅自撤离飞机。

飞机失事时间为2010年8月24日21时38分08秒，失事地点位于黑龙江省伊春市林都机场30号跑道入口外跑道延长线上690米处。失事点坐标：北纬47 44'52"，东经129 02'34"。

（二）事故应急处置情况

事发当日，伊春机场值班经理行使机场应急救援总指挥的职责。21时38分42秒，伊春机场塔台电话告知值班经理与飞机失去联系，并在飞机着陆方向看到火光。21时40分56秒，值班经理通过对讲机向机场消防、救护下达"启动一级应急救援，向30号跑道方向立即展开搜索救援"指令。随后，值班经理带上值班医生立即乘坐现场指挥车，沿着机场巡场路赶赴事故现场，途中请求伊春市急救中心增援。机场消防站接到指令后出动2台消防车到达事故现场开展救援工作。伊春市政府在接到相关报告后也立即向有关部门下达指令，要求动员全市救援力量立即赶赴机场进行救援，伊春市消防支队和急救中心随后到达现场加入救援行动。整个现场救援行动投入救援人员约1 000名、消防车和救护车各20台，至次日凌晨1时基本结束，搜寻到42具遇难者遗体，54名伤者（其中重伤37人、轻伤17人）被转运至伊春市内医院救治，其中2名严重烧伤的重伤员在后期救治过程中经抢救无效死亡。伊春市政府抽调干部与河南航空善后人员共同组成"一对一"工作组，接待遇难人员和受伤人员家属；伊春市公安部门在黑龙江省公安厅的指导、支持下，迅速开展遇难者身份鉴定工作；卫生部及黑龙江省卫生厅共调集90余名专家和医护人员赴伊春市参加伤员救治，伊春市卫生部门对每个伤员组织专门治疗小组并安排专人护理。

三、事故原因和性质

（一）直接原因

1. 机长违反河南航空《飞行运行总手册》的有关规定，在低于公司最低运行标准

（根据河南航空有关规定，机长首次执行伊春机场飞行任务时能见度最低标准为 3 600 米，事发前伊春机场管制员向飞行机组通报的能见度为 2 800 米）的情况下，仍然实施进近。

2. 飞行组违反民航局《大型飞机公共航空运输承运人运行合格审定规则》的有关规定，在飞机进入辐射雾，未看见机场跑道、没有建立着陆所必须的目视参考的情况下，仍然穿越最低下降高度实施着陆。

3. 飞行机组在飞机撞地前出现无线电高度语音提示，且未看见机场跑道的情况下，仍未采取复飞措施，继续盲目实施着陆，导致飞机撞地。

（二）间接原因

1. 河南航空安全管理薄弱（略）。
2. 深圳航空对河南航空投入不足、管理不力（略）。
3. 有关民航管理机构监管不到位（略）。
4. 民航中南地区空中交通管理局安全管理存在漏洞（略）。

（三）事故性质。

经调查认定，河南航空有限公司黑龙江伊春"8·24"特别重大飞机坠毁事故是一起责任事故。

四、对事故有关负责人员及单位的处理建议

（一）对有关责任人员的处理建议（略）。
（二）对有关责任单位的处理建议（略）。

五、事故防范措施建议

（一）切实落实航空企业安全生产主体责任（略）。
（二）加强飞行人员管理和机组资源管理（略）。
（三）提高客舱乘务员应急处置能力（略）。
（四）加大对航空企业安全生产的行政监管力度（略）。
（五）健全法规标准，完善管理制度，提高管理效能（略）。

国务院河南航空有限公司黑龙江伊春　　发文机关署名
"8·24"特别重大飞机坠毁事故调查组
2012 年 6 月 21 日　　成文日期

（资料来源：安全管理网）

【解析】这是一则专题报告。报告围绕河南航空有限公司黑龙江伊春"8·24"特别重大飞机坠毁事故的调查工作实况，概述了该事故发生经过及应急处置情况，分析了事故原因和性质，并结合有关法律规定，提出了事故防范的措施和建议。文章结构完整，逻辑清晰，表述到位，便于上级机关了解情况，做出指导与安排。

【注意事项】

1. 内容要真实

要实事求是地反映客观事实，所列数据要真实、准确、可靠，对事件的叙述要客观、公允、得当，不夸大成绩，也不掩盖存在的缺点和问题。

2. 重点要突出

要注重调查研究，善于抓住事物的关键。提高分析、归纳问题的能力，找出事物的内在联系，提炼出鲜明的观点，做到主旨明确、重点突出、描述清楚、分析透彻。

3. 语言要精练

报告的语言具有陈述性，行文上一般使用叙述的表达方式，即陈述其事，向上级讲述做了哪些工作、如何开展工作、主要工作经验和体会、存在哪些问题和不足、今后有什么打算和意见、建议等。用词要准确，行文要简洁，汇报问题要简要、直截了当，切忌说大话、套话、空话，不着边际，不得要领。

4. 行文要及时

反映情况要及时，主题要集中。报告可事前行文，也可事中或事后行文。提出建议，多为事前行文；反映情况，答复询问，多为事中或事后行文；汇报工作，多为事后行文。

5. 不得夹带请示事项

报告和请示属于不同文种，报告中不得夹带请示事项。不得使用"请示报告"之类混合文种。

【拓展训练】

一、选择题

1. 下列可用报告写作的有（　　）。
   A. 答复民航旅客的各类投诉意见　　B. 向下级或有关方面介绍工作情况
   C. 答复同级或不相隶属机关的询问　　D. 向上级汇报工作，反映情况

2. 下列不符合报告写作要求的有（　　）。
   A. 报告必须一事一报　　B. 报告可事前、事中或事后行文
   C. 报告属于上行文　　D. 报告不可主送同级或不相隶属机关

3. 下列不适合做报告结语的是（　　）。
   A. 特此报告　　B. 以上报告如有不当，请指示
   C. 以上报告，妥否，请批复　　D. 特此报告，敬请审阅

二、判断题（正确的打"√"，错误的打"×"）

1. 报告适用于向上级机关汇报工作、反映情况，回复上级机关的询问。（　　）
2. 情况报告和工作报告的结语常用"特此报告"，呈转性报告结语常用"以上报告，如无不妥，请批转××贯彻执行"。（　　）
3. 报告要真实反映客观事实，所列数据要真实可靠，所述事件要公允得当。（　　）
4. 为减少发文，可在报告中夹带请示事项。（　　）
5. 报告要求一文一事。（　　）
6. 报告可事前行文，也可事中或事后行文。（　　）

三、请完成本章节的任务签派

✈ 知识链接：报告与请示

报告、请示同属上行文，都具有向上级机关汇报的性质。

二者的区别主要有以下四点。

1. 行文目的不同。报告内容为本单位职责范围内比较重大的工作或向上级机关提出的建议、需上级机关知道的事项，一般不需要上级答复，重在呈报。请示是本单位无力无权解决或按规定需上级批准之后才能实施的事项，需要上级批复，重在呈请。

2. 行文时间不同。报告既可事后行文，也可事前或事中行文。请示只能事前，不允许"先做后奏"或"边做边奏"。

3. 内容重心不同。报告重在汇报工作情况，报告中不能夹带请示事项。请示重在说明请示事项，其请示缘由是获得答复或批复的前提。

4. 结束用语不同。报告常用"专此报告""特此报告""以上报告如有不当，请指示"等惯用语收尾。请示常用"特此请示""以上请示，妥否，请批复"等惯用语结尾。

需要强调的是，报告和请示是两个不同文种，既不能把请示写成报告，也不能把报告写成请示或"请示报告"。

第六节　函

【任务签派】

××民航学院继续教育部拟于3月10日—3月20日举办客舱服务高级管理人员培训班，系统培训客舱服务管理人员。×航客舱服务部获知此消息后，考虑到该公司客舱服务培训设备和师资力量不足，拟安排10名客舱服务部管理人员随班学习，所需培训费用由该公司统一支付。为此，×航客舱服务部致函××民航学院继续教育部，商讨有关培训事宜。

请代为拟写这则文书。

【任务解读】

函适用于不相隶属机关之间商洽工作、询问和答复问题、请求批准和答复审批事项。

函集上行文、平行文、下行文功能于一身，可用于平级机关或不相隶属机关之间的商洽性、询问性和答复性公务联系；可向无隶属关系的业务主管部门请求批准有关事项；可向业务主管部门答复或审批无隶属关系的机关请示批准的事项；可用于机关对个人的公务联系，如回复群众来信等。行文灵活、简便，有公文中的"轻骑兵"之誉。

函在民航领域中的应用范围十分广泛。从不同角度，可以将函分成不同的类别。

1. 按文面规格分

按文面规格分，函可分为公函和便函。公函用于机关单位正式的公务活动往来；便函用于日常事务性工作的处理。便函不属于正式公文，没有公文格式要求，甚至可以不要标题，不用发文字号，只需要在落款处署上机关单位名称、成文时间并加盖公章。

2. 按行文方向分

按行文方向分，函可分为发函和复函。发函即主动就有关公务事项发出的函，如《关于代培客舱服务高级管理人员的函》；复函则是为回复对方发出的函，如《关于同意代培客舱服务高级管理人员的复函》。

3. 按内容和用途分

按内容和用途分，函可分为商洽函、请求函、问询函、告知函、答复函等。商洽函适用于平行机关或不相隶属机关之间商洽工作、联系有关事宜；请求函适用于向有关职能主管部门（如工商局、税务局、人事局等）请示帮助解决有关问题；问询函适用于向有关单位查询、了解问题；告知函适用于向有关单位告知某些情况或事项；答复函适用于针对来函做出答复。

【任务导航】

函一般由标题、主送机关、正文、发文机关署名和成文日期组成。

1. 标题

函的标题一般有两种写法。

一是由"发文事由+文种"组成，如《关于认定转代理行为的函》。

二是由"发文机关+发文事由+文种"组成，如《民航局关于配合落实航材免税政策实施细则的函》。

如果是答复性的函，文种名称应写明"复函"或"函复"，如《××机场关于××空中游览项目噪声扰民问题的复函》。

2. 主送机关

函的主送机关即受函机关的名称。大多数情况下，函的主送机关只有一个。

3. 正文

函的正文一般由开头、主体和结语组成。

（1）开头。概括交代发函的目的、根据、原因等，常用"现将有关问题说明如下"或"现就有关事项函洽如下"等过渡语转入下文。

如果是复函，开头应先引叙来文的标题及发文字号，常用"你（贵）单位×年×月×日《关于××××的函》（××〔20××〕×号）收悉"表达。

（2）主体。这是函的核心内容，主要说明致函事项。函的事项部分内容单一，一函一事，行文要直陈其事。无论是商洽工作、询问或答复问题，还是向有关主管部门请求批准事项等，都要用简洁得体的语言把需要告诉对方的问题、意见叙写清楚。

如果是复函，应对来函询问或请批的事项做出明确答复，即表示同意或不同意，同意该怎么做，不同意是什么原因，或对询问的问题做出说明等。

（3）结语。应根据函询、函告、函商或函复的事项，选择运用不同的结束语。如"特此函询（商）""即此函洽""专此函达""请复""请函复""请批准""是否同意，请研究后函复"等。有的函也可以不用结束语，比如便函，可以像普通信件一样，使用"此致　敬礼"。

如果是复函，常用"特此函复""专此函复""特此函告""函复""此复"等惯用语收尾。有时也可不用。

4. 发文机关署名和成文日期

在函正文末尾的右下角，写明发文机关名称和成文日期并加盖公章。若标题中写明发文机关，此处可省略，只需加盖公章。

【案例赏析】

案例1：

关于政协十三届全国委员会第四次会议

第 4756 号（工交邮电类 289 号）提案答复的函

标题

吴希明等 6 位代表：

主送机关

　　你们提出的《关于将"空中丝路"计划纳入国家"一带一路"的提案》收悉，现答复如下：

正文
开头

　　2017 年，习近平总书记在会见卢森堡首相时首次提出要建设"空中丝绸之路"。《中华人民共和国国民经济和社会发展第十四个五年规划和 2035 年远景目标纲要》（下称《规划纲要》）将建设"空中丝绸之路"确定为推动共建"一带一路"高质量发展的重要内容。民航局贯彻落实党中央、国务院决策部署，将"空中丝绸之路"建设作为新时代民航强国建设和"十四五"民航发展重点任务，会同有关部门统筹推进相关工作。

主体

　　"十三五"期间，各部门加强协同，民航领域"一带一路"建设取得积极成果，为"空中丝绸之路"建设奠定坚实基础。一是民航互联互通成为共建"一带一路"重要组成。二是民航基础设施建设不断加快，航线网络不断完善。三是成立"中国民航'一带一路'合作平台"，整合我国与东盟、中东欧、非洲、中亚等地区的区域民航合作机制。

　　下一步，民航局将加强与有关部门协同，形成工作合力，积极推进"空中丝绸之路"建设，更好服务"一带一路"高质量发展。一是加强顶层设计，认真落实《规划纲要》，将"空中丝绸之路"建设纳入有关规划，出台具体工作方案，明确工作思路和重点任务。二是深化务实合作，积极与共建"一带一路"沿线有关国家开展交流，在相互尊重、平等互利基础上深化民航领域务实合作，促进共同发展。三是加强资源整合和优化，建设拓展中国民航"一带一路"合作平台，促进"空中丝绸之路"建设各项任务落实落地。

　　感谢您对民航工作的支持！

结语

中国民用航空局

2021 年 7 月 17 日

发文机关署名
成文日期

（资料来源：中国民用航空局网）

　　【解析】 这是一则民航复函。通常是一函一复，针对来函内容做出明确回复。文章格式工整，语言简练，表达到位，说服力强。

案例2：

民航局关于配合落实航材免税政策实施细则的函

各运输、通用航空公司，各维修单位，航材分销商，各航空设计制造公司：

  为支持和促进我国民用航空运输、维修等产业发展，2021年3月31日财政部、海关总署联合下发了《财政部 海关总署关于2021—2030年支持民用航空维修用航空器材进口税收政策的通知》（财关税〔2021〕15号，以下简称《通知》)，针对特定进口单位和航空器材实施免征进口关税政策，并于同日联合工业和信息化部、民航局共同制定《财政部 工业和信息化部 海关总署 民航局关于2021—2030年支持民用航空维修用航空器材进口税收政策管理办法的通知》（财关税〔2021〕16号，以下简称《管理办法》）。

  根据《通知》及《管理办法》，民航局配合承担的任务为：确定免税政策适用进口单位（即免税主体）名单和航空器材（即免税商品）清单，并每分两批函告海关总署，抄财政部、工业和信息化部。

  为落实上述任务，现将具体实施细则函告如下。

  一、具体方式（略）。

  二、免税主体名单管理（略）。

  三、免税商品清单管理（略）。

  四、其他说明。

  按照《通知》实施免税政策的进口航材，通关时需由海关前置审批。如遇紧急订货情况（AOG），免税商品仍可按《税则》规定的暂定优惠税率（如适用）或者正常税率申报快速通关。

民航局运输司
2021年4月8日

（资料来源：中国民用航空局网）

  【解析】这是一份标准的发函。正文开头交代了发函的缘由，言简意赅；主体部分分条列项，将函告事项一一罗列，清晰明了，便于理解与执行。

【注意事项】

1. 一函一事

一般来说，一个函件以讲清一个问题或一件事情为宜。

2. 用准文种

要区分函与请示、报告，尤其是请示与批复、批复与复函之间的关系。同时要注意发函与复函的区别，把握行文规范。

3. 行文简洁

函是一种比较简便的公文，一般篇幅较短，表述要简明扼要，事项要明确具体，避免空话、套话、废话，也不能含糊其词、模棱两可。复函，要逐项回答，不能避而不答或漏答。

4. 措辞得体

函主要用于平行机关或不相隶属机关之间，语言表达要礼貌得体。发函是有求于对方的，或商洽工作，或询问问题，或请求批准，态度要谦和、诚恳，切忌用"必须""应该""决定"等命令性、祈使性词语。复函时，无论同意与否，要有礼有节，力避简单粗暴、盛气凌人。

【拓展训练】

一、判断题（正确的打"√"，错误的打"×"）

1. 函适用于不相隶属机关之间商洽工作、询问和答复问题、请求批准和答复审批事项。
（　　）
2. 一份函件可以讲述多件事情。（　　）
3. 函是平行文。（　　）
4. 为了引起对方重视，发函时可用"必须""应该"等词语，以示强调。（　　）
5. 函的篇幅一般较短小，内容单一，结构简单。（　　）
6. 从函的内容及其反馈来看，其具有很强的沟通性。（　　）

二、请指出下文中的错误并进行修改

××航空客舱服务部：

贵单位王蕾参加我台主办的"我型我秀"空姐风采礼仪大赛，表现优秀，获得总决赛参赛资格，将于2021年2月18日—2月24日代表华东赛区到海南三亚参加总决赛。请贵单位全力支持配合，尽快核准该选手的请假申请。

2021年2月

三、请根据材料，拟写一则复函

××民航学院招生就业办拟到××机场拍摄宣传片，展现该校优秀毕业生风采。为此，该校招生就业办给××机场党群科发函，希望对方能就此事给予支持与协助。××机场党群科收到来函后，经商议，同意该校招生就业办前来拍摄。

四、识记公文信函式样（见本书附录7）

五、请完成本章节的任务签派

知识链接："函"的由来

"函"作为公务文书，源于春秋时期的"移书"。"移书"是国与国之间、各国官员之间和不相隶属的官署之间往来的公文。

汉代出现了"函"。原指信的封套。古代寄信用木匣子邮递，这种匣子叫"函"。后把信件称作"函"，如函件、来函等。

"函"作为正式公文名称，始于1916年。南京临时政府制发的《公文程式令》中有"公函"，后被国民政府沿用。1949年，华北人民政府颁发的《公文处理暂行办法》把"函"和"公函"

列为两个文种。1951年9月，中央人民政府政务院颁发的《公文处理暂行办法》中有"公函"和"便函"之别。1981年2月，国务院办公厅颁发的《公文处理暂行办法》去掉了"公函"和"便函"的名称，将其统称为"函"，适用于"相互商洽工作，询问和答复问题，向有关主管部门请求批准等"。1993年11月，国务院办公厅修订《公文处理暂行办法》，并将"函"的适用范围修改为"不相隶属机关之间相互商洽工作、询问和答复问题，向有关主管部门请求批准等"。2012年7月，中央办公厅、国务院办公厅印发的《党政机关公文处理工作条例》开始实施，其中规定"函"的适用范围为"不相隶属机关之间商洽工作、询问和答复问题、请求批准和答复审批事项"，沿用至今。

第七节　纪要

【任务签派】

6月25日上午，×航客舱部召开二季度政工例会。客舱部经理朱丽娜主持会议，各党支部书记参加会议。会上，客舱部副经理李楠通报了二季度各党支部的工作情况、亮点，分析了存在的问题，并对旺季保障工作进行了部署。各党支部书记围绕二季度的工作开展情况、存在不足、三季度打算等进行了汇报。党委副书记刘和平就抓好党建工作，以党建带团建，以优良党风促工作作风，提升客舱服务质量提了具体要求，并结合暑运旺季如何做好"送清凉"工作与支部书记们进行了讨论。党委书记戴山肯定了各支部二季度的工作开展情况，就支部反映的问题给予了现场解答，并责成机关职能部门做好记录，会后跟进协调解决。最后，戴山书记就当前及下一阶段工作提出六点要求：一是要充分发挥好支部的战斗堡垒作用，统一思想，凝聚共识，把基础工作做好做强做实；二是要在上半年"蓝天党团小组"活动成果的基础上，结合分公司党委要求，从组织到位、解决问题、繁简结合、注重实效四个方面，进一步发挥好"蓝天党团小组"在基层党建创新和促进中心工作中的重要作用；三是要严格落实"三会一课"，加强党员日常学习教育；四是要抓好员工队伍稳定工作，关注员工思想动态，早抓苗头，做好正向引导；五是要加强员工关爱，动态了解旺季生产保障工作中的实时需求，加快协调解决速度，创建良好的旺季保障氛围；六是要做好旺季宣传报道工作，及时跟进宣传示范典型案例，弘扬正能量。

请结合上述内容，拟写一则会议纪要。

【任务解读】

纪要适用于记载会议主要情况和议定事项。

会议是沟通信息、总结经验、协调各方、统一思想、布置任务、制定决策、推动工作的重要途径。把会议的基本情况、主要精神和议定事项进行归纳、整理，摘其要点写成的书面材料，就是纪要。

纪要是一种常见的纪实性、指导性公文文种。一个会议是否产生纪要，要根据会议的情况和主持会议单位或部门的意向而定。

纪要可以用来向上级领导机关汇报会议情况，以便取得上级的指导。也可以向与会人员、有关单位和下属机关分发，作为传达和贯彻会议精神的依据。纪要经上级领导审核批准后，具有正式公文的效力。

根据会议内容性质，纪要在民航业内可分为四类。

1. 办公会议纪要

办公会议纪要主要用于记载和传达领导的办公会议决定和决议事项。办公会议一般有固定的时间，如每周一次、每月一次或每季度一次等。有固定的出席人，如客舱部工作例会，一般是客舱部党政领导班子成员参加，与会议有关的相关部门负责人列席。办公会议有时研究处理一个问题，有时连续讨论几项议题。会上研究讨论的问题，通常要以纪要方式送有关单位阅知或办理。

2. 工作会议纪要

工作会议纪要用于传达重要的工作会议的主要精神和议定事项，有较强的政策性和指示性，如《民航局治理工程建设领域突出问题专项工作领导小组办公室会议纪要》。

3. 协调会议纪要

协调会议纪要用于记载协调性会议所取得的共识以及议定事项，对与会各方有一定的约束力。适用于两个或两个以上平行机关或不相隶属机关，对一些需要配合、协作的业务活动开会商议，如《××航空公司引进哈尔滨安博威 ERJ145 飞机交付工作会议纪要》。

4. 研讨会议纪要

研讨会议纪要主要用于记载研究讨论性或总结交流性会议的情况。这类会议纪要的写作要求全面客观，除反映主流意见外，如有不同意见，也应整理进去，如《新经济环境下中小型航空公司发展策略研讨会纪要》。

【任务导航】

纪要一般由标题、正文、出席情况三个部分组成。

1. 标题

纪要的标题常见的有四种形式。

一是由"发文机关+文种"组成，如《民航局治理工程建设领域突出问题专项工作领导小组办公室会议纪要》。

二是由"发文机关+会议性质+文种"组成，如《民航局空管局专题会议纪要》。

三是由"发文机关+会议次数+会议性质+文种"组成，如《民航局危险品专家组第二次工作会议纪要》。

四是由"发文机关+会议内容+文种"组成，如《××航空公司客舱安全工作会议纪要》《××航空公司引进哈尔滨安博威 ERJ145 飞机交付工作会议纪要》。这种纪要，因每次会议的内容不同，标题也会不同。

2. 正文

纪要的正文一般由开头、主体和结尾三部分组成。

（1）开头。介绍会议的基本概况，要求写明会议的时间、地点、名称、主要议题和会议结果、主持者、出席者和列席者等。常用"××××年×月×日，×××局长主持召开××会议，讨论了×××问题等。纪要如下："之类惯用句式表达。

如果是工作会议纪要，要写明召开会议的动因和根据；召开会议的目的，即要解决什么问题；主要领导在会上的活动，如听汇报、讲话、做总结等；会议的主要议程和活动；会议的气氛和特点；会议的结果，即达到了什么目的。有些重要会议，还需简要做出评价。

这部分写作要简明扼要，篇幅不能过长，让人读后对会议有总体了解即可。

（2）主体。综述会议的主要精神和议定事项。办公会议纪要，要求对会议讨论的问题和议定的事项加以归纳，简明扼要地写出来；工作会议纪要，要写明对前段工作的基本评价，即取得的成绩和存在的问题，进一步搞好这项工作的意义，今后工作的指导思想、具体要求和完成工作任务的具体措施等。

具体写法上，可以有多种形式：一是根据会议进行程序，按顺序写出；二是对原始记录加以分析综合，然后围绕会议中心，分类分条加以叙述和说明；三是以总表和若干标题为纲目，把会议的主要精神和发言，按问题性质分类组合，归纳为几个问题来写，不受会议议程和发言顺序的限制。第三种写法，便于集中阐明一个方面的问题，常见于专题会议纪要。

主体部分的叙述常以会议为表述主体。在说明会议过程时，常用"会议听取了……的汇报""会议传达了……文件（会议、讲话）精神""会议围绕……进行了热烈讨论"等句式；在阐述会议精神时，常用"会议提出""会议认为""会议指出""会议强调""会议讨论了"等惯用开头语；在表述会议决议时，常用"会议决定""会议要求""会议号召"等领叙词。

（3）结尾。对大会做概括性总结或强调本次会议的意义。有些重要会议纪要的结尾，还要写出会议的号召，提出对贯彻执行会议精神的希望。纪要的结尾要写得简短，富有感召力。也可不写。

3. 出席情况

正文下方空一行，写明会议出席情况，通常按顺序标明出席、请假、列席人员名单。

【案例赏析】

民航局治理工程建设领域突出问题专项工作领导小组办公室会议纪要 标题

　　××××年2月2日，民航局治理工程建设领域突出问题专项工作领导小组办公室召开了第二次会议。会议由机场司司长、领导小组办公室主任张光辉主持，办公室副主任韩学杰、刁永海及各成员参加了会议。 正文 开头

　　会议主要研究落实了民航局治理工程建设领域突出问题专项工作领导小组第一次会议议定的有关事项。

　　一、根据中央治理工程建设领域突出问题工作领导小组关于积极推进建设项目信息公开和诚信体系建设的要求，尽快在网上公开民航建设项目的招投标信息。 主体

　　二、为进一步了解各单位的自查情况，督促各单位按照民航局专项治理工作方案的要求切实开展专项治理工作，领导小组办公室近期将分为两个小组对民航局空管局和首都机场集团公司专项治理工作的自查情况进行督查。其中驻民航局监察局牵头对民航局空管局的自查情况进行督查，机场司牵头对首都机场集团公司的自查情况进行

督查，领导小组办公室各成员单位分别参加两个小组的督查工作。

三、根据中央治理工程建设领域突出问题工作领导小组《关于组织开展工程建设领域突出问题排查工作的意见》中的排查范围和要求，发展计划司尽快对民航建设项目进行整理并列出清单，以便了解和掌握有关情况，为下一步开展抽查做好准备。

四、从目前各单位的自查情况看，个别单位没有符合《关于组织开展工程建设领域突出问题排查工作的意见》中规定排查范围的建设项目，或符合排查的建设项目较少。为全面了解各单位建设项目情况，深入开展民航局建设领域突出问题专项治理工作，会议研究确定，各单位可根据实际情况，视情扩大自查的建设项目范围。领导小组办公室将下发通知对这一事项予以明确。

五、综合司负责在民航局门户网上开设专栏，及时宣传中央关于专项治理工作的文件精神、方针政策和决策部署，介绍民航专项治理的工作情况、动态信息、成功经验和典型做法等，公布各单位的举报电话，并在有关媒体上对民航局专项治理工作进行宣传报道。

会上，领导小组办公室全体成员观看了电视片《"关于开展工程建设领域突出问题专项治理工作的意见"的解读——重药治顽症》，并结合民航实际情况，就专项治理工作的重点、要求以及违法违纪案件的查处等进行了讨论。与会人员一致认为，开展专项治理工作是党中央、国务院针对当前工程建设领域存在的突出问题做出的重大决策，专项治理工作对确保民航建设工程质量、防止滋生腐败、促进民航行业的健康发展具有重大意义，办公室全体成员将按照领导小组的总体部署，以高度的使命感和责任感，认真制定工作方案，扎实开展各项工作，切实加强督促检查，确保专项治理工作取得实效。 ← 结尾

出席：×××　×××　×××
请假：×××　×××　×××
列席：×××　×××　××× ← 出席情况
（资料来源：中国民用航空网）

【解析】这是一则办公会议纪要。标题由"发文机关+文种"组成。正文开头部分介绍了会议的基本情况，交代了会议的时间、主要议题、主持者以及出席会议人员情况。主体部分按照议题顺序，逐一概述会议研究确定的主要事项。文章条理清晰，结构规范，简明扼要，符合纪要的写作规范。

【注意事项】

1. 会前要掌握情况
会前应预先了解会议的基本情况，清楚会议的目的、任务、内容和形式，熟悉会议的议题，掌握会议的所有文件材料。

2. 会中要做好记录
会议记录是形成会议纪要的基础和依据。要参加会议的全过程，并认真做好记录，特别是

要注意阅读会议的主体文件、材料，认真听取领导同志的发言，掌握会议的主要精神。

3. 行文要突出要点

一是要抓住要点，突出会议主题。虽然是反映会议情况和结果，但也不能面面俱到。要围绕会议主题，抓住要点，突出会议重点。二是文字表达应简明扼要，语言尽可能简短、通俗，切忌长篇大论，应以叙述为主。三是层次结构、段落安排上，要条理清楚，篇幅不宜过长。切忌把会议纪要写成会议记录。

4. 格式要把握特点

与大多数公文相比，纪要在写法上有诸多不同。一是版式不同。不同于一般公文版头中的发文机关标志，纪要的版头即标题所在，由"××××纪要"组成，如"民航局局务会议纪要""民航局专题会议纪要"等。二是编号不同。纪要的编号，可以按序号来编，如"第××号"，也可按年度编排，如"〔2022〕××号"。三是纪要无须标注发文机关名称和成文日期，不加盖印章。

【拓展训练】

一、判断题（正确的打"√"，错误的打"×"）

1. 纪要一般由标题、正文、落款三部分构成。（   ）
2. 纪要适用于记载会议主要情况和议定事项。（   ）
3. 会议纪要要一字不差地记录会议的内容。（   ）
4. 会议纪要只是作为机关单位内部存查使用的文书，不对外公布。（   ）
5. 研讨会议纪要的写作要求全面客观，如有不同意见，也应写进去。（   ）

二、请根据下列材料，拟写一份纪要

为进一步加强××地区机场管理工作，总结交流经验，提升区内机场安全管理水平，6月6日上午，民航××管理局在××机场召开运行安全管理工作会议。

民航××管理局副局长刘××对区内四大机场的安全管理情况进行了讲评。刘局长指出，区内各机场运行安全管理工作呈现出体量越来越大、要求越来越高、问责越来越严、压力越来越大四个特点，各单位要充分认识到当前的形势与责任。刘局长强调，各单位在运行安全管理工作中要做好三个方面。一是谋在大处，要落实领导的岗位责任，要落实安全管理体系。二是抓在细处，要抓重点，做好鸟击防范、FOD防范、冬季除冰雪、不停航施工和应急救援等工作；要抓基础，提高人员素质、加大资金投入；要抓监管，转变监管方式、创新监管方法、落实监管体系。三是落在实处，处理隐患问题要有定力，构建安全体系要有耐力，进行联动处置要有合力，各单位要对标看齐和取长补短。同时，刘局长表示，××机场在运行安全管理工作中有很多"接地气"的举措，在飞行区鸟击防范、FOD防范、机坪运行监察等方面卓有成效。会上，民航××地区管理局机场处副处长徐××通报了2015年—2016年4月份××地区运输机场运行安全情况，航空安全办公室副主任姜××介绍了天津"8·12"事故后续问责情况；××机场集团副总经理宋××介绍了××机场运行安全管理经验。会议由民航××监管局局长刘××主持。民航××地区管理局机场管理处、航空安全办公室、政策法规处，民航××监管局，××

机场集团共 30 余人参会。

三、识记纪要式样（见本书附录 8）

四、请完成本章节的任务签派

知识链接：会议记录与会议纪要

  会议记录是形成会议纪要的基础和依据，表现会议的主要内容。会议纪要是对会议主要情况和议定事项的概要式记载。二者的主要区别有以下三点。

  1. 性质不同。会议记录是讨论发言的实录，属事务文书。会议纪要只记要点，是法定行政公文。

  2. 功能不同。会议记录只作为机关单位内部存查使用的文书，一般不对外公布，无须传达或传阅。会议纪要通常要在一定范围内传达或传阅，作为正式行政公文使用，要求贯彻执行。

  3. 写法不同。会议记录要忠实再现会议内容，不能添加，也不能遗漏。会议纪要是对会议发言的概括和提炼，是经过作者再加工的文书。

第三章 民航管理事务文书

管理事务文书是党政机关、企事业单位、社会团体处理日常事务时经常使用的各类业务文书的统称，主要用于强化管理、规范行为、研究问题、安排工作、总结得失和交流经验，是应用文写作的重要组成部分。管理事务文书处理的日常事务通常为公务，所以其属于广义的公文范畴，又有"准公文"之誉。

民航业内常用管理事务文书有计划、总结、简报、规章制度等。

第一节 计划

【任务签派】

为深入贯彻落实习近平总书记关于安全生产的重要论述，强化"人民至上、生命至上"理念，扎实推进全国安全生产专项整治三年行动集中攻坚，民航局定于2021年6月在全行业开展以"落实安全责任 推动安全发展"为主题的全国"安全生产月"活动，深入推进以"三个敬畏"为内核的作风建设，推动民航高质量发展。

本次活动主要包括五个方面的内容：结合党史学习教育，推动学习贯彻习近平总书记关于安全生产的重要论述和对民航工作的重要指示批示精神；紧扣2021年安全从业人员作风建设的"规章建设和执行"主题，扎实推进民航安全作风建设和典型问题通报；强化总结提炼好的经验和做法，落实好"六个起来"工作要求，开展"三年专项整治集中攻坚战"专题宣传活动；创新形式丰富内涵，开展好"6·16安全宣传咨询日"活动，增进公众对安全生产的认识和理解；聚焦基层和公众，提高安全宣传"五进"的针对性、精准性，广泛宣传民航安全生产特点、热点类的安全知识，切实提升公众安全意识和应急处置能力。

王晓慧是××航客舱部经理，接到通知后，结合工作实际，撰写了一份年度客舱安全工作计划。

请代为拟写这则计划。

【任务解读】

计划是对未来一定时期内的工作、需要完成的任务事先做出筹划和安排的一种事务性文书。

计划是计划性文体的统称，常见的规划、纲要、要点、方案、设想、安排、打算等都属于计划类文书。规划，一般用于具有长远性、全局性、战略性、方向性、概括性的正式计划，如《"十四五"民航立法专项规划（2021—2025年）》。纲要、要点，是对一段时间的工作做出的简要安排，偏重于政策性、原则性指导，主要用于上级机关给下级布置工作任务，交代政策、措施等。方案、安排、打算，主要用于时间比较短，内容比较单一、具体的计划。安排、打算是对短期、近期具体工作事项的计划，安排比打算考虑得更周全。方案常用于开展某项活动或完成某次任务，目标较具体，措施更周密、更具体，如《民航局深入推进法治建设实施方案》；设想是对长远工作的预计，是一种初步的、不成熟、预备性的非正式计划。

根据不同的标准，可对计划进行不同的划分。

（1）按内容分。有工作计划、学习计划、生产计划、营销计划等。

（2）按涉及面分。有综合性计划、专题性计划等。

（3）按适用范围分。有国家计划、地区计划、单位计划、部门计划、个人计划等。

（4）按时间长短分。有长期计划（如十年规划、五年规划）、短期计划等。

（5）按结构形式分。有条文式计划、表格式计划、综合式计划等。

【任务导航】

计划一般包括标题、正文、落款三部分。

1. 标题

计划的标题主要有两种形式。

一是由"制订计划的单位+适用时间+内容性质+文种"构成，如《××航空公司2021年春节包机工作计划》《××航空公司2022年夏秋航季航班计划》等。有时也会把时间置于标题后方，并用括号标明，如《民航行业塑料污染治理工作计划（2021—2025年）》。

二是由"适用时间+内容性质+文种"构成，如《2022年度客舱安全工作计划》。这类标题多用于在本单位或本部门内部实施的计划。

根据所适用的时间长短或成熟程度，客舱工作计划又可称为"方案""安排""设想"等。计划若处于讨论阶段，未形成定稿，一般在标题右侧或标题正下方写上"草案""征求意见稿""试行稿"等字样，如《××民航"十四五"发展规划（征求意见稿）》。

2. 正文

计划的正文包括开头、主体和结尾三个部分。

（1）开头。计划的开头部分主要回答"为什么做"的问题。简要说明制订计划的依据（方针、政策或上级指示）、目的、指导思想、本单位基本情况、总的目标任务和要求等。常用"为此，特制订计划如下"之类的惯用过渡语，承上启下，引出下文。

这一部分的写作力求简明，以讲清制订本计划的必要性、执行计划的可行性为要，应力戒套话、空话。

（2）主体。计划的主体部分主要回答"做什么、怎么做、何时做、谁来做"等问题。目标与任务、办法与措施、时限与步骤是计划主体写作的三个基本要素。

①目标与任务。要明确写出计划的总体目标和基本任务，并尽可能将目标定性、任务定量，确保明确具体，便于理解和执行。

②办法与措施。合理的办法、得当的措施是确保目标与任务得以实现的关键。

写作时应结合工作实际，既要有预见性，又要实事求是。只有这样，制定出的办法和措施才是可操作的、切实可行的。

③时限与步骤。要针对具体情况，事先规划好操作的步骤、流程。每一个步骤、每一个环节都应明确具体的完成时限及责任人，确保职责明确、操作有序、执行有效。

具体写作时，通常把目标与任务单列，办法与措施、时限与步骤则可分段写，也可糅为一体来写。

根据内容的需要，计划可采用条文式、表格式、条文表格综合式等结构方式。

（3）结尾。指明执行计划时应注意事项，提出希望以及督促检查的要求。也可在写完计划的具体事项后自然收束，不再赘述。

3. 落款

写明制订计划的单位名称或个人姓名以及订立计划的时间。若制订计划者是单位或团体，成文日期应写计划通过或批准的日期。

单独下发的计划还要加盖印章。若以附件形式随通知作为行政公文下发或上报，在通知的成文日期上加盖印章即可。

【案例赏析】

案例1：

民航行业塑料污染治理工作计划（2021—2025年）　　标题

　　积极应对塑料污染，事关人民群众身体健康，事关我国生态文明建设和高质量发　　正文
展。为深入贯彻落实党中央、国务院决策部署，加强民航塑料污染治理，推动民航业　　开头
绿色发展，根据《关于进一步加强塑料污染治理的意见》（发改环资〔2020〕80号）
有关要求和"十四五"期间民航绿色发展工作部署，制订本工作计划。

　　一、工作思路　　　　　　　　　　　　　　　　　　　　　　　　　　　　　　主体

　　以习近平生态文明思想为指导，全面贯彻落实党的十九大和十九届二中、三中、四中、五中全会精神，完整准确全面贯彻新发展理念，正确处理绿色与服务、绿色与安全的关系，把塑料污染治理作为推动民航绿色发展的重要任务，以机场和航空公司为重点，坚持减量化、标准化、循环化，坚持创新驱动、多元参与、协同共治，促进政府监管和行业自律有机结合，确保禁限塑工作取得实效。

　　二、工作目标

　　到2025年，民航行业一次性不可降解塑料制品消费强度较2020年大幅下降，替代产品应用水平明显提升，塑料等垃圾智慧化、规范化回收处理体系基本建立，民航行业与塑料污染治理相关产业协同更加深入有效。

　　三、主要任务

　　（一）推动机场塑料污染治理。2022年起，年旅客吞吐量200万（含）人次以上机场，①在航站楼、停车楼内不主动提供一次性不可降解塑料袋；②督导航站楼内商超、餐饮、旅客休息区等区域禁止提供一次性不可降解塑料吸管、搅拌棒、餐/杯具、

包装袋。2023年起，实施范围扩大至全国所有机场。到2025年，不可降解塑料胶带、一次性不可降解塑料雨布、缠绕膜等货物包装用品使用量大幅下降。鼓励机场在精准识别旅客需求和充分市场调研基础上，创新经营管理模式，在航站楼、停车楼、货站等场所探索提供共享循环、安全智能的行李打包和货物包装服务，合理设置自助智能投放设施，为旅客提供环保购物袋、包装袋等。

全国机场在航站楼、停车楼、办公区、职工食堂等场所，投放垃圾分类回收设施；加强日常巡查与问题协调处置，科学设定垃圾清运频次，杜绝混收混运、分收混运问题。鼓励各机场强化管理创新，借助先进适用数字技术，加强与各有关方面的沟通协作，提升机场区域内垃圾收储运工作的专业化、智慧化和无害化水平。

（二）加强航班塑料污染治理。2022年起，国内（含地区）客运航班停止提供一次性不可降解塑料吸管、搅拌棒、餐/杯具、包装袋；2023年起，实施范围逐步扩大至国际客运航班。鼓励航空运输企业在相关机供品招标采购时纳入禁限塑指标要求，优先采购"零塑"制品。鼓励航空运输、航空食品加工等企业加大科研投入，联合有关单位加快研发先进适用的塑料替代产品和客舱垃圾智能回收等设备，满足安全、绿色、智能客舱服务需求。鼓励航空物流企业通过设备租赁、融资租赁等方式，积极推广可循环、可折叠包装产品和物流配送器具。鼓励相关协会开展可循环物流配送器具回收体系建设研究工作。航空运输企业可在确保航班安全和服务质量前提下，有序开展客舱垃圾机上初步分装试点工作。

（三）积极开展民航直属单位限塑。民航各级党政机关、教育科研、空管等单位积极开展塑料污染治理工作，落实塑料制品禁限、替代措施。2021年7月起，以上单位在相关建筑设施内禁止提供一次性塑料吸管、餐/杯具、搅拌棒、包装袋，在办公楼、教学楼、图书馆、食堂、运动场馆、空管台站等区域合理投放垃圾分类回收设施，有条件的单位可投放单独的塑料瓶及其他塑料废物回收设施。

四、保障措施

（一）狠抓工作落实。各单位要提高认识，以实现行业绿色低碳循环发展为导向，以塑料污染治理为契机，加快建立健全体制机制，精心组织安排，明确职责分工，加强工作协同，确保各项任务落到实处。民航各地区管理局可结合实际制定具体监管细则，加强成效跟踪和总结分析，指导监管局重点对辖区机场、航空公司工作落实情况开展调研检查，对实施不力的单位，通过公开曝光、约谈等方式督促整改。工作亮点和重大问题及时向民航局报告。

（二）加强宣传引导。行业协会、科研院校要发挥行业自律和智库研究作用，会同有关方面有序开展民航塑料污染治理专业研讨、培训及标准规范编制和推广等工作。机场、航司、行业媒体等在提供服务和宣传引导时，应积极主动利用各种渠道和平台加大对塑料污染治理等民航绿色发展成效和优秀做法的宣传力度，促进行业交流互鉴，展现行业担当，广泛凝聚共识，营造良好工作氛围。

中国民航局
2021年5月25日

（资料来源：中国政府网）

【解析】这是一篇民航行业塑料污染治理工作计划，用来筹划和安排五年内的工作、需要完成的任务。本案例在写作结构上包括开头、主体两部分。开头部分交代了制订计划的目的、指导思想、依据的方针政策等；主体分工作思路、工作目标、主要任务、保障措施四部分，其中主要任务是重点，每项任务都提取了一个精炼的小标题，内容包括了时间节点和具体要求，可操作性和可测量性强。

案例2：

××机场安全生产大检查工作方案

为贯彻落实国务院、民航局和××管理局关于开展行业安全大检查等文件的要求，进一步规范辖区企事业单位安全生产活动，提高辖区各单位安全生产意识，严把安全生产关口，守住空防安全红线，现就××机场安全生产大检查制定工作方案如下。

一、指导思想

严格落实国务院、民航局和××管理局各项安全指令和规章标准，坚持问题导向、目标导向、结果导向，严查机制建设，严抓责任落实，严格规章标准，严把资格关、资质关，强化安全监督管理，深化核心风险管控，抓紧抓实应急管理，不断提升安全保障能力，夯实安全保障基础，守牢民航安全底线。

二、领导小组

组　　长：×××

副组长：×××

成　　员：×××　×××　×××

主要职责：（略）

三、工作内容

1. 严查机制建设，杜绝管理盲区（略）。

2. 严抓责任落实，确保人人有责（略）。

3. 严查从业资质管理，保证人员作业能力（略）。

4. 严格落实规章要求，恪守作业安全标准（略）。

5. 夯实安全保障基础，提升安全运行裕度（略）。

6. 深化核心风险管控，确保措施有效实施（略）。

7. 加强安全监督，提高监管效能（略）。

8. 强化应急管理，提升应急处置能力（略）。

四、方法步骤

专项治理从2021年6月始至10月底止，分三个阶段实施。

1. 动员部署阶段（7月上旬完成）。结合工作实际，研究制定具体实施方案，科学安排工作进度和工作措施，加强政策宣讲和思想动员，营造良好工作氛围。

2. 自查自纠阶段（8月上旬完成）。对照有关规定和检查内容，进行全面梳理，逐项自查排查，列明问题清单，研究制定整改方案，并于8月20日前，将问题清单和整改方案报送品质管理部。

3. 集中整治和指导督查阶段（10月底前完成）。对照问题清单和整改方案，逐项抓好整改落实。

根据前期工作开展情况，品质管理部将适时采取全面检查、抽查重点工作及现场审核相结合等方式，对各部门安全生产大检查实施情况进行监督检查，同时迎接、配合局方组织的监管局专项监察。

五、工作要求

1. 认清形势，高度重视（略）。
2. 加强领导，周密部署（略）。
3. 明确职责，落实责任（略）。
4. 依法依规，统筹兼顾（略）。

××机场有限责任公司　　落款
2021年6月10日

【解析】这是一篇机场的安全生产大检查工作方案，文章在开头即写明了方案的指导思想，接着列出了方案的领导小组成员及工作职责、工作内容、方法和步骤以及工作要求。整个方案思路清晰，目标明确，措施周密，要求具体，可供借鉴。

【注意事项】

1. 着眼全局，统筹兼顾

计划的制订应立足全局，充分认识当前计划在全局工作中的位置，统筹好整体与局部、长远与近期、集体与个人的关系，科学布局。计划是行动的方向、指导未来实践的依据。计划中明确的目标、步骤、措施等为执行者勾勒了发展蓝图，便于工作有序开展和监督检查。

2. 实事求是，留有余力

制订计划要立足实际，充分分析主客观条件，所提的目标和任务既要有进取性，又要留有余地，以便在执行过程中进行适当的调整。计划最终是要被执行的，故需具有可行性。要从全局出发，立足本单位或个人的实际情况，设定适当的目标、切实可行的措施和方法，既要发挥计划的激励与指导作用，又要调动执行者的积极性。

3. 内容具体，简明扼要

计划所做的安排和部署是面向未来预先制订的，具有未经实践检验的预设性。它要求制订者用科学的态度和方法，参考以往经验对未来行动做统筹安排，同时要对计划实践过程中可能出现的问题进行提前安排，以使计划更适合将来的发展情况。计划的目标、任务要具体，措施、步骤要具有可操作性，人员分工和时间节点要明确。语言以叙述、说明为主，以简洁为原则，条理清晰，切忌拖沓冗长。

【拓展训练】

一、选择题

1. "凡事预则立，不预则废"讲的是（　　）。
A. 总结　　　　B. 通知　　　　C. 调查报告　　　　D. 计划

2. 以下不属于计划类文书的是（　　）。
A. 方案　　　　B. 规定　　　　C. 规划　　　　D. 打算
3. 计划属于（　　）。
A. 事后行文　　B. 事中行文　　C. 事前行文　　D. 以上三种都对
4. 附件（　　）。
A. 具有与正件相同的法定效用
B. 具有法定效用的看法是错误的
C. 中具有法定效用的仅是某些特定的材料
D. 是对正件的补充说明，因而不具有法定效用
5. 下列计划最具体的是（　　）。
A. 要点　　　　B. 方案　　　　C. 设想　　　　D. 纲要

二、判断题（正确的打"√"，错误的打"×"）
1. 计划一旦制订出来，就再也不能进行修改。　　　　　　　　　　　　（　　）
2. 安排是一种带有全局性、长远性、方向性的计划。　　　　　　　　　（　　）
3. 计划不能单独报送，可作为附件报送。　　　　　　　　　　　　　　（　　）

三、请完成本节的任务签派

知识链接：航前准备会

乘务组在执行航班任务时一般要经历四个阶段，即预先准备阶段、直接准备阶段、飞行实施阶段、航后讲评与反馈阶段。

航前准备会是执行航班任务的第一个环节，也是最重要的环节之一。一个全面到位的准备会是完成整个航班任务的前提和基础。

航前准备会的主要内容包括以下四点。
1. 基本准备：自我介绍，检查仪表着装和"三证"，乘务长宣读任务书、号位分工等。
2. 安全准备：客舱安全准备、空防安全准备等。
3. 服务准备：配餐服务、特殊旅客服务等。
4. 通告传达：安全类业务通告、服务类业务通告、生产派遣类业务通告、供应类业务通告等。

航前准备会通常由乘务长/客舱经理主持，时间控制在20~25分钟。

第二节　总　结

【任务签派】

×航社会责任与品牌中心主要负责新闻传播、品牌宣传、新媒体运营等工作。该中心的新闻宣传重点为公司战略类，如重点航线开航、独飞航线开辟；市场航线宣传类，如新航线开通、

机票优惠信息；产品开发类，如特惠产品；公益慈善类，如突发事件救援支持、各类真情服务。截至 2021 年 12 月 31 日，社会责任与品牌中心共计发稿 85 篇。以下为社会责任与品牌中心开展的具体活动。

社会责任与品牌中心携手当地主流媒体，开展各类专题宣传活动。在"三八妇女节"专题活动中，组织开展民航巾帼女飞行员专访，传统媒体、新媒体多矩阵共同发布，反响良好；在"五四青年节"专题活动中，组织开展女安全员专访，以"文稿+视频"形式率先在当地知名自媒体发布，发稿 24 小时内阅读量超过 10 万人次；为弘扬民航工匠精神，联合××电视台推出"我骄傲，我是民航好工匠"专题报道。

注重微信公众号和官方微博的运行。主动策划发稿 150 篇，累计关注人数超 10 万人，较上年上涨 30.4%；主动策划发布微博 1 492 条，累计关注人数超 5 万人，较去年增长 25.8 人，居国内航司官方微博排行榜第 5 位。

组织"环球爱跑"活动，以跑步积分兑换会员里程，倡导健康生活；开展"送爱回家"活动，向春节期间需要帮助的人提供免费返乡机票。出台《××航司新闻发言人制度》《××航司自媒体管理规定》《××航司舆情舆论监控机制和舆情应急处理机制》等制度，规范新闻宣传工作。启动空中商城项目，年销售额近 100 万元，环比同期增长 50%；运行航机媒体招商项目，获得××白酒飞机冠名费 300 万元、××机场飞机冠名费 300 万元。

请根据上述材料，代为撰写一则部门年度工作总结。

【任务解读】

总结是通过对前一阶段的工作、学习或相关活动进行回顾、概括、分析，从中发现成绩、提炼经验、查找不足，并在此基础上形成规律性的认识，用于指导今后工作的事务类文书。

总结有各种别称，比如带有自查自检性质的评估及汇报、回顾、小结等都具有总结的性质。

总结在民航业内使用广泛，分类方式多种多样。

1. 按性质分

有综合性总结（又称"全面总结"）、专题性总结，如《××机场 2021 年度工作总结》《民航安全工作总结》。

2. 按内容分

有工作总结、学习总结、思想总结、活动总结等，如《2020 年度全国民航安全生产月活动总结》。

3. 按时限分

有年度总结、季度总结、月份总结、阶段总结等，如《平安机场建设 8 月份工作总结》。

4. 按范围分

有地区总结、单位总结、部门总结、个人总结等，如《民航××管理局 2020 年度工作总结》。

5. 按功能分

有汇报性总结、报告性总结、经验性总结等，如《××客舱服务部关于开展冬季送温暖活动工作总结》。

【任务导航】

总结由标题、正文、落款三部分组成。

1. 标题

总结的标题通常有两种写法。

一是公文式。又称"直书其事式"。根据总结的内容性质和要求，可以由"总结单位+时限+内容性质+文种"构成，如《××航空公司客舱服务部2021年度工作总结》；也可省略时限，由"总结单位+内容性质+文种"构成，如《××航空公司"环球爱跑"活动工作情况总结》。

二是新闻式。又称"文章式""概括总结内容式"。常采用双行标题形式，正标题揭示主题或主旨，用凝练的语言对全文内容进行高度概括；副标题说明范围、内容、文种等，如《众志成城战疫情　多措并举保平安——××航空公司疫情防控工作总结》。

2. 正文

总结的正文部分一般由前言、主体、结尾三部分构成。

（1）前言。作为总结的开头，要开宗明义，简明扼要地写明总结的缘由、目的或背景。这一部分的写作方式有多种，如概述式、提问式、结论式、对比式等。概述式，概述基本情况，简要交代完成任务的时间、背景、事实经过、总体评价等；提问式，提出问题、点明重点、引人注意；结论式，用倒叙的方式，先明确提出结论使读者了解经验教训的核心所在，再引出主体来分别叙述；对比式，通过对前后情况的对比，突出成绩，找寻不足。写作时可依据总结的目的、对象以及所具有的材料等选择不同的写作方式。常用"现将有关情况总结如下"等过渡句承上启下，引领下文。

（2）主体。主体指总结的具体内容和事项。这一部分是总结的核心，要求写明成绩与经验、问题与教训、设想与安排等。

成绩与经验，写明总结对象的环境背景、具体任务、措施方法，总结工作成效，概括出规律性的、有指导意义的经验和体会。必须力戒就事论事，要在对过去工作情况的分析研究中，提炼出带有理论色彩的观点，要做到材料翔实、言之有物、条理清晰、脉络分明。

问题与教训，可视总结的重点来取舍，若是反映问题的总结，此部分则应作为重点来写，对于下一步计划的制订有很大的参考价值。

设想与安排，在总结经验教训的基础上，结合实际，针对工作中存在的问题，提出解决办法以及下一步改进工作的思路。

主体的结构大约有三种形式。

贯通式。适用于篇幅短小、内容单纯的总结，像一篇短文，一气呵成，无须用外部标志来显示层次。

小标题式。将主体部分分为若干层次，每层加一个概括核心内容的小标题，重点突出，条理清楚。

序数式。即将主体分为若干层次，适用于内容涉及面广、条项较多的总结。写作时应注意层次标注的规范，通常采用公文式层次标注法，即第一层用汉字后加顿号，如"一、"，第二层用汉字外加小括号，如"（一）"，第三层用阿拉伯数字后加下圆点，如"1."，第四层用阿拉伯数字外加小括号，如"（1）"。也有采用论文式层次标注法的，即第一层用阿拉伯数字"1"，第二层用"1.1",第三层用"1.1.1",第四层用"1.1.1.1"。

(3)结尾。可对全文进行高度概括性的总评,提出今后的方向、任务和措施,表明决心、展望未来。

3. 落款

在总结正文的右下方,署明总结单位或个人的名称以及成文日期。

【案例赏析】

案例1:

××机场集团有限公司"安全整顿月"工作总结

  为防止民航不安全事件发生,机场集团公司以"安全第一、预防为主、综合治理"为指导方针,于2021年8月5日—9月4日组织机场各部门开展"安全整顿月"活动,提高了员工的安全防范意识,强化了机场安全防范措施,提升了公司的安全管理水平,保障了机场各项工作的安全、有序运行。

  一、主要工作成效

  (一)高度重视,认真部署。为深入推进"安全整顿月"各项活动,××总裁在工作例会上亲自布置,成立了以××常务副总裁为组长、××副总裁为副组长的安全整顿工作领导小组和安全整顿检查小组。组织召开"安全整顿月"活动动员大会,部署工作任务,提出工作要求。各部门积极行动,及时传达学习上级有关会议和文件精神,分析当前安全形势,开展安全事故主题警示教育,以案释规明纪,增强全体干部职工的责任感和安全意识。

  (二)加强培训,夯实基础。根据整顿内容,开展业务学习和培训。指挥中心组织全体现场指挥员学习相关安全工作手册,开展安全预演活动;地面服务部组织相关人员,学习《配载平衡手册》《不正常航班保障预案》等文件精神,加强对特车修理工的技术培训。各部门对调岗、新上岗的员工进行岗前培训,使其熟悉工作流程、提高专业技能,从源头上杜绝差错发生。

  (三)优化措施,完善制度。在"安全整顿月"活动开展期间,各部门根据公司下发的整顿工作单,结合机场安全现状,针对公司进出港航班增多、时间相对集中的特点,优化机场安全防范措施体系,完善《航空器机坪防撞措施》《生产运行保障领导值班制度》《停机坪车辆防相撞规定》《候机楼旅客候机区域运行细则》《摆渡车使用管理规程》等系列文件。指挥中心和运行保障部对责任范围内的硬件设施进行全方位的检修,机场公安加强对机场围界的巡视,为机场安全运营提供了保障。

  (四)聚焦重点,强化督查。加大对停机坪系列工作的督查,突出对机坪活动车辆到位情况、服务人员引导旅客情况、货物轻装轻卸情况、车辆轮挡放置情况以及机坪卫生情况的检查,发现问题,及时整改,确保机坪秩序井井有条,忙而不乱。加强对空防安全、飞行区安全方面所采取的有效措施情况,鸟害防治,机场重点部位消防设施情况,候机楼消防监控系统维修和完好情况,乱拉供水及供电情况等的检查,彻底排查各类安全隐患。

二、下一步工作思路

通过本次"安全整顿月"活动，××机场安全状况取得了明显改善。公司将继续坚持"安全第一、预防为主"的安全理念，在总结本次"安全整顿月"活动工作经验的基础上，扬长避短，团结带领公司广大职工继续加强安全管理，提高安全防范意识，夯实安全保障基础，筑牢民航安全底线。

（一）提高站位，严守安全底线（略）。

（二）健全规章，严格制度执行（略）。

（三）注重教育，严把资质关口（略）。

（四）强化监督，严抓责任落实（略）。

民航安全重于泰山。以本次安全整顿月为契机，公司将进一步强化安全监督管理，深化核心风险管控，不断提升安全保障能力，坚持安全工作常抓不懈，为第十个安全生产年的顺利实现奠定基础。

××机场集团有限公司
2021年9月10日

【解析】这是一篇活动总结。文章采用小标题式的结构方式，开篇简要介绍总结的原因、背景及意义；主体分条列项介绍了安全整顿工作的具体做法、效果和成绩；结尾写明了以后安全工作的思路和展望。全文材料充足、重点突出、分析到位。

案例2：

中国境内航司发展年度总结

2019年，境内航司实际执飞航班487.54万班次，同比增加5.87%；投放运力872.3百万座，同比增加7.53%。境内航司共运营航线8 387条，国内航线7 003条，国际/地区航线1 384条；无经停航线5 330条，有经停航线3 057条。境内航司整体到港准点率75.62%，到达平均延误时长15.89分钟。境内航司全年总体客座率74.85%。其中，8月客座率最高，1月客座率最低。

一、航司发展

2019年，中国大陆地区有实际执飞航班量的客运航司共41家（不含中国香港、澳门和台湾地区，以下简称"境内航司"），其中天骄航空于2019年7月正式开航。成都航空进军国际市场，于1月19日开通首条国际航线：成都双流—苏梅岛。境内航司实际执飞航班487.54万班次，同比增加5.87%；投放运力872.3百万座，同比增加7.53%；提供可用座公里数1 312 340百万座公里，同比增加8.29%。境内航司实际执飞国内航班432.63万班次，占执飞航班总量的88.74%；国内航班运力757.42百万座，可用座公里数904 932百万座公里；执飞国际/地区航班54.91万班次，占境内航司实际执飞航班总量的11.26%。国际/地区航班运力114.88百万座，可用座公里数407 408百万座公里。

年度实际执飞航班量排名前十的列为主要航司，天津航空再次回归前十大主要航司，排名第十位。上海航空由2018年的第九位降为第十一位，跌出前十位排名。东航实际执飞航班量超越南航，位居第一。春秋航空由2018年第十位上升至第九位。春秋航空和四川航空分别以12.75%、8.35%位列总航班量增速第一和第二。春秋国内航班量增长最多，同比增加10.76%；四川航空国际/地区航班量增长最多，同比增加34.19%。春秋航空运力同比增加最多（12.93%），四川航空可用座公里数同比增长最多（14.93%）。春秋航空国内运力同比增长最多（10.94%）。四川航空国际/地区运力同比增长最多（35.14%）；东航国内可用座公里数同比增长最多（11.15%），四川航空国际/地区可用座公里数同比增长最多（33%）。主要航司中，春秋航空和四川航空综合增长速度最快，四川航空在国际业务上增长最为突出。

其他航司（略）。

二、航线网络

2019年，境内航司共运营航线8 387条，国内航线7 003条，国际/地区航线1 384条；无经停航线5 330条，有经停航线3 057条。境内航司中东航运营航线数量最多，共有1 167条（无经停757条，有经停410条），国内航线896条，国际/地区航线271条。相比2018年，境内航司新开航线2 871条，新开国内航线2 399条（无经停1 366条，有经停1 033条），新开国际/地区航线472条（无经停396条，有经停76条）。境内航司新开国际/地区无经停直飞航线中，日本、泰国、缅甸的航线最多，分别新开75条、49条、43条。

主要航司中，东航运营航线数量最多，国内航线896条，国际/地区航线271条。东航新开国内航线和新开国际/地区航线数量均居主要航司之首。东航新开国内航线273条，无经停航线中山东省相关航线最多（18条），经停航线中云南省相关航线最多（17条）。新开国际/地区航线83条，无经停航线中泰国航线最多（14条），经停航线中缅甸航线最多（3条）。南航和海航分别以185条和157条排名新开国内航线的第二、三位，以44条和43条排名新开国际/地区航线的第二、三位。

其他航司（略）。

三、准点率

2019年，境内航司整体到港准点率75.62%，到达平均延误时长15.89分钟。7月份到港准点率最低，只有66.61%，同时平均到港延误时长最长，有25.46分钟。11月到港准点率最高，达到82.99%，同时到港平均延误时长最短，为8.75分钟。全年除4月（69.89%）和7月（66.61%）外，其他各个月份的到港准点率均在70%以上。9月开始各个月到港准点率均保持在80%以上，平均到港延误时长保持在12分钟之内。相比2018年各月，除4月、6月、10月外，其他各个月份的到港准点率均有提升。

主要航司中，春秋航空到港准点率最高，达80.53%，是主要航司中到港准点率唯一超过80%的航司，到港平均延误时长12.29分钟。山东航空、南航则分别以79.57%、78.56%的到港准点率位居第二、第三，并且山东航空到港平均延误时长为11.87分钟，是主要航司中最短的。相比2018年，2019年主要航司准点率排名中，春秋航空连续两年排名第一，山东航空连续两年进入前三。除天津航空外，其他主要航司的到港准点率较2018年均有所提升，其中山东航空提升了5.01%，上升最多。主要航司的各月份到港准点率排名中，春秋航空在1—5月、7月、9月均位列第一。山东航空在6月和8月排名第一，南航在10月排名第一。

其他航司（略）。

四、客座率

2019年，境内航司全年总载客量55 575.92万人次，总体客座率74.85%。按照月度看，8月客座率最高，达到77.19%，其次是2月，客座率为75.73%。1月客座率为71.92%，是12个月中最低的。境内航司全年各个月客座率均在70%~80%，总体较平稳。

主要航司中，南航载客量9 381万人次，位列第一。排名第二的东航与南航差距较小，载客9 149万人次，第三位国航载客6 547万人次。其余主要航司的载客量均在4 000万人次以内。天津航空整体客座率79.74%，位列主要航司第一。除深圳航空、四川航空、山东航空客座率低于75%外，其余主要航司的客座率均在75%~80%，差距较小。各航司的国内客座率与整体客座率都较为接近，国航以79.7%排名国内客座率第一，天津航空与海南航空以79.57%、78.9%分别位列第二、第三。国际/地区客座率中，天津航空排名第一（86.48%），南航和国航以83.09%、79.18%分别位列第二、第三。

其他航司（略）。

民航局××司　　落款
2020年1月14日

（资料来源：民航资源网）

【解析】这是一篇中国境内航司发展的年度总结。文章先简要概括介绍了一年来各航司执飞班次、运营航线、准点率、客座率等情况，接着分四大点分别对航司发展、航线网络、准点率、客座率进行总结，均采用先描述总体情况，后对主要航司、其他航司依次总结的方式。全文数据充足、分析到位，有较强的现实指导意义。

【注意事项】

1. 材料充足，切忌空虚

写出好的总结的前提是熟悉业务、了解情况、材料充足，一般需掌握背景材料、典型材料、数据材料、正反面材料等。材料充足了，我们提炼的规律性认识才能充分反映事物的本质。

2. 实事求是，切忌虚假

总结是对客观事物本质的概括，也是对工作实践的理论升华，必须以客观事实为依据，所列举的事例、数据必须完全可靠、确凿无误。任何杜撰、歪曲事实的做法都会使总结失去应有的价值。

3. 突出重点，切忌堆砌

总结不是罗列、堆砌事实材料，记流水账，要用观点统帅材料，用材料说明观点。要根据实际情况和总结的目的，选取材料、抓住特点、突出重点，使总结既有广度又有深度。

4. 注重分析，切忌肤浅

总结不仅要摆情况、谈成绩、讲做法，而且要谈经验、说体会、提观点，把感性印象上升为理性认识，从而归纳出带有规律性的观点。在写作过程中，要有创见、有新意、有独到之处（发现新事物、研究新问题、发掘新经验），这样才能加深人们对规律性的认识，推动后续工作朝更好方向发展。

【拓展训练】

一、选择题

1. 总结通常采用（　　）写作。
   A. 第一人称　　　B. 第二人称　　　C. 第三人称　　　D. 三种人称混用
2. 一般情况下，总结的正文由（　　）、主体、结尾三部分组成。
   A. 落款　　　　　B. 日期　　　　　C. 前言　　　　　D. 标题
3. 以下不属于总结特点的是（　　）。
   A. 本体性　　　　B. 客观性　　　　C. 主观性　　　　D. 理论性
4. 以下层次序数正确的是（　　）。
   A. 第一层为"一、"，第二层为"（一）"，第三层为"1."第四层为"（1）"
   B. 第一层为"（一）"，第二层为"1."，第三层为"（1）"第四层为"①"
   C. 第一层为"一、"，第二层为"（一）、"，第三层为"1."第四层为"①"
5. 对工作实践进行全面、深刻概括，找出经验和教训的应用文文种是（　　）。
   A. 总结　　　　　B. 简报　　　　　C. 计划　　　　　D. 方案

二、判断题（正确的打"√"，错误的打"×"）

1. 计划通常写于行动之前，而总结则写在行动之后。（　　）
2. 写总结一定要按照完成工作的时间先后顺序来写。（　　）
3. 总结只需要写出取得的成绩。（　　）

三、请完成本节的任务签派

知识链接：航后讲评会

航班任务结束后，乘务员应参加由带班乘务长/乘务长主持召开的航后讲评会，对执行航班任务过程中的潜在问题或不足进行分析讲评与总结。

航后讲评会通常采用带班乘务长综合讲评、检查员点评、乘务员自我讲评等方式进行。

航后讲评会主要内容包括听取机组意见、客舱服务工作点评（包括工作差错、典范事例、特殊旅客服务、应急突发事件的处置、旅客意见反馈、乘务员绩效沟通以及改进乘务工作的建议等）。

如果是驻外讲评，一般需要总结上段工作完成情况，指出存在的问题及需改进的地方；组织组员进行相关业务、案例及客舱服务简报等的学习；对后续航班进行准备，并提出工作与要求；总结驻外管理情况等。

航后讲评是对整个航班工作进行总结，以提高未来客舱服务工作水平的重要方法。

航后讲评会一般不少于10分钟。

第三节　简报

【任务签派】

为提高×航机组人员对锂电池失火的处置能力，避免锂电池失火导致不安全事故发生。×月×日，×航客舱部牵头飞行部、安保部等开展客舱锂电池失火应急处置演练，并邀请当地监管局领导及公司领导出席。

演练脚本如下：×月×日15：00，××航班顺利起飞并进入平飞状态。乘务员小王突然发现35排C座旅客座椅下有烟雾冒出并伴有火苗，立即汇报乘务长小林。初步判断为手机锂电池起火。乘务长小林、乘务员小王和小戴立刻组成三人灭火小组。乘务长小林担任灭火者，在无烟区戴好PBE，取用灭火器进行灭火；乘务员小王担任援助者，第一时间将前舱餐车拉至后服务间，收集其余灭火设备，后将灭火设备传递至失火现场备用；乘务员小戴担任通讯员，第一时间向机长报告35排C座座椅下方旅客手机锂电池失火，客舱乘务组已组织灭火，有明显的火光，烟雾较浓，旅客情况稳定，目前无人受伤，获取机长指令并传达。火苗很快被扑灭。乘务员小戴持续向机长报告有关灭火工作进展情况。乘务员小吴和安全员小薛负责调整旅客座位、安抚旅客情绪、提醒旅客低头捂住口鼻，并发放湿毛巾。乘务员小李收集水、金属容器、毛毯、枕头等，以备对锂电池进行降温处理。有效实施灭火后，立即用水或其他不可燃液体对锂电池设备进行冷却降温，防止锂电池复燃。确认冷却后的锂电池设备状态稳定后，由乘务员小戴戴好石棉手套，将手机放入装有水的冰桶中，再将其转移到餐车中，移动到靠近R2门处，由专人进行持续监控。整个应急演练过程，全体机组成员配合到位，严格按照有关规定程序执行，未发生操作失误。结束后，前来现场观摩指导工作的监管局领导及公司领导对本次应急演练进行了点评。

请根据上述材料，拟写一则客舱应急演练情况简报。

【任务解读】

简报是为沟通信息、反映情况、报道动态、交流经验、汇报工作而编发的简短的、具有新闻意义的事务性文书。

简报行文方式灵活多样，富于变化。向上级反映情况，可以按照报告方式撰写；对外报道重要消息，可以按照新闻方式撰写；需要向各部门相关人员告知情况，可以按照通报的方式撰写；交流经验，可以按总结的方式撰写。

简报在民航业内使用频率高，按照不同的分类标准，可以划分为不同的类别。

1. 按时间分

有定期简报、不定期简报，如《机供品餐食一体化月度工作简报》。

2. 按内容分

有工作简报、业务简报、会议简报、经验简报、情况简报等，如《"平安民航"建设工作简报》。

3. 按性质分

有综合性简报、专题性简报，如《中国民航市场简报》《2019 年国际民航日活动简报》。

【任务导航】

简报一般包括报头、报核、报尾三个部分。

1. 报头

报头部分又称"版头"，类似公文的"红头"。报头一般占首页三分之一的上方版面，用间隔红线与正文分隔开。主要内容包括简报名称、期数、编发单位、印发日期、编发密级、编发份号等。

简报名称使用套红大号字体放在居中位置，除用"××简报""××动态""情况简报"等常用名称外，还可以加上单位名称、专项工作名称等内容。

简报期数排在简报名称的正下方，一般按年度依次排列期号，"增刊"要单独编号，不能与"正刊"期号混编。

编发单位名称的位置在横隔线的左上方。

印发日期在横隔线的右上方位置，具体写明印制的年、月、日。

简报如需保密，秘密等级在报头左上方位置，标志密级并加★，如"机密★""秘密★"或"内部刊物"；保密时限写在后面，如"1 年""4 个月"等。

编发份号印在报头右侧上方位置，用阿拉伯数字标注。

2. 报核

刊登简报文稿的部分称为"报核"，它是简报的核心部分，位于报头以下、报尾以上，包括标题和正文两个部分。

（1）标题。简报的标题与新闻的标题有些类似，要准确、简练、新颖、有吸引力。有单标题和双标题两种基本类型：单标题将报道的核心事实或其主要意义概括为一句话作为标题，如《航空安全简报》。双标题，又称"双行标题"，由正标题和副标题组成。正标题概括说明所报道内容的目的、作用和意义，副标题补充说明所报道对象及内容性质，如《守土有责 多措并举 深入开展"平安民航"建设——民航××地区各单位"平安民航"建设阶段性工作情况》。

（2）正文。简报的正文部分一般由导语、主体、结尾三部分组成。

①导语。作为简报的开头语，要用简短的文字准确、开门见山地概括简报的内容、说明简报的宗旨、切入基本事实或核心问题，引导读者阅读全文。

导语常见表现形式有三种。

一是叙述式。开门见山地把要反映的事件的时间、地点、人物、起因和结果在开头部分直接写出，使读者一目了然。

二是结论式。先写出事情的结果或由此得出的结论，然后再作具体说明或介绍得出结论的理由。

三是提问式。一开始就用一个或数个问题把主要事实提出来，引起读者的注意，然后用回答的语气在主体部分作具体的叙述。

②主体。作为简报的核心内容,要求用足够的、典型的、富有说服力的材料把导语的内容具体化,用材料说明观点。

主体部分常用写法主要有以下三种。

一是按时间顺序写。按照事件发生、发展和结束的自然顺序来写,这种写法比较适合报道一个完整的事件。

二是按空间变换的顺序写。这种写法适用于报告一个事情的多个场面,或者围绕一个中心,综合报道几个方面的情况。

三是归纳分类表述。把所有材料归纳成几个部分、几条经验、几种倾向或几种做法,分别标上序号或小标题,逐一写出。

③结尾。即简报正文的收束,一般用来深化主题、加深印象或归纳全文。根据实际需要,亦可无结尾。

3. 报尾

相当于公文的版记,在末页最下方的横线下标明发送范围、印刷份数等。

【案例赏析】

"平安民航"建设工作简报

第 30 期

"平安民航"领导小组办公室　　　　　　　　　2021 年 5 月 19 日

　　编者按:上海市公安局国际机场分局立足业务实际,通过全警参与、创新形式、强化结果应用等方式,精心组织策划开展了巡逻案例评选活动,以"一案一视频、一案一评析"为评选基础,坚持优中选优的原则,提炼、总结出一批具有公安特色的技战法,挖掘出一批敢于奉献、勇于担当的优秀巡逻民警,为"平安民航"建设打下坚实基础。

创新评优练为战　　引领示范学赶超
——上海市公安局国际机场分局成功举办首届最佳巡逻案例
评选活动

　　近期,上海市公安局国际机场分局组织举办最佳巡逻案例评选活动,前后历时近 4 个月。活动通过初评、复评、巡展、终评等环节,最终评选出 1 个最佳巡逻案例、2 个精品巡逻案例、3 个优秀巡逻案例,同时提炼、归纳一批具有鲜明民航公安特点的巡逻工作技战法,发现、树立一批甘于奉献、勇于担当的优秀巡逻民警,提升了广大巡逻民警立足岗位、建功立业、心系群众、守护空港的勇气和魄力,取得预期效果。

　　一、突破警种界限,组织全警参与。分局党委高度重视最佳巡逻案例评选,要求评选活动不要将巡逻局限于固有单一治安警种业务思维,要立足于织密治安防

（报头）

（报核）

编者按:简要说明情况,起提示、引导作用,也可不加。

（标题）

（正文）

控三张网布局，打破巡逻警种业务的界限，派出所、特警支队、交警支队等涉及一线巡逻的单位和民警悉数纳入参评范围，给活动贴上全警参与的标签。入围案例既有传统车巡、步巡案例，又有综合指挥室视频巡逻成果，体现了巡逻技战法的全面性和多样性；既有20分钟抓获盗窃嫌疑人的现场抓捕，又有苦口婆心劝阻电信诈骗的精品案例，帮助各基层单位进一步强化了"科技+人力"的工作理念。活动从民航公安业务特点出发，在突出现场打击巡逻的同时，强化心系百姓、服务群众的精髓理念，案例中不乏救助患病司机、寻找走失女孩等救助群众的典型案例，帮助一线巡逻民警通过活动进一步强化执法为民的意识。

二、创新组织形式，点燃参与热情。作为一项年度专业评选活动，分局进行精心筹划和组织，明确由政治处、治安支队共同组办，明确参选范围、推选标准、评选流程、奖项设置、结果运用等内容。同时，为突出评选案例的实战性、直观性，以"一案一视频、一案一评析"为标准统一申报材料要求。评选活动突出专业特点，坚持优中选优，在各单位初选上报的案例中，按各警种勤务最高标准，进行专业审核，最终确定9个入围候选案例。决赛设置由案例所在单位分管领导推介展示环节，终审评委邀请市局政治部教育训练处、市局治安总队基层基础工作指导支队领导等担任，向全体参评单位和民警昭示评选活动公平、公正、公开、专业的导向。活动从宣传和评价两个维度有力营造全局参与的氛围，通过制作海报和视频在分局两场办公楼大厅、食堂、窗口等处开展巡展，同时利用政务微信向全局民警推送案例视频，组织民警为自己心中的最佳案例点赞，形成比学赶超的浓厚氛围。

三、强化结果运用，凸显引领效应。本次活动集评选、练兵、考核、评优为一体，进一步激发分局巡逻队伍立足本职、建功立业的主观能动性。分局明确将给予获得最佳巡逻案例称号的单位年终绩效考核加分的奖励，获得最佳巡逻案例的民警具有优先获评先进、优秀称号的机会，调动了各相关单位组织巡逻民警参与评选活动的积极性。分局也以本次评选活动为契机，认真总结、归纳、提炼相关案例中呈现的技战法，完善规范，形成教材，找共性，练战法，实现以选促练、以练促战。并结合全警实战大练兵工作，开展实操训练、岗位培训、实战带教，提升业务能力。对评选活动中涌现出的优秀案例、先进典型，通过宣传报道、制作活动视频、开展座谈交流等方式提升影响力和分享工作经验，进一步增强巡逻民警的职业荣誉感、自豪感、归属感，引领全局巡逻民警学身边人、比身边人、超身边人，以点带面、以面带全，为全面提升分局巡逻队伍的整体执法水平提供强大推进力。

（资料来源：中国民用航空局网）

【解析】这是一则优秀的评选活动工作简报。正文开头简要概述了本次活动开展的基本情况，点明了活动意义。正文部分从突破警种界限、创新组织形式、强化结果运用三方面总结了活动取得的主要成效。文章结构完整，条理清晰，事实典型，表述简明扼要，有参考借鉴意义。

【注意事项】

1. 内容要真实

简报所反映的内容、涉及的情况，必须严格遵循真实性原则，时间、地点、人物、事件、原因、结果，所有要素都要确凿。

2. 事实要典型

简报要从中心工作和阶段工作的需要出发，在总体的事件中选取那些有典型意义、指导意义或必须引起重视的新经验、新情况、新问题、新动态，予以全面、实事求是的报道。

3. 成文要迅速

简报以讲究时效著称，编写、审核、印发的速度要快，尤其是那些突发性的动态简报、类似新闻报道中的"快讯"，如果失去了时效，就会降低材料的价值，失去报道的意义。

4. 语言要简明

简明扼要是简报的显著标志，内容上，要主旨集中、重点突出、一事一报，用少量的文字概括出事实的精髓和意义，不求面面俱到，要做到简短而不疏漏；形式上，篇幅简短；结构上，布局严谨，条理清晰。

5. 发行要有控

简报一般只在内部传阅，不公开发行，这是它与大众传播媒介的主要区别。不同内容的简报，传阅的范围和机密程度也不相同，有些简报涉及机密，要在封面上注明"内部资料，不得外传""机密""绝密"等字样，提醒与会人员注意保密。

【拓展训练】

一、选择题

1. 简报的三部分结构是指（　　）。

A. 报头、主送机关、正文　　　　　　B. 文头、标题、正文

C. 报头、报核、日期　　　　　　　　D. 报头、报核、报尾

2. 简报的报尾部分应由两个项目组成，一项是印刷的份数，另一项是（　　）。

A. 简报的签批人　　　　　　　　　　B. 日期

C. 单位名称落款　　　　　　　　　　D. 发送范围

3. 给上级、平级、下级机关的简报分别用（　　）。

A. 发、送、报　　　　　　　　　　　B. 送、报、发

C. 报、送、发　　　　　　　　　　　D. 送、发、报

4. 下列属于内部文书的是（　　）。

A. 启事　　　　　B. 简报　　　　　C. 声明　　　　　D. 演讲稿

二、判断题（正确的打"√"，错误的打"×"）

1. 简报写作应采用第二人称。　　　　　　　　　　　　　　　　　　　（　　）

2. 简报可以不写结束语。　　　　　　　　　　　　　　　　　　　　　（　　）

3. 简报期数排在简报名称的右下方。　　　　　　　　　　　　　　　　（　　）

4. 简报可用于上报、下发或在平级机构、不相隶属机构之间互送。（   ）
5. 简报如需保密，密级应标于首页报头的左上角。（   ）

三、请完成本节的任务签派

知识链接：会议简报正文的写法

会议简报正文的编写手法大体有综述、重点报道、摘要报道三种。

综述是编者对采集到的各方面言论、意见加以分析、综合之后编辑而成的，内容比较全面，一般包括会议的进程、出席情况、会议的发言内容，容量和综合消息类似。

重点报道仅突出会议中的某个片段，如突出某个重点报道的内容和所引起的反响，突出会议讨论中争论的焦点或突出部分人的发言。

摘要报道比较注意从面上反映会议的概要情况，力求对会议的各个方面，尤其对参加会议的各类人员的发言进行全面覆盖，但都点到即止，不对某个点进行过多的深入报道。

第四节　规章制度

【任务签派】

为保障民航系统安全运行，落实运行单位安全主体责任，有效进行突发事件应急处置，规范运行单位值班领导持证上岗管理工作，中国民用航空局近日印发《民航运行单位值班领导持证上岗管理办法》。该办法所称运行单位值班领导，是指按该办法满足持证上岗条件，并对本单位当日安全生产、运行保障、应急处置等方面工作负有领导责任的值班领导。其中，中国民用航空地区管理局（以下简称"地区管理局"）负责辖区内运行单位值班领导持证上岗工作的监督检查，并应当对运行单位或其他机构组织的培训进行抽查考核，确保培训要求落实到位。运行单位职责为为本单位值班领导获得相关证照或参与培训提供必要条件，确保值班领导具备本办法规定的上岗条件；汇总本单位值班领导符合上岗条件的证明材料，并做好登记、核实、存档、备案工作；根据本单位运行值班的主要职责及工作特点，对本单位值班领导开展其他必要的、满足实际工作需求的培训；配合有关部门做好本单位值班领导持证上岗的监督、检查、管理等各项工作。办法明确了运行单位值班领导满足下列条件之一，可视为持证上岗：一是参加下列培训之一，考核合格并取得证书，具备相应知识和能力（略）；二是持有下列执照之一，且执照在有效期内（略）；三是具备下列工作经历（略）。运行单位安排不符合上岗条件的领导值班或拒绝接受所在地区管理局的监督检查的，地区管理局责令改正，依法追究直接负责的主管人员和直接责任人员的责任，并报运行监控中心。

请根据上述材料，以民航××地区管理局名义拟写一则值班领导持证上岗管理实施细则。

【任务解读】

规章制度类文书是党政机关、社会团体、企事业单位以及各类组织机构为加强管理，规范工作、活动和行为等，依照法律、法令、政策而制定的具有法规性或指导性与约束力的实用文体。

民航业内常见规章制度有四大类。

1. 行政法规类

常见的有条例、规定、办法、细则。条例通常是指国务院根据全国人民代表大会及其常务委员会的授权决定制定的行政法规，其他各部门和地方人民政府所制定的规章不得称"条例"。规定主要用于明确提出对国家或某一地区的政治经济和社会发展的某一方面或某些重大事故的管理或限制，也可用于机关、团体、企事业单位实施贯彻有关法律、法令和条例以及规范某方面工作。有很多局部的、具体的工作都是用规定来规范的，如《民用航空安全培训与考核规定》《民用航空器国籍登记规定》。在行政系统发布规定，一般要以附令、决定、通知等形式，如《民航局关于印发<通用航空空管运行规定>的通知》。办法是一个法规名词，是有关机关或部门根据党和国家的方针、政策及有关法规、规定，就某一方面的工作或问题提出具体做法和要求的文件，如《危险品航空运输事件判定和报告管理办法》《运输机场鸟击及动物侵入防范管理办法》等。细则一般是机关、单位为对实施的法律法规、行政规章的条文进行解释说明、补充而制定出的具体要求和执行标准，如《民用航空通信导航监视设备飞行校验组织与实施工作细则》《中南地区民用航空气象人员执照管理实施细则》《北京首都国际机场航班时刻管理细则》等。

2. 章程类

章程是政府或社会团体用以说明该组织的宗旨、性质、组织原则、机构设置、职责范围等的纲领性文件，是组织的最高准则，组织的一切活动都必须遵循章程并体现章程的基本精神，如《中国国际航空股份有限公司章程》《中国南方航空股份有限公司章程》等。

3. 制度类

包括制度、规则、规程、守则、须知等。制度是各级机关、企事业单位或部门制定的要求所属人员共同遵守的准则，是机关单位针对某项具体工作、具体事项制定的必须遵守的行为规范，如《民航快递财务结算管理制度》；规则是国家机关及其职能部门、企事业单位为维护劳动纪律和公共利益而制定的要求大家遵守的关于工作原则、方法和手续等的条规，如《公共航空旅客运输飞行中安全保卫工作规则》；规程是生产单位或科研机构，为了保证质量，使工作、试验、生产按程序进行而制定的一些具体规定，如《航空公司高频话音通信操作规程》，其制发者一般是机关团体、企事业单位及其部门；守则是国家机关及其职能部门、团体组织、企事业单位要求其成员遵守的道德规范和行为准则，如《民航××监管局工作人员守则》；须知是有关单位、部门为了维护正常秩序，搞好某项具体活动，完成某项工作而制定的具有指导性、规定性的要求，如《客舱安全须知》。

4. 公约类

公约是人民群众或社会团体经协商决议而制定出的共同遵守的准则。人们为了维护公共秩序，经集体讨论，把约定要做到的事情或不应做的事情，应该宣传的事情或必须反对的事情明确写成条文，作为共同遵守的事项，如《国际民用航空公约》。

【任务导航】

规章制度一般由标题、正文和落款三部分组成。

1. 标题

规章制度的标题一般有以下三种写法。

一是由"适用对象+文种"组成,如《中国航空学会章程》。

二是由"规范内容+文种"组成,如《客舱安全须知》。

三是由"适用对象+规范内容+文种"组成,如《民航综合统计调查制度》《国际货运航权配置规则》《民航运行单位值班领导持证上岗管理办法》。

若是修订草案、试行的规章制度,则要用括号括起来,如《民用航空计量管理规定(修订草案)》《跑道视程使用规则(试行)》。

2. 正文

规章制度的正文一般有两种形式。

(1)章条式。此种结构是将内容分成若干章,每章又分若干条。第一章是总则,中间各章叫"分则",最后一章叫"附则"。总则一般写原则性、普遍性、共同性的内容,包括的主要内容有:制定依据、目的(宗旨)和任务、适用范围、有关定义、主管部门(该项有时也可视具体情况置于分则或附则中);分则指接在总则之后的具体内容,通常按事物间的逻辑顺序、各部分内容的联系、工作活动程序以及惯例分条列项,集中编排;附则主要说明规章制度解释权、生效日期、修订记录等未尽事宜。若有附件,则列在附则的全章节之后。

(2)条款式。这种规章制度只分条目不分章节,适用于内容比较简单的规章制度。一般开头说明缘由、目的、要求等,主体分条列出规章制度的具体内容。其第一条相当于章条式写法的总则,最后一条相当于附则。

制定和发布的规章制度如果是取代已有或现行规定的,应在文中末尾处写明予以废止,常用"本办法自20××年×月×日起施行,原《××××办法》同时作废"之类惯用句式表达。

3. 落款

在正文右下方写明制发单位名称和成文日期。

【案例赏析】

民航××地区航空安全员合格审定管理实施细则 〔标题〕

第一章 总 则 〔总则〕

第一条 为了规范民航××地区航空安全员合格审定工作,根据《航空安全员合格审定规则》(CCAR-69-R1)、《民用航空背景调查规定》(民航发〔2014〕3号)、《关于做好2021年度空中安保训练工作的通知》(局发明电〔2021〕337号)制定本细则。

第二条 本细则适用于民航××地区内与航空安全员合格审定工作相关的单位和人员。

第三条 中国民用航空××地区管理局（以下简称"管理局"）负责本地区航空安全员合格审定工作，包括资格审查、执照颁发和监督管理等工作。管理局、公安局负责具体实施相关工作。

××地区各民航安全监督管理局（以下简称"各监管局"）负责本辖区内前款所述的监督管理工作。

第四条 公共航空运输企业保卫部门负责本企业航空安全员的执照申办、使用、注销等日常管理，以及航空安全员训练管理。

航空安全员执照申请人的申请材料可由所在公共航空运输企业保卫部门收齐后统一提交管理局，也可由申请人个人提交管理局。

执照申请人提交的申请材料，所在公共航空运输企业及申请人应采取措施确保申请材料真实有效。

第五条 航空安全员训练机构负责组织实施航空安全员训练。

第二章 航空安全员执照的申请、颁发与变更

第六条 公共航空运输企业首次开展航空安全员执照申办的，应向民航局公安局申请获得航空安全员执照管理系统账户后，再向管理局提交航空安全员执照申请材料。

（第七条~第二十条略）

第三章 航空安全员执照管理

第二十一条 公共航空运输企业应加强执照内部管理，制定执照管理工作程序，建立执照管理工作档案，强化对相关人员的教育培训，对执照的使用管理开展持续性的监督检查。

（第二十二条~第二十九条略）

第四章 航空安全员训练管理

第三十条 航空安全员的训练种类包括初任训练、定期训练、日常训练、重获资格训练和执行岗位任务所必需的其他相关训练。

（第三十一条~第四十一条略）

第五章 法律责任

第四十二条 执照申请人或持有人违反法律、法规、规章等关于执照申办、使用和管理要求的，管理局将按照有关规定进行处理。

（第四十三条略）

第六章 附 则

第四十四条 本细则由民航××管理局负责解释。

第四十五条 本细则自××××年×月×日起施行，《关于印发<民航××地区航空安全员合格审定管理实施细则>的通知》（民航××局发〔2016〕22号）同时作废。

中国民用航空局××地区管理局
××××年×月×日

【解析】这是一篇用于规范民航××地区航空安全员合格审定管理的实施细则。文章采用章条式的结构撰写,"总则"说明撰写细则的目的、文件依据、适用对象、各项工作的责任主体等;"分则"共有四章,依次阐明了安全员执照的申请、颁发与变更、管理等相关要求以及对应的法律责任;最后一章"附则"写明了解释权限、生效日期和同步废止的文件。结构完整,可做借鉴。

【注意事项】

1. 内容要合法合规

规章制度应以法律、行政法规、地方性法规为依据,不得与其存在矛盾或冲突。要注意与其他有关规定的衔接、协调,有不一致的地方,要说明情况、理由,有的还要与有关部门协商,以取得一致意见。

2. 条款要严密可行

规章制度是为规范特定范围、工作、活动和行为而制定的,作为办事的准则、活动的依据、行为的规范,其内容应明确、严谨、细密、周详,结构要层次清晰,表达应富有逻辑。而且一经生效,有关单位或个人就必须严格遵守或遵照执行;如果违反有关条款,就要受到相应的处罚。

3. 表述要明确具体

规章制度应当备而不繁,逻辑严密,条文明确、具体,用语准确、简洁。所涉及的业务范围要逐一阐明,制度内容应尽量细化,明确流程,体现闭环管理的思想。

4. 制发要符合程序

规章制度从草拟、讨论、修改、批准确定到公布实施,应按一定的程序进行,有的还要经过法定程序。

5. 实施要相对稳定

规章制度是人们的行为准则,不宜经常变动和修改,应具有相对稳定性。不能将脱离实际的条文、属于临时性的或个别性的问题、暂时还没有条件实行的措施引入规章制度。在条件成熟的时候或环境发生了变化时,应及时修改并完善。

【拓展训练】

一、选择题

1. 省人民政府制定的政府规章不得称(   )。
A. 条例　　　　　B. 办法　　　　　C. 规定　　　　　D. 规程

2. 党派或团体等组织,用于规定自身的组织结构、活动形式和行为准则,一般要用(   )。
A. 条例　　　　　B. 章程　　　　　C. 规定　　　　　D. 办法

3. 以下不是规章制度的特点的是(   )。
A. 约束性　　　　B. 稳定性　　　　C. 程序性　　　　D. 机密性

二、判断题（正确的打"√"，错误的打"×"）

1. 在行政系统发布规定，一般要以附令、决定、通知等形式。（   ）
2. 规章制度是人们的行为准则，可以经常变动和修改。（   ）
3. 所有的规章制度都需按章条式的结构撰写。（   ）
4. 制定和发布的规章制度如果是取代已有或现行的规定，就要在文中写明予以废止。
（   ）

三、请完成本节的任务签派

知识链接：规章制度中的章、节、条、款、项、目

根据内容需要，规章制度可以分为章、节、条、款、项、目。章、节、条的序号用中文数字依次表述，款不编序号，项的序号用中文数字加括号依次表述，目的序号用阿拉伯数字依次表述。

章是规章制度内容划分的基本单元，以中文数字配合文字依次表述，如"第一章""第二章"。编号应从"总则"开始直到"附则"结束。

节是章的细分，当一个规章制度的内容较多，需要多次分类时，可使用节。节以中文数字配合文字依次表述，如"第一节"。用节时一章中至少要包含两节，单独一节不能成章，若规章制度内容较少，不需要多次分类，节则可不用，章内直接分条即可。

条是节或章的细分，每章或每节中至少要包含两条。单独一条不能成章或成节。

款是条的组成部分，一款表示一个独立的内容，或是对前一款内容的补充。款的表现形式为条下的自然段，每个自然段为一款，款前不编序号。

项是以列举的形式对前段文字的说明。含有项的条目，其前段文字中一般都有"下列"二字或类似的文字标示。项前要用中文数字加括号依次表示，如（一）。其后不加标点，直接跟进文字。

目是项的内容细分，是规章制度层级结构的最小单位。目的序号用阿拉伯数字如1、2、3……依次表述。阿拉伯数字后加全角圆点标识与文本间隔开，如"1."。

篇幅超过一百条的规章制度可用章、节、条、款、项、目；篇幅少于一百条的规章制度可使用章、条、款、项、目，篇幅少的只用章、条也可。

为使规章制度结构清晰易懂，避免内容层级过多，应尽量限制目的使用。严格禁止目下的细分及标识的使用。

规章制度的中间章、节，可按照规章制度所涵盖内容的业务种类、执行环节、所涉及业务的关键因素、管理对象等划分，划分时应注意规章制度内在的逻辑性，做到不重不漏、均匀连贯。条、目的划分方式与章、节相同。

章、节必须有标题，而且各级标题都要言简意赅地体现内容主旨。若条、目的内容不便归纳或仅是操作性说明，则可不撰写标题，直接撰写内容。

第四章 客舱服务专用文书

客舱服务专用文书是空中乘务员按照有关要求和规定，在履行民航客舱服务工作职能职责以及进行客舱服务能力带教或训练过程中经常使用的各类应用文书的统称。

民航常用客舱服务专用文书有客舱广播词、客舱乘务初始新雇员适应性带飞记录表、机上事件报告单、紧急医疗事件报告单、特殊旅客空中生活记录表等。

第一节 客舱广播词

【任务签派】

9月1日上午，在厦航MF8031航班上，坐着4位特殊旅客，他们是第七批在韩归国志愿军漳浦籍烈士林水实的2名亲属以及2位刚退伍的人民子弟兵。得知此事，乘务长邹立得立即撰写广播词，用清脆的声音向2名烈士亲属和2名退伍老兵致敬，表达对他们的崇敬之情。

请代为拟写这则广播词。

【任务解读】

客舱广播是指在客舱服务过程中，空乘人员借助一定的词汇、语气、语调、身体语言表达思想、感情、意愿，与旅客进行交流的一种比较规范的能反映一定文明程度而又比较灵活的沟通方式。

客舱广播词是空乘人员依据客舱服务流程，通过客舱广播告知需要乘客周知的有关事项的应用文书形式，其内容涉及空中服务、飞机结构、航空概况、航空地理、旅游景点介绍等诸多方面。

客舱广播词是客舱广播的书面材料。客舱广播面向全体旅客，是空中客舱沟通服务工作的重要组成部分。客舱广播词在一定程度上体现了空中服务水平，直接影响旅客乘机感受和客舱服务品牌形象。

按广播内容和适用范围，客舱广播词可以分为正常情况广播词、特殊情况广播词、紧急情况广播词、特别情况广播词四种，涵盖航班滑行和起飞、爬升、巡航、下降、进近和着陆等阶段。

1. 正常情况广播词

正常情况广播词即航班运行正常情况下所使用的常规性广播词，主要适用于如登机欢迎、机上安全演示、起飞前安全检查提示、起飞后广播、餐前广播、健康防疫广播、关键阶段颠簸提示、下降前致意广播、下降时安全检查、下降广播、落地广播、落地后中转信息广播等情形。

2. 特殊情况广播词

特殊情况广播词即航班运行过程中遇到某些特殊情况时所使用的广播词，主要适用于旅客登机、货物装载、随机文件、飞机排故的等待提示、航空管制、飞机延误、飞机清舱、飞机滑回停机位、换乘飞机、回候机楼休息等候、空中盘旋、备降返航、取消航班、服务系统故障提醒、公安人员上机执行公务、地面联检检查等情形。

3. 紧急情况广播词

紧急情况广播词即航班运行过程中遇到某些危急情况时所使用的提示紧急避险处置的广播词，主要适用于客舱起火、客舱释压、紧急着陆、应急撤离、寻找医生、安全防卫等情形。

4. 特别情况广播词

特别情况广播词即航班运行过程中遇到某些特定情况及对象时所使用的具有专门指向的广播词，主要适用于节假日、包机、专机、产品推介等情形。

【任务导航】

客舱广播词一般由称谓、正文、致谢三部分组成。

1. 称谓

每当客舱广播开始前，除在广播之前有"叮咚"提示音之外，常用"女士们，先生们"或"各位旅客"等称谓以提请乘客注意。

2. 正文

一般包括状态告知、事项介绍和必要提示等方面内容。

状态告知。如"欢迎登机""现在飞机已经起飞""现在飞机准备下降"等。

事项介绍。根据客舱服务内容要求，提前告知旅客应该周知的事项或内容。例如，登机广播词介绍客舱座位位置、行李存放位置以及相关注意事项等。

必要提示。根据航班飞行各阶段对客舱服务的不同要求，做相应的安全提示或服务提示。例如，飞机下降时的广播词，需提示乘客系好安全带，收起小桌板（脚踏），调直座椅靠背，打开遮阳板，并取下耳机等。

3. 致谢

广播结束时，应对乘客的收听及配合表示感谢，对乘客的旅途顺利和愉快表示祝福，营造和谐愉快的氛围。常用"感谢您的合作""感谢您的理解与支持""祝您旅途愉快，谢谢"等惯用语句表达。

【案例赏析】

案例1：

正常情况广播词

1. 登机欢迎词

女士们、先生们，早上好（下午好/晚上好）！

欢迎您乘坐××航空公司班机，我是本次航班的(客舱经理/乘务长)__(姓名)__。为了您的舒适和安全，登机后请按照登机牌上的座位号就座。座位号位于行李架下方白色亮灯处或行李架边缘凹槽处，找到座位的旅客请您尽快入座。请将您的手提行李稳妥地放置在行李架内，或是您前座椅的下方。请不要在紧急出口旁、过道上放置行李。为了保持过道畅通，请您侧身摆放行李，以便让身后的旅客通过。如果您有行李无法放置妥当，请与乘务员联系，我们将协助您办理托运手续。（稍后，我们会为您播放安全录像/进行完全演示，请留意观看。）谢谢！祝您旅途愉快！

> 用于客机舱门关闭前。客舱经理/乘务长通知全体乘务员做好迎宾准备，并在机舱门关闭待命后，及时进行迎宾广播。

2. 防误登机广播

女士们、先生们，欢迎您乘坐_____联盟成员_____航空公司的班机。我们温馨提示您，本架客机是由_____飞往_____（经停）_____的_____航班，代码共享_____，本次航班将停靠_____机场_____号航站楼。请各位旅客再次确认您的登机牌。谢谢！祝您旅途愉快！

> 用于介绍航班关键信息，提醒乘客核实。

3. 客舱安全设备演示（无录像设备时）

女士们、先生们，欢迎您乘坐_____航空公司班机。现在，由客舱乘务员向您介绍救生衣、座椅垫、氧气面罩、安全带的使用方法和紧急出口的位置。

救生衣在您座椅下方，使用时取出，经头部穿好。将带子扣好系紧，然后打开充气阀门。但在客舱里请不要充气。充气不足时，可将救生衣上部的两个人工充气管拉出，用嘴向里吹气。您的座椅垫可以作为救生漂浮物使用，将坐垫从座椅上用力拉出，正面朝内抱在胸前，将两手穿过后部的带子抓紧座椅垫，入水时，将下颚紧贴在座椅垫顶部。氧气面罩储藏在您座椅上方。发生紧急情况时，面罩会自动脱落。氧气面罩脱落后，要用力向下拉面罩。将面罩罩在口鼻处，带子套在头上，进行正常呼吸。带小孩的旅客请先戴好自己的，然后再为小孩戴好面罩。

这是您座椅上的安全带。使用时，将连接片插入锁扣内。根据您的需要，调节安全带的松紧。解开时，先将锁扣打开，再拉出连接片。为预防颠簸造成的意外伤害，请您全程系好安全带。

本架飞机除了正常出口外，在客舱的左右侧还有紧急出口，分别写有紧急出口的明显标志。客舱通道及出口处都设有紧急照明灯，紧急情况下请按指示路线撤离飞机。当发生空中颠簸时，如果您不能及时回到座位，请抓紧行李架边缘的凹槽处，如果您在使用洗手间请抓紧洗手间内的扶手。安全说明书在您

> 用于介绍客舱安全设备。开头提醒注意，随后逐一介绍救生衣、座椅垫、氧气面罩、安全带、紧急出口等安全设备的位置及使用方法、注意事项。

81

座椅前面的口袋里,请您在起飞前仔细阅读。谢谢您的关注。

4. 安全检查确认

女士们、先生们,飞机(就要/已经)开始滑行了,请您系好安全带,收起小桌板,调整椅背,打开遮光板,关闭手机等电子设备,包括带有飞行模式功能的手机。同时在飞行过程中不得使用锂电池移动电源给电子设备充电,确保锂电池移动电源始终处于关闭状态。根据民航局的规定,在飞机正处于爬升阶段/还未到达巡航高度时,为确保安全,我们暂时不能提供客舱服务,洗手间也尚未开启使用,如果您需要帮助,请保留头顶上方的呼唤铃。感谢您的理解与支持。

> 概述航班情况及飞行状况,逐一进行系好安全带、关闭手机、电源使用等安全提示。

5. 起飞前再次确认安全带

女士们、先生们,飞机很快就要起飞了,请您再次确认安全带已经系好,手机等电子设备已关闭。谢谢!

> 机组给予起飞指令后,告知飞行状态以及进行相关安全事项确认。通常为起飞后20分钟时播报。根据不同航班类型,选取不同表达方式。

6. 平飞广播

(1)50分钟(含)以下航班(不供餐)。由于航程时间较短,根据相关规定,本次航班不提供客舱服务,希望您谅解。现在飞机已经开始下降,请您保持原位坐好,系好安全带,收起小桌板(及脚踏),调直座椅靠背,打开遮阳板,并取下耳机,回想一下离您最近的出口在哪里。谢谢!

(2)50分钟以上航班(供餐)。为了预防飞行中突发的颠簸,请您全程系好安全带。使用便携式电子设备时,请再次确认其处于飞行模式,并请您使用耳机收听音频或视频,以确保他人得到良好的休息。未使用的便携式电子设备请妥善保管,并关闭电源,以防止自燃冒烟。我们温馨提示您,机上洗手间分别位于前舱、中舱和后舱,前舱洗手间仅供公务舱旅客使用,在洗手间内禁止吸烟。稍后,我们将会为您提供餐点,为了方便您身后的旅客,请将座椅靠背调直。谢谢!

(3)夜航。为了确保您在旅途中得到良好的休息,我们将调暗客舱灯光,需要阅读的旅客可以打开阅读灯。为预防飞行中突发的颠簸,请您全程系好安全带。谢谢!

7. 防颠簸广播

(1)轻度颠簸。由于飞机受到外界气流影响而产生颠簸,请您回原位坐好,系好安全带,固定手提行李,暂时不要使用洗手间。正在使用洗手间的旅客,请抓好洗手间内的辅助手柄。谢谢!

(2)中度颠簸。飞机正在经历持续的中度颠簸,请立即入座,系紧安全带,洗手间暂停使用。正在使用洗手间的旅客,请抓好洗手间内的辅助手柄。颠簸期间,我们暂停客舱服务,请您小心手中热饮,避免烫伤。谢谢!

(3)重度颠簸。飞机正在经历强烈的颠簸!立即就近入座,系紧安全带,或蹲下拉紧座椅下行李挡杆,洗手间停止使用,正在使用洗手间的旅客抓紧扶手,客舱服务已暂停。谢谢!(颠簸后)我们的飞机刚刚经历了严重颠簸。如果您的身体感到不适,请速与乘务员联系。谢谢!

> 依据飞机颠簸程度,做必要的安全提示。最大可能地减少旅客的不适感。

8. 下降前广播

女士们、先生们，现在是__点__分。现在是 （出发站）时间____点___分，（到达站）时间___点___分。我们的飞机会在____分钟后到达___机场。（到达站）天气（晴朗/为多云/为阴天/为小雨……），地面温度为____摄氏度/华氏度。

飞机已经开始下降，请您提前整理好座椅周围区域的随身物品，尤其是存放在前座椅口袋内的物品，并把手提行李稳妥地放置在行李架内，或前座椅下方。如果您正在使用个人电脑等大型便携式电子设备，请及时保存资料，并尽快关闭设备。洗手间将在 10 分钟后关闭，我们将停止所有客舱服务，请您回座位系好安全带。

根据民航局的规定，机组人员在飞机下降阶段，不得从事与安全无关的工作，在此期间，我们将无法为您提供服务，如您有需求，可按呼唤铃，我们将在飞机落地后及时为您服务。

（国际中转航班）继续前往____的旅客请注意，飞机到站后，您将在__办理出入境手续，请您将全部手提行李带下飞机，接受海关检查。谢谢您的理解!

9. 落地前再次确认安全带

女士们、先生们，我们的飞机马上就要降落____机场。请您再次确认安全带已扣好系紧，所有电子设备已关闭。谢谢!

10. 终点站落地

女士们、先生们，我们已经来到____。飞机将停靠在____号候机楼。现在是 （到达站）时间____点___分，在飞机还没有完全停稳前，为了您的安全，请您留在座位上，保持手提行李安放妥当，直到系好安全带的信号灯熄灭为止。下机时，请检查是否已拿好您的证件、手机及其他随身物品。打开行李架时，请小心行李滑落。您托运的行李，请在到达厅行李提取处领取。

非常感谢您选择了____航空。对于您在旅途中给予我们的支持和配合，我们再次向您表示衷心的感谢! 您的认同与青睐是我们努力的方向，我们愿意用真诚和用心的服务，与您一起共享精彩的旅程。我们全体机组人员祝您一切顺利，期待下次再会!

11. 下机广播

女士们、先生们，感谢您的耐心等候，请带好全部物品从前登机门下飞机。请再次确认您座椅周围区域，尤其前座椅口袋和行李架内未留有任何私人物品。我们温馨提示您：下机过程中，请注意脚下安全，建议您不要看手机视频，以免摔伤。下机后，请勿在廊桥或机坪停留。谢谢!

广播时间设定落地前 50 分钟（国内，适用于 90 分钟以上非夜航航班）。主要包括航程时间说明、到达站天气和地面温度介绍、温馨提示、飞机状态告知、安全提示、中转信息。

广播时间为机组通知起落架放下后。主要播报飞机到达站、停靠地点、到达时间，并再次进行安全提示。

在飞机停稳、预位解除后，播报下机时注意事项。

案例2：

特殊情况广播词

1. 服务系统故障提醒

女士们、先生们，非常抱歉，为了确保航班正点起飞，机上_____系统没能及时修复，因此造成_____舱第_____排到第_____排的旅客无法正常使用_____，给您带来不便，我们深表歉意。感谢您的谅解！

广播时要阐明原因，语气诚恳，获得谅解。先致歉，然后简要说明原因，并就所导致的不便，再次致歉。

2. 清点旅客

女士们、先生们，我们现在需要重新核对机上旅客人数，请您回原座位坐好，暂时请勿使用盥洗室。带小孩的旅客，请您将小孩抱好。谢谢！

对旅客人数事项予以告知，并做必要的安全提示。

3. 等待旅客/随机文件/餐食/货物装载

女士们、先生们，

（1）我们正在等待部分转港旅客登机。请您在座位上休息片刻。

（2）我们正在等待随机文件，请您在座位上休息片刻。

（3）我们正在等待增加的旅客餐食，请您在座位上休息片刻。

（4）由于本架飞机的货物尚未装完/旅客行李尚未装完/货物超载，地面人员正在抓紧时间卸货，飞机暂时不能起飞，请您稍等片刻。

感谢您的理解与配合！

根据不同情形，选择相应广播词。先说明广播缘由、具体事项，最后对旅客的理解与配合表示谢意。

4. 延误

女士们、先生们，我们刚刚收到机长的通知，由于_____，我们不能正点起飞。塔台通知我们，飞机预计起飞时间为_____点_____分。在等候期间乘务员会为您提供餐点，请放下小桌板。由于航班延误，给您的旅途带来不便，我们向您深表歉意。现在请您在座位上耐心等候。等候期间请不要触动客舱内带有红色标志的应急装置。如起飞时间有变，我们会马上通知您。

具体播报延误原因及事项。

5. 航班备降/返航

女士们、先生们，我们很抱歉地通知您：由于_____，我们无法按照原定计划前往_____机场。根据塔台和机长的最新安排，我们将会返航/备降在_____机场。进一步的消息，落地后我们将通知您。对于本次航班不能正常到达机场，我代表机组全体成员向您表示歉意。感谢您的理解！

说明备降/返航原因、拟备降机场、后续安排，并就由此带来的不便表示歉意。

6. 航班取消

女士们、先生们，我们非常抱歉地通知您，由于机场天气恶劣/机械故障一时难以排除，为了您的安全，我们决定取消本次航班，请您带好全部手提物品下飞机。起飞时间和其他有关事宜将由地面工作人员安排和通知。起飞时间定于明天_____点_____分。对于本次航班的取消给您带来的不便，我们深表歉意。感谢您的谅解！

说明取消原因、预计起飞时间，并就带来的不便表示歉意。

7. 空中盘旋

女士们、先生们，我们非常抱歉地通知您，我们刚刚收到塔台通知，由于机场天气不好/能见度低/机场空中交通繁忙，本架飞机暂时无法降落。我们将

主要解释原因和安抚旅客。

84

在机场上空盘旋，等待航空管制允许降落的命令。如有进一步的消息，我们将随时通知您。感谢您的理解！

8. 下机时下雨/雪

女士们、先生们，外面刚刚下过雨/刚刚下过雪/外面正在下雨，请您准备好雨具，下机时请小心路滑。感谢您的理解！

说明天气状况并提示做好准备。

案例3：

紧急情况广播词

1. 客舱起火/释压

女士们、先生们。

（1）现在客舱前/中/后部有一处失火，我们正在组织灭火，请大家不要惊慌，听从乘务员的指挥，我们将调整火源附近旅客的座位，其他旅客请不要在客舱内走动，严禁吸烟，严禁拍摄照片或视频。

（2）现在客舱释压，正在紧急下降，请系好安全带，保持镇定。氧气面罩已经脱落，请用力拉下面罩，罩在口鼻处进行正常呼吸。严禁吸烟，严禁拍摄照片或视频。

请大家予以配合！

介绍客舱危急情况，并宣布处理措施，安抚乘客情绪，做到有序有效，提示配合。

2. 机上撤离

女士们、先生们，由于_____，现在机长决定快速离机，请听从乘务员指挥，迅速从_____门离机，下机时，请不要携带任何行李物品。请大家予以配合！

介绍撤离原因，并宣布处理措施，安抚乘客情绪，做到有序有效，提示配合。

案例4：

特别情况广播词

1. 节假日欢迎词

亲爱的旅客朋友们。

元旦：今天是新年的第一天，恭祝各位旅客新年快乐，万事如意！

除夕：今天是农历大年三十，在这辞旧迎新、阖家团圆的节日里，我们有缘相逢，我谨代表机组全体成员向您致以新年的问候，恭祝各位在新的一年中事业兴旺、阖家欢乐、万事如意！

五一：今天是五一国际劳动节，火红的五月，劳动最光荣。在此我们向所有的旅客致以节日的问候！

国庆：今天是中华人民共和国国庆日，让我们共同祝愿伟大的祖国更加繁荣昌盛，同时祝各位旅客节日愉快、万事如意！

中秋：今天是我国传统佳节中秋节，我谨代表全体机组人员祝各位旅客阖家欢乐！

节日期间，真诚问候和美好的祝福有助于给旅客带来愉快的乘坐体验。

85

2. 其他如包机、专机等特别情况

> 驰援武汉抗疫的医护人员包机：尊敬的白衣战士，大家好。我是本次航班的机长，很荣幸能和大家并肩作战。我们全体国航机组人员将以最高的敬意执飞这次包机，因为有你们在的航班一定是飞往春天的航班！

先致欢迎词，并介绍自己，同时表达对机上人员的敬意。

【注意事项】

1. 用途要突出实际

客舱广播词属于应用文体，是客舱服务过程中，最为有效的语言沟通形式之一。其有特定的作用，或介绍飞行状态和阶段要求，或提示事项和关键信息，或安抚情绪和给予祝福等，以便最终赢得乘客的理解、支持和配合。因此在进行客舱服务时，必须"量体裁衣"，依据相应的飞行节点、机上实情、旅客群体、季节时令等，撰写或编辑相应的内容，突出其及时有效沟通的实际用途。

2. 目的要表述明确

客舱广播词是为了解决客舱服务当中的实际沟通问题而撰写的，决不能泛泛而谈，或行文拖沓、言不及义。其一，要坚持一文一事原则，把握主旨，讲明问题。保证旅客都能准确清晰地理解乘务人员要播报的内容。其二，要注意语句规范，简明扼要。规范地使用现代汉语的表述方式去组织语言，切忌语义含混不清，产生歧义。其三，要明确播报旅客对象，面对不同旅客群体，要依据实际情况去调整词句。比如，面对老年群众为主的航班客群，要注意语言平实易懂、准确易解。

3. 内容要合乎规范

客舱广播词既有服务类内容，又有安全类提示。首先，内容上一定要合乎民航客舱服务相应行业标准，使用民航业内通用的专业术语。其次，内容要切实集中。由于客舱广播受航班时间、航班环境等特殊因素的限制，内容要更加具体切实、简洁集中。要用简明扼要的语言突出重点告知内容，确保旅客在接收到广播信息后，快速理解并配合执行。

4. 情感要真挚

客舱广播词，不同于一般行政公文，带有较强的"命令性"，其是为了搭建机组人员和旅客之间的"沟通桥梁"，所以语言应该平和自然，通过语言上的沟通，去集中体现"真情服务，传递情感的力量"。一是广播用词要礼貌贴心，多用敬语，切忌与旅客因言语不当产生不必要的误解与冲突。二是要注重服务礼仪与规范，在播报过程中，要做到播报语气亲切、面部表情真诚、精神状态饱满，乘务人员在广播服务过程中要做到"真情、实情、感情"。

【拓展训练】

一、填空题

1. 客舱广播面向全体旅客，是_____服务工作的重要组成部分。
2. 按广播内容和适用范围，客舱广播词可以分为_____、_____、_____、_____四种，涵盖航班飞行的_____、爬升、_____、下降、进近和_____等阶段。

二、判断题（正确的打"√"，错误的打"×"）

1. 正常情况广播词适用于登机欢迎、机上安全演示、起飞前安全检查提示、飞机排故的等待提示、航空管制、飞机清舱、飞机滑回停机位等情形。（   ）
2. 客舱广播词应依据飞行节点、机上实情、旅客群体、季节时令等来进行撰写或编辑。（   ）
3. 客舱广播词的撰写坚持一文一事的原则。（   ）
4. 出于民航运输安全的考虑，客舱广播词撰写时应带有较强的"命令性"，以示警戒，推动执行。（   ）

三、请根据下述材料，撰写一则客舱广播词

7月1日，MUS112机组正执飞北京—上海航班。正值党的百年华诞，中国共产党从"一大"建党时的50多名党员，发展成为走过百年光辉历程、拥有9 500多万名党员的世界上最大的马克思主义执政党。上海是党的诞生地和初心始发地、党成立后党中央机关长期驻扎地、社会主义建设重要基地、改革开放前沿阵地，是极具光荣革命传统的现代化大都市。为此，乘务长司颖颖拟写了一则客舱广播词，简介上海，并祝党的百年华诞。

四、请完成本节的任务签派

✈ 知识链接：客舱广播

客舱广播一般由乘务长指定有广播员证书的乘务员负责广播。广播员要用中、英两种以上的语言广播，根据航线添加相应语种广播。广播用语要求准确规范，使用国际通用的专业术语。客舱广播要求吐字清晰，音调柔和，速度适中。正常情况下，较为适宜的中文播音速度为每分钟200~220个字，英语播音速度为每分钟120~150个词。播放录像节目时，不得进行客舱广播（规定广播内容或与安全有关的内容除外）。当长航线、夜航或大多数旅客休息时，应酌情减少广播或缩短广播时间。紧急情况下，由（主任）乘务长负责广播。

第二节 客舱乘务初始新雇员适应性带飞记录表

【任务签派】

2021年7月，王佳佳从××民航学院航空乘务专业顺利毕业。同年进入×航客舱部，成为一名空中乘务员。按照公司统一安排，王佳佳接受了严格的带飞训练与实践。带飞期间，王佳佳跟随带飞教员李楠认真学习客舱岗位工作知识和技能要求，李楠及时解答王佳佳在上岗适应阶段工作中遇到的疑难问题，帮助其尽快发展成为业务技能娴熟的乘务员。带飞结束后，王佳佳按要求填写《客舱乘务初始新雇员适应性带飞记录表》，并记录下了带飞过程中航班观摩学习的感想和体会。

请代王佳佳拟写一则学员感想。

【任务解读】

初始新雇员是指公司新雇佣的客舱乘务员或已雇佣但没有在客舱乘务员岗位上工作过的人员。

《客舱乘务初始新雇员适应性带飞记录表》是客舱乘务初始新雇员在学员阶段放飞通过、取得独立上岗资质后使用的，对与教员就工作情况、能力提升进行沟通的记录，是一种在航班实际操作或模拟、演示形式带飞训练中使用的表单式文书。

一般来说，放飞3个月内，学员需定期（每月至少1次）与教员就岗位工作情况、能力提升状态等方面进行沟通。教员应积极响应学员的学习要求，对学员进行工作方法、工作技能以及工作态度、工作作风的培养，及时、灵活地解答学员上岗适应阶段遇到的问题，并根据有关规定程序或要求，组织学员阶段性提交记录表至乘务部。记录表由学员填写，并交由教员签字确认。

【任务导航】

《客舱乘务初始新雇员适应性带飞记录表》主要包括工作情况记录、带飞教员意见、学员感想三个部分。

1. 工作情况记录

通常以标准化表格的形式从预先准备、直接准备、起飞前、飞行中、着陆前、着陆后、特殊情况处置等方面，分条列项对新雇员在带飞训练过程中的表现情况进行逐一评估。带飞评估通常用符号进行标注，一般用"☆"表示掌握熟悉；"△"表示基本掌握；"×"表示未掌握。

2. 带飞教员意见

首先备注客舱乘务初始新雇员的带飞训练时间，然后明确客舱乘务初始新雇员的岗位职责要求，从品德、形象、绩效、能力和态度等方面进行评价，具体内容包括个人仪容仪表是否得体规范、是否有较强的工作责任心、是否安心岗位工作、岗位技能的掌握是否熟练、能否规范完成岗位工作任务、是否服从领导、是否有团队精神等。最后做出考评结论，一般使用"按时转正""延期转正""带飞训练合格"或"带飞训练不合格"等评判性结论语。

3. 学员感想（或带飞心得）

学员感想是客舱乘务初始新雇员对在航班带飞训练过程中所获得的感受和体会的总结。这些感受和体会，具体可以是对带飞训练的客观总结、严密思考及未来打算，也可以是对乘务工作的感性认识和简单的理论分析。

学员感想是一种日常应用文体，篇幅可长可短，结构比较简单。其正文部分通常分为开头、主体、结语、落款四个部分。

（1）开头。简述所参加的带飞训练的基本情况，包括参加带飞训练的时间、航段，所从事的具体工作的过程及结果等。

（2）主体。通常采用平行并列式结构，分条从不同角度将自己的感受和体会总结成若干个方面，分别加以记述，各层次之间是并列关系，可以分条述之。每一部分的写作可以采用先从理论上总述，再分述列举事实、加以佐证的方法，使文章有理有据、丰富饱满，不泛泛而谈。

（3）结语。结语一般可以再次总结强调，用于呼应或深化文章主旨，也可以对未来提出期望，具体阐述努力的方向，也可以自然结束，不专门作结。

（4）落款。学员感想一般应在文章结尾的右下方写上姓名，并署明日期。

【案例赏析】

客舱乘务初始新雇员适应性带飞记录表

学员姓名：　　　　所属队部：　　　　带飞辅导员：

	带飞项目	带飞评估		带飞项目	带飞评估
预先准备	1. 个人证件		飞行中	5. 服务动作	
	2. 仪表仪容			6. 厨房整理	
	3. 航线知识			7. 特殊旅客服务	
	4. 应急设备分布及数量			8. 颠簸处理	
	5. 空防预案			9. 呼唤铃处理	
	6. 服务程序			10. 客舱整洁	
	7. 岗位职责			11. 盥洗室管理	
	8. 应急撤离程序			12. 出口座位及客舱动态监控	
直接准备	1. 应急设备的检查		着陆前	1. 归还衣物及保管物品	
	2. 客舱及盥洗室设备的检查			2. 客舱、厨房、盥洗室安全检查到位	
	3. 客舱及盥洗室卫生的检查			3. 手提行李物品的存放确认	
	4. 餐食、供应品质量与数量的检查			4. 盥洗室管理	
	5. 应急设备的取/放、使用方法及注意事项			5. 乘务员做好落地前准备	
	6. 音频/视频设备的操作		着陆后	1. 滑行时的客舱监控	
	7. 舱门的检查与操作			2. 舱门解除预位的操作	
	8. 清舱意识及协作情况			3. 送客	
	9. 向乘务长汇报客舱情况			4. 特殊旅客的服务	
	10. 仪表仪容自查			5. 清舱意识及协作情况	
旅客登机—起飞前	1. 安排旅客入座			6. 汇报区域检查情况	
	2. 出口座位的评估		特殊情况处置	1. 航班延误时的处置	
	3. 手提行李物品存放和确认			2. 急救处理（提问）	
	4. 安全演示动作			3. 陆上/水上迫降程序（提问）	
	5. 各项安全检查			4. 救生设备作用及使用（提问）	
	6. 乘务员入座			5. 客舱释压处置程序（提问）	
	7. 盥洗室管理			6. 危险品处置程序（提问）	
	8. 保持出口、过道畅通			7. 客舱失火处置程序（提问）	
工作情况记录	1. 服务意识		其他	1. 机组服务	
	2. 服务语言和态度			2. 各项管理规定	
	3. 巡视客舱			3. 亲和力	
	4. 服务程序			4. 微笑贯穿始终	
				5. 飞行耐力	

续表

带飞训练日期：
带飞训练航段：
带飞学员：_____　带飞辅导员：_____　带飞小时：_____
注：1. 以上各项带飞内容均为航班实际操作形式带飞训练，未能实施的以提问方式模拟、演示形式带飞。 2. "带飞评估"栏用符号标注："☆"掌握熟悉　"△"基本掌握　"×"未掌握。

带飞教员意见	于婕学员自2021年6月25日开始航班实际操作形式带飞训练，至2021年8月25日，先后进行了六次带飞航段训练。带飞训练过程中，该学员始终注意保持个人仪容仪表的得体，专业形象好，服务用语规范，微笑服务好。工作勤恳积极，主动协助旅客取放行李，开关阅读灯、发放小毛毯、提示遮阳板等细微服务均执行到位。认真、热情、敬业，能够快速适应乘务岗位工作要求。业务能力突出，能根据工作需要及时调整工作方法和端正心态。注重个人成长，善于反思、分析、归纳，不断提高工作能力，改善工作方式和方法。思维敏捷，反应灵活，遇事沉着冷静，有较强的特殊情况处置能力。愿意服从领导，乐于奉献，团队协作能力良好。 　　带飞训练评价合格。 　　　　　　　　　　　　　　　　　　　　带飞教员（签名）：张　琳 　　　　　　　　　　　　　　　　　　　　　　　　2021年8月28日	带飞教员意见
学员感想	2021年6月25日我开始正式进入航班带飞训练的操作与实践。至2021年8月25日，我先后进行了六次航段的实际带飞训练。在带飞教员张琳老师的精心指导下，自觉个人客舱服务意识和服务能力均有了明显的进步，并切实体会到了"用心思考、真情服务、拉近距离，把服务想得周到、做到极致"的真实内涵。 　　一、强化业务学习，提升服务技能。作为一名客舱乘务新雇员，我有很多的业务知识和生活常识需要在实际工作中巩固和学习，比如出现紧急情况会应用到的特殊用语；飞机上如有乘客急需医疗救助，除了需要充分应用自身基本医疗常识，还应该寻求机上具有专业医学背景的旅客的帮助；不论飞国内还是国际航班都需要掌握流利的中英文；不仅要熟悉机上服务用的各类饮料，还要知晓提供不同饮料时所用的饮具及其内涵，更要熟知各地不同的饮食习惯、风土人情……这些都需要长期的实践积累，积少成多。对我们这样的客舱乘务初始新雇员来说，最重要的是飞机处于紧急情况时的专业用语，不仅要记好，更要用得适当、说得熟练。 　　二、把握旅客心理，践行真情服务。在客舱服务方面，我认为客舱乘务员为旅客提供服务，实际上是一种人与人之间的沟通、交往。做好服务工作的基础在于了解旅客心理，关心旅客，热爱旅客。要有针对性地对不同旅客提供不同服务，"用心思考、真情服务、拉近距离，把服务想得周到、做到极致"。在处理各种突发情况或特殊问题时，作为乘务员，自身要做到情绪稳定、沉着冷静，确保处理不失平衡、不失规范。要做到眼勤、嘴勤、手勤、腿勤，尽量满足旅客提出的要求，让旅客真正有宾至如归的感觉。 　　三、注意观察积累，提高职业素养。乘务员的工作不仅仅是在飞机上提供简单的餐食服务，更需要提供细致到位的人文关怀。一方面要善于观察，不断积累新的知识、增长新的见识，提升职业竞争力；另一方面也要广泛学习，不仅仅是业务知识，还包括一些历史地理文化知识，以提升客舱服务质量和水准，使客舱服务变得更温馨、更有内涵、更有深度。 　　通过这段时间的航班实际带飞训练，我学到了很多，也收获了很多。在此，再次真诚地感谢带飞教员张琳老师的悉心指导与教诲。在今后的乘务工作中，我将继续不断学习，把所学所知运用到实际工作中去，争取做一名合格的空乘人员。 　　　　　　　　　　　　　　　　　　　　　　　　学员：于　婕 　　　　　　　　　　　　　　　　　　　　　　　　2021年8月28日	学员感想

【解析】这是一则客舱乘务初始新雇员适应性带飞记录表。分为工作情况记录、带飞教员意见、学员感想三个部分。教员意见部分，首先概述带飞时间，接着结合岗位要求，从学员形象、服务用语、专业技能、学习能力、合作能力等方面进行点评，用语简练，评价中肯。学员感想部分，采用条文式，从服务技能、真情服务、职业素养等三个方面对带飞过程中所获得的经验教训进行了总结。整个表单要素齐全、格式规范、表述到位，符合客舱乘务初始新雇员适应性带飞记录表的基本写作规范。

【注意事项】

1. 内容要真实

客舱乘务初始新雇员适应性带飞记录表是学员定期与教员就岗位工作情况、能力提升状况等方面进行沟通的阶段性记录与备注，其目的是通过对具体带飞项目的科学评估，帮助学员对客舱服务工作形成全面、客观、规律性的认知，并使其尽快发展成为业务娴熟的乘务员。

2. 重点要突出

学员感想是一种个人感悟或个人感想，注重的是个人在工作、学习、生活以及其他方面的主观认识和感受，往往只需紧抓一两点，介绍自己在工作中的体会和感受。个人感想追求的是感受的生动性和独特性，而非全面性、系统性、深刻性。

3. 填报要及时

客舱乘务初始新雇员适应性带飞记录表通常在学员放飞通过，取得独立上岗资质后从所在部门领取。根据有关规定程序或要求，学员应按期填写，教员签字确认后，及时上报所在部门。

【拓展训练】

一、请结合客舱服务实训课学习经历，撰写一则学员感想

二、请完成本章节的任务签派

知识链接：新雇员训练（NT）

新雇员训练，是指航司新雇佣的人员，或者已经雇佣但没有在客舱乘务员工作岗位上工作过的人员，在进入客舱乘务员工作岗位之前进行的训练。

新雇员训练包括基础理论教育（地面训练）和针对特定机型和岗位的训练。公司新雇佣的人员，应当圆满完成新雇员训练提纲中基础理论教育内容，并根据不同新雇员的原有机型、运行经历和拟担任的职位，完成初始、转机型、差异、复训、重获资格训练中相应的内容。

第三节 机上事件报告单

【任务签派】

近日，×航 FR5253 航班从西班牙塞维利亚起飞后不久，在飞往匈牙利布达佩斯的途中，

一名乘客大吵大闹，试图打开舱门下飞机，被乘客们合力制服。航班平安降落在李斯特机场后，该乘客被警方拘捕。

据报道，FR5253航班起飞后不久，一名未透露姓名的男性乘客离开座位，闹着要下飞机。空乘人员上前安抚，告知其飞行状况一切正常。其他乘客用手机拍摄的视频显示，这名男子起初同意回到座位上，但随后又开始大闹起来，并企图打开舱门。正在这时，随机的空保金特罗上前阻止，并与其他乘客合力将这名男子制服，再用安全带将其绑在座位上。

根据现场目击者的描述，这名乘客在吵闹中踢过座位，大喊大叫，甚至还用笔威胁过别人。目前还不知道是什么导致这名乘客在飞行中出现这样的反应。

请根据上述材料，拟写机上事件报告单。

【任务解读】

机上事件报告单是用来记录航班运输过程中所发生的机上事件的常用表单式文书。

根据民航有关规定，民用航班运行过程中，如遇到有旅客吸烟且不听劝阻、干扰或攻击他人、拒绝执行机组命令、损坏或盗窃机械设备、客舱中酗酒、非法携带武器或炸药、强行进入驾驶舱、暴力劫持飞机，或误放滑梯等机上事件，（主任）乘务长除填写《乘务日志》外，还应填写《机上事件报告单》，详细记录有关事件发生的时间、地点、经过以及处置结果，并于航后第一时间将相关单据交生产协调分部调度室。

机上事件报告制度有助于总结经验教训，有效预防类似事件的发生并为正确快速处理航班运行过程中的各种突发事件提供经验指导，不断提高民用航空客舱服务工作中预防和控制突发事件的能力，最大限度地减少机上突发事件的影响和损失，保障航班的安全运行。机上事件报告的写作质量，直接关系到上级主管部门对事件的判断以及处理效果。

【任务导航】

机上事件报告单是对机上事件全过程的文字记录。写作时应详细陈述事件的原因、事件的经过和采取的措施，尤其要特别注明事件发生的时间、地点、旅客姓名和地址、目击者姓名和地址、乘务员或旅客受伤情况，包括全体机组人员的姓名等。

一般来说，机上事件报告单应包括四个方面的内容。

1. 航班基本信息

包括航班号、日期、机号、始发站、到达站、事件类型。

2. 当事旅客的基本信息

包括姓名、座位号、身份证号码、电话号码、联系地址和邮编等。

3. 事情经过和处理措施

这一部分是报告的主体部分，也是最重要的部分。要求完整、准确、客观地将事件发生的时间、地点、原因、涉及人员、经过、采取的处理措施、最终处理结果等一一表述清楚。既要时间节点明确，又要避免出现有损他人的评论。这一部分的内容应分别由（主任）乘务长和机长签名确认。

4. 证人和证词

证人证词在解决法律纠纷中具有重要的辅助证据作用。主要内容包括：证人身份信息（如座位号、电话号码、身份证号码、与案件当事人的关系、联系地址、邮编）、所要证明的事情、所证明事情的事实经过、证人签名以及日期等。

【案例赏析】

机上事件报告单

NO.：

航班号：	日期：	机号：	始发站：	到达站：

航班基本信息

事件类型：（请用"√"选择适当的项目）

A. 吸烟且不听劝阻　　　　B. 干扰或攻击他人　　　　C. 拒绝执行机组命令
D. 损坏或盗窃机械设备　　E. 客舱中酗酒　　　　　　F. 滑梯放出
G. 非法携带武器或炸药　　H. 强行进入驾驶舱　　　　I. 暴力劫持飞机
J. 其他

当事旅客姓名	身份证号	座位号	电话号码	联系地址	邮编

当事旅客的基本信息

事件经过：

　　本次航班于18：50准时起飞。起飞35分钟后，17排C座董先生向乘务员反映其随身携带的一个黑色钱包丢失，内有3 200元现金、银行卡等贵重物品，自述确认是在起飞爬升时丢失的，且怀疑是被后排旅客捡拾到并据为己有。接到诉求后，机组人员马上调亮客舱灯光，并从乘务长包里取出照明手电帮助董先生在前后排范围内寻找，包括洗手间。同时进行广播，希望有旅客捡到后联系乘务员。但是直到飞机下降时都未寻找到。此时，董先生提出报警处置。飞机落地停稳后，我报告机长有旅客遗失钱包需要报警，机长马上通知机场。在机场公安到达之前，我们向旅客进行广播，和安全员维护客舱秩序，让旅客留在原位休息等候，并安排乘务员站在紧急出口监控并对旅客做好解释工作。大约15分钟后，机场公安到达，询问旅客是否有认为的嫌疑对象。旅客回答18排B座和C座旅客。机场公安在组织其他旅客下机后，对18排B座和C座旅客进行了询问，并在征得两位旅客允许的情况下，由董先生对旅客进行了搜查，但是并未发现其丢失的黑色钱包。随后将机场行李查询处的电话留给了董先生，并嘱咐清洁队工作人员在清扫卫生时如有捡拾到一个黑色钱包迅速联系我们。下机时董先生对乘务组给予的帮助表示感谢。

事情经过和处理措施

（主任）乘务长签名：杨　珍
2021年12月28日

续表

机组措施：						
本次航班于18：50从北京大兴国际机场起飞，21：00准时降落在上海虹桥国际机场。飞机停稳后，机组接到乘务员报告，17排C座乘客董先生因钱包丢失寻找未果，请求报警。机组随即通知机场公安协查，并要求安全员和乘务员做好旅客解释工作。 　　　　　　　　　　　　　　　　　　　　　　　机长签名：李东阳 　　　　　　　　　　　　　　　　　　　　　　　　2021年12月28日						
见证旅客姓名（1）	身份证号	座位号	电话号码	联系地址	邮编	
见证旅客姓名（2）	身份证号	座位号	电话号码	联系地址	邮编	
证词： 　　2021年12月28日，我乘坐由北京飞往上海的××航班。飞机起飞约35分钟后，坐在我同排C座的旅客突然大喊着说他的钱包不见了，并且怀疑是坐在后排B座和C座的两位乘客捡到了。机上乘务员知道后，马上调亮客舱灯光，取出手电筒帮助他在前后排寻找。同时还进行广播，希望有旅客捡到后联系乘务员。但是直到下降时都未找到。于是，C座乘客要求报警。飞机落地停稳后，乘务员向旅客进行广播，要求旅客留在原位休息等候。大约15分钟后，机场公安进入客舱。在组织其他旅客下机后，机场公安对18排B座和C座旅客进行了询问，并在征得旅客允许的情况下由董先生对旅客衣物进行了搜查，结果并未发现董先生丢失的钱包。 　　　　　　　　　　　　　　　　　　　　　　　见证人签名：罗　旭 　　　　　　　　　　　　　　　　　　　　　　　　2021年12月28日						

注：此表应向如下部门递交：安全运行监察部、客舱服务部、保卫部。

【解析】这是一则关于遗失物品的机上事件报告单。该报告单详细叙述了事情发生的时间、地点、涉及人员、原因、处理方式、处理结果等，表述清楚，逻辑清晰，完整、客观地反映了事件的来龙去脉，简明扼要地交代了机组在接到乘务员报告后所采取的措施。并搜集旅客证词，从旅客本人的角度，详细叙述了事情发生的时间、地点、经过，表述上客观真实，无个人情感偏向。

【注意事项】

1. 实事求是，完整记述事件全过程

机上事件报告单的写作必须坚持以客观事实为准绳，必须认真地观察已经发生的全部情况，真实、客观地将事件的发生、发现和处置过程等情况原原本本地交代清楚，以免因表述不清而影响上级主管部门对事件的判断和处理效果。

2. 准确全面，客观反映事实情况

机上事件报告的目的是反映客观情况，还原事实，讲究真实、全面、准确。写作时应注意要素齐全,即 When(何时)、Where(何地)、Who(何人)、Why(何因)、What(何事)、How(如何、结果),概括为"五个 W、一个 H"。

3. 撰写及时,注意报告的时效

发生客舱不安全事件和客舱紧急事件后,(主任)乘务长应填写《机上事件报告单》,并于航后第一时间将相关数据交生产协调分部调度室。

【拓展训练】

一、请根据下述材料,拟写机上事件报告单

7月26日上午9时35分,××机场公安局接到××国际机场指挥中心报警,中国××航空公司北京飞往长沙的××1343航班机组报告,在飞机从北京首都机场起飞后约10分钟时,有一名男性旅客声称其同伙带有硫酸,他本人负责谈判,要求机组飞往韩国,如若不从,就用硫酸泼机组人员和机上旅客。机组以天气原因为借口要求在××国际机场紧急迫降。接警后,××机场公安局立即启动反劫机预案,组织20名民警组成处置小组,赶赴客机坪,并对机场控制区实行戒严,对进入客机坪的道路实行交通管制。机场有关领导也相继赶到现场。9时49分,飞机安全降落在机场。了解和分析机内情况后,处置小组指派2名便衣民警登上飞机,于10时20分许,将位于12排F座的犯罪嫌疑人抓获并押下飞机。经过突审,查明犯罪嫌疑人××,男,汉族,1972年1月20日生,现为××大学图书管理员,住××市××区××村11栋205号,有精神病史。××省公安厅接报后,应常务副厅长××要求,抓紧预审犯罪嫌疑人,在没有弄清情况之前,所有乘客暂缓放行,注意搞清有无同伙;对机上货物、行李进行安检,防止遗留危险物品;请××机场公安局协助民航局做好旅客稳定工作,讲明情况,防止引发事端。××省公安厅反恐办等部门警员也前往现场指导。经过全体参战民警和安检的紧张工作,对飞机进行清舱处理,未发现犯罪嫌疑人有其他同伙和硫酸。事后,××机场公安局就××1343航班非法干扰事件向中国民用航空局公安局做了情况汇报。

二、请完成本章节的任务签派

知识链接:民航安全"三三四五六"

对每一个民航人来说,安全是不可逾越的红线。自2010年8月24日的伊春空难至2022年3月20日,中国民航保持着4 226天持续安全运行的纪录,并于2022年2月25日达成持续安全运行1亿小时的纪录,为世界民航史上最佳安全运行纪录。

中国民航在安全上的规章制度和管理要求接近严苛,并形成了具有中国民航特色的安全标准,为所有民航人熟记与遵从,比如大家所熟知的"三三四五六"。

三个敬畏:敬畏生命、敬畏规章、敬畏职责。

三条底线:飞行安全底线、廉政建设底线、服务质量底线。

四个到班组:推动安全教育到班组、技能培训到班组、手册执行到班组和风险防控到班组。

五个属性:政治属性、经济属性、社会属性、业务属性和文化属性。

六个起来:脑要紧起来、心要细起来、眼要亮起来、脚要勤起来、脸要红起来、手要硬起来。

第四节　紧急医疗事件报告单

【任务签派】

2022年3月19日，×航班执行北京-上海飞行任务。7：20，飞机从大兴国际机场起飞。8：38，乘务长李洁突然听见后舱传来一声惨叫。她迅速赶到了后舱，发现19排A座一位女士身体抽搐，脸色发白，呼吸急促，旁边19排B座旅客正大声呼喊。李洁尝试拍打呼叫该女士，但没有回应。据初步观察，该女士已进入昏迷状态。李洁立即前往前舱，从壁板中取来氧气瓶为其吸氧，同时安排兼职安全员徐江来在一旁协助监控，之后到前舱广播找医生，并向机长报告了该情况。此时驾驶舱显示上海落地时间为9：30。李洁再次广播，询问是否有具有医护背景的旅客，同时告知旅客不要围观，原位坐好，确保飞机载重平衡。客舱中无具有医护背景的旅客与机组联系。该女士在吸氧后状态有所缓解。几分钟后，该女士再次出现浑身抽搐、呼吸困难、身体僵硬的现象，随后人事不省。为了保证旅客安全，李洁再次向机长做了报告。经请示批准，该航班获准备降徐州观音机场。约20分钟后，飞机在徐州落地，该女士被紧急送往当地医疗机构救治。事后，该女士经救治脱离生命危险，其家属向整个机组递交感谢信表达了谢意。

请根据上述材料，拟写一则紧急医疗事件报告单。缺失要素自拟。

【任务解读】

紧急医疗事件报告单是用来记录航班运行过程中发生的机上紧急医学事件的表单式文书。

根据民航有关规定，航班运行过程中，如发生造成飞机改航或备降等不正常运行的人员伤病或死亡、飞行不正常运行导致人员伤病或死亡、突发公共卫生事件、旅客或机组人员在航空器上突发伤病或死亡、在非紧急医学事件中使用了应急医疗设备、（主任）乘务长认为事后会有可能与航空公司发生纠纷的任何医疗事件等情况时，（主任）乘务长除填写《乘务日志》外，还应填写《紧急医疗事件报告单》，并于航后第一时间交机场相关部门。

【任务导航】

紧急医疗事件报告单主要包含三个部分。

1. 航班和病人基本信息

航班信息包括航班号、机号、日期、备降地等；病人信息包括姓名、性别、国籍、年龄、证件号、座位号、目的地、联系电话和住址等。

2. 事件情况和处理过程

这一部分是紧急医疗事件报告单的主体部分，应本着客观、真实的原则，实事求是、完整地记录事件发生的时间、座位号、发病对象、发病人数、病人主要临床症状与体征、可能病因、已经采取的措施、事件的发生经过、着陆后需要的医务帮助种类、事件结果等内容。

3. 相关辅助信息

相关辅助信息包括证明人的地址、电话、座位号、证件号、国籍和签名，处理人员的姓名、地址、联系电话和签名以及乘务长的签名等。

【案例赏析】

紧急医疗事件报告单

航班号 FLIGHTNO.	机号 ALRPLANE NO.		日期 DATE	备降地 ALTERNATE		航班和病人基本信息
病人姓名 NAME	性别 SEX		国籍 NATIONALITY	年龄 AGE	证件号 PASSPORT NO.	
座位号 SEAT NO.	目的地 DESTINATION		联系电话 TELEPHONE NO.	住址 ADDRESS		
事件情况 EMERGENCY		处理过程 PROCEDURES				事件情况和处理过程
2022年2月17日13时14分，×航5804航班承载着120名旅客从上海虹桥机场起飞，前往昆明长水机场。飞机起飞后约半小时，乘务员李雪梅在客舱巡视时发现，31H座旅客怀中婴儿出现呕吐，家长身上、座位上、地上到处都是墨绿色呕吐物，婴儿面色苍白，呼吸困难，随时有窒息危险。经了解，婴儿仅2个月大，有低血糖病史，是先天性高胰岛素血症。		13时50分，乘务员广播寻找医生。13时52分，来自上海仁和医院和瑞金医院的4位上海援滇医疗队医生给婴儿进行急救。 14时00分，婴儿的瞳孔恢复正常，心率检测为110次/分，暂时脱离危险。 14时05分，患儿再次出现呕吐。乘务员向机长报告婴儿病情和医生给出的紧急备降送医建议。 14时10分，航班执飞机长获准就近备降长沙黄花机场。 14时45分，飞机备降长沙黄花机场。等待在机坪的机场救护车及医疗人员上机将患病婴儿接走，送往医院进行救治。 当日21时30分，机组收到消息，婴儿已脱离生命危险，得到了有效治疗。				
证明人姓名 WITNESS	地址/电话 ADDRESS/ TETLEPHONE NO.		国籍及证件号 NATIONALITY/PASSPORT NO.	座位号 SEAT NO.	签名 SIGNATURE	相关辅助信息
处理人员签名 NAME OF PROCEDURES	地址 ADDRESS			联系电话 TELEPHONE NO.	签名 SIGNATURE	
乘务长签名 PURSER						

【解析】这是一份机上紧急医疗事件报告单。报告单完整记录了事件发生时间、具体座位

号、发病对象和人数、病人主要临床症状与体征、事件发生经过和医疗救助经过及事件结果等内容。整个表单要素齐全，结构完整，表述明确具体，尤其是在对时间的表述上，精确到节点，符合机上紧急医疗事件报告单写作基本规范。

【注意事项】

1. 内容要客观真实

紧急医疗事件报告单的写作应坚持一切从实际出发，真实客观地记录事件发生、发展及变化的全部过程，务必将处置过程及结果描述清楚，力争还原整个事件的全貌。

2. 条理要清楚顺畅

撰写紧急医疗事件报告单的基本目的是反映情况、还原事实，写作时应将事件发生的时间、座位号、发病对象、发病人数、病人主要临床症状与体征、可能病因、已经采取的措施、事件的发生经过、着陆后需要的医务帮助种类、事件结果等内容一一表述清楚。用语应简明顺畅，避免过多的不必要的铺陈描述。

3. 表述要准确无误

紧急医疗事件报告单中对时间的表述，力求精准到具体的时间节点，比如"×时×分×秒"；对病人临床症状与体征的说明，力求精确到具体的数据，比如不能用"心跳很快""血压偏低"等概约性词语，而应用"脉搏××次/分""血压××/××mmHg"等专业表述。严禁改换客观材料或者编造数据、伪造事实。

4. 填报要及时规范

发生客舱紧急医疗事件时，（主任）乘务长应立即填写《紧急医疗事件报告单》，并于航后第一时间交机场相关部门。紧急医疗事件报告单必须用蓝黑墨水、碳素墨水书写。实施保护性医疗措施时，应当由患者本人签字，若其不具备完全民事行为能力，由其法定代理人签字；患者因病无法签字时，应由其同行亲属或同伴签字；若无同行，则乘务长请见证旅客签字。

【拓展训练】

一、判断题（正确的打"√"，错误的打"×"）

1. 紧急医疗事件报告单是用来记录航班运行过程中所发生的紧急医疗事件的表单式文件。
（　　）

2. 紧急医疗事件报告单应重点将处置过程及结果描述清楚，力争还原整个事件的全貌。
（　　）

3. 为便于还原细节，撰写紧急医疗事件报告时应尽可能铺陈描述，确保各个环节、细节表述到位。（　　）

4. 紧急医疗事件报告单必须用蓝黑墨水、碳素墨水书写。（　　）

5. 对机上病人临床症状与体征的说明，不能用"心跳很快""血压偏低"等概约性词语。
（　　）

二、请依据材料，撰写一则机上紧急医疗事件报告

2020年1月8日晚，在南航×航班上，一位曾做过心脏支架手术的旅客心脏病复发，该旅客连续按动呼唤铃，乘务员张阳上前询问，确认该旅客座次、信息及初步判断心脏病发作，并迅速报告乘务长李月雅。通过了解，该旅客王刚于2019年做过心脏手术，安放三个支架。乘务员张阳取来氧气瓶为旅客王刚吸氧。乘务员陆煜报告机长，并广播寻找医生。31排C座任宗峰在表明心内科副主任医生身份后，为旅客王刚提供帮助。检查旅客脉搏、双瞳及舌头。在征得病人同意后，为其服用了37排C座旅客陈梅提供的速效救心丸。乘务员陆煜取来温毛巾为旅客擦拭额头上的汗，并调整周围旅客的座位，疏散围观的旅客，为救治病人提供了良好的环境。机组人员与机上其他旅客联手，使得旅客王刚得到了及时救治，航班后临时备降××机场，将其及时送医。

三、请完成本章节的任务签派

知识链接：机上紧急医疗事件报告规定

1. 应记录的紧急医疗事件包括：旅客或机组成员在航空器上突发重病或死亡事件；航空器操作、设施、工作人员服务等造成旅客受伤；人员伤病造成飞机改航备降；突发公共卫生事件；导致使用急救箱、应急医疗箱、卫生防疫包的情况；乘务长认为今后可能会与航空公司发生纠纷的任何医疗事件。

2. 机上急救箱、应急医疗箱内存放单据包括：《飞行中医疗事件处理记录》《应急医疗设备和药品使用知情同意书》。

3. 当机上发生应急医疗事件后，机上急救箱内存放单据应由当班乘务长负责填写。

4. 《机上紧急医疗事件报告单》一式四份，第一联（白联）交安监部，第二联（粉联）交客舱部综合业务部，第三联（黄联）交当班机长，第四联（绿联）交保障部。

5. 《飞行中医疗事件处理记录》一式两份，一份交客舱服务部综合业务分部，另一份交病人离机站的公司代办或代理公司或飞机执管单位的基地站运行控制中心。

6. 紧急医疗事件发生后，应时刻与驾驶舱保持沟通。如事态紧急，乘务长可在空中通过机长通知运控签派部门，告知旅客情况、药箱开启、药品使用、氧气使用等情况。

7. 只要开启机上急救箱，乘务长都应在飞机落地后将事件情况报分部值班领导及综合业务部。执行过夜航班的乘务长在24小时内，将事件具体经过以电子文档形式报综合业务部邮箱及分部邮箱。回到基地后尽快将各类报告单交相关部门。执行单班的乘务长，在24小时内直接将报告单交相关部门。

8. 机载应急医疗设备在一次运行中使用后，如其箱内配备的数量、种类不低于CCAR-121部规定的要求，可继续运行到各基地后及时补充配备。

第五节　特殊旅客空中生活记录表

【任务签派】

林先生是一名无人陪伴的轮椅老年旅客。接到林先生的特殊旅客申请单后，乘务长王燕指定李佳佳为其责任乘务员。上机后，李佳佳按资料袋内的登机牌将林先生扶至座位，并将其随身物品等摆放至行李架内。因林先生为回民，乘务员特别为他提供了清真餐。飞行途中，林先生上厕所2次，小睡了20分钟左右。

请根据上述材料，拟写一则特殊旅客空中生活记录表。

【任务解读】

特殊旅客空中生活记录表是用来记录特殊旅客（又称"特殊服务旅客或特服旅客"）在航班运输过程中的生活状态、情绪和生理变化、行为等情况的表单式文书。

根据民航有关规定，特殊旅客通常指重要旅客、无成人陪伴儿童、孕妇旅客、病残旅客、婴儿旅客、犯罪嫌疑人及押解人员、特殊餐饮旅客、酒醉旅客、额外占座旅客、机要交通员/外交信使和保密旅客等因行为、年龄、精神或者身体状况、特殊身份等需要给予特殊礼遇和照顾的旅客以及在一定条件下才能承运的旅客。

特殊旅客是客舱服务对象中的重要部分。由于其特殊的生理因素、心理因素或意外情况等，特殊旅客服务具有高于一般旅客服务的难度。客舱乘务员需要勤于观察，多注意他们的神态、情绪、行为，分析判断他们的心理，以人为本，对他们给予相应的特殊照顾，并做好空中生活记录。

【任务导航】

特殊旅客空中生活记录表通常包括三个部分。

1. 特殊旅客的基本信息

包括日期、航班号、始发站、到达站、旅客姓名、座位号、旅客年龄、性别、护照号码、随身携带行李数、联系人姓名、电话、地址等基本要素。这一部分的内容应根据乘客登机时地面服务人员与主任乘务长交接时提供的《特殊旅客乘机申请书》以及《特殊旅客通知单》逐一进行填写。

2. 特殊旅客空中生活记录

包括责任乘务员、旅客的用餐时间、餐食类别、用餐情况、休息娱乐情况、机上安全和个人生活情况以及对其他特殊情况的说明等。如有特殊情况，则需对特殊情况发生的时间、具体过程、处理结果等进行具体陈述。某些特殊旅客未接受过特殊服务，如全程休息、睡觉、没有用餐或使用洗手间等，也可作为特殊情况予以简要说明。

3. 特殊旅客交接信息

包括地面接待人、主任乘务长、旅客家属（或监护人）等人的签名确认。

【案例赏析】

无成人陪伴儿童空中生活记录

UNACCOMPAINIED CHILD JOUREY RECORD

日期 DATE_____　　　航班号 FLIGHT NO._____

始发站 ORIGINAL STATION_____　到达站 DESTINATION_____

儿童姓名 CHILD NAME_____　座位号 SEAT NO._____

年龄 AGE_____　性别 SEX_____　护照号码 PASSPORT NO._____

随身携带行李数 HAND-BAGGAGE_____

联系人姓名 RELATIVE'S NAME_____

电话 TELEPHONE NO._____　　地址 ADDRESS_____

空中服务情况 IN-FLIGHT SERVICE_____　责任乘务员
RESPONSIBLE STEWARD_____

（特殊旅客的基本信息）

责任乘务员 Responsible steward	用餐时间 Time for meal	餐食类别 Kind of meal	用餐情况 Situation of meal

（特殊旅客空中生活记录）

休息、娱乐情况（Rest & Entertainment）：
　　上机后，乘务员按资料袋内的登机牌将该儿童带至其座位，耐心细致地向他介绍了旅客服务组件（呼唤铃、阅读灯、通风口）以及小桌板和安全带的使用方法。起飞后，乘务员向其提供了几款小食和玩具。午餐后，该儿童午睡，乘务员取来毛毯为他盖好，并关闭了通风口，防止他着凉感冒。

机上安全和个人生活情况（In-flight Safety & Activities）：
　　待无陪儿童身旁的旅客落座后，责任乘务员简单介绍其身旁的小朋友为无陪旅客，如果该儿童有任何需求或求助，拜托其及时按动呼唤铃寻找乘务员。责任乘务员每次巡视客舱都会上前询问无陪儿童的需求，时刻关注其动态。飞行途中，无陪儿童两次需要上厕所，乘务员亲自将其领入盥洗室，使用完毕后带回其原座位。落地后，乘务员按要求将无陪儿童亲自转交给地面服务人员。

特殊情况（Special Circumstance）：
　　无陪儿童在航班上曾有过一次哭闹，乘务员安抚后很快恢复平静。

地面接待人（SIGNATURE OF GROUND STAFFS）
主任乘务长（SIGNATURE OF CHIEF PURSER）
监护人（SIGNATURE OF RELATIVE）

（特殊旅客交接信息）

【解析】这是一份特殊旅客空中生活记录表。采用表单式，首部交代了无陪儿童基本信息。主体部分介绍了无陪儿童在机上的休息娱乐情况以及机上安排和个人生活情况等，主要包括无陪儿童的座位安排、服务设施介绍、所提供餐食及玩具说明、休息情况，以及指定乘务员对无陪儿童的安置、关心和无陪儿童在机上的个人生活状态。尾部交代了地面接待人、主任乘务长、监护人等交接信息。整个表单要素齐全，结构完整，表述清晰。

【注意事项】

1. 内容要准确

特别是特殊旅客的个人基本信息，一定要仔细核对，填写准确，力避出错。

2. 记录要完整

特殊旅客机上的休息、娱乐情况，机上安全和个人生活情况等要记录清楚，如有特殊情况，还应写明特殊情况发生的时间、具体过程以及处理结果等。

3. 要注意时效

按照民航有关规定，航班到达目的地后，乘务组应及时与地面完成好特殊旅客的交接事宜，并提交表述规范、记录完整的特殊旅客空中记录作为备案。

【拓展训练】

一、判断题（正确的打"√"，错误的打"×"）

1. 特殊旅客空中生活记录表是用来记录特殊旅客在航班运输过程中的生活状态、情绪和生理变化、行为等情况的报告式文书。（   ）

2. 特殊旅客是指需要给予特殊礼遇和照顾的旅客以及在一定条件下才能承运的旅客。（   ）

3. 特殊旅客在航班运输过程中发生的特殊情况，只需在特殊旅客记录表上的"特殊情况"一栏简要写明前因后果，无须赘述。（   ）

4. 特殊旅客乘机前必须填写《特殊旅客乘机申请书》并办理事先声明。（   ）

二、请完成本章节的任务签派

✈ 知识链接：特殊旅客乘机有规定

特殊旅客是指需要给予特别照顾的旅客，或由于旅客的身体和精神状况需要给予特殊照顾的旅客，或在一定条件下才能运输的旅客，包括病残旅客、担架旅客、老人及无成人陪伴儿童、孕妇、聋哑盲旅客等。因为特殊旅客在进入机场后会有地面服务人员协助办理相应手续，登机后会有服务人员提供全程优质的服务，且整个行程中旅客对机上设备、服务有特殊要求，故特殊旅客需要办理事先声明。

无成人陪伴单独乘机的儿童，年龄限定在5（含）周岁至12（含）周岁。年龄在5周岁以下的无成人陪伴的儿童，原则上不予承运。

近期做过手术的伤病旅客，购买机票时需填写《特殊旅客乘机申请书》。办理乘机手续时，需携带航班起飞前96小时以内（病情严重的需48小时以内）县级以上医疗机构开具的、适宜乘机的"诊断证明书"。

孕妇，怀孕32周以内的孕妇乘机，需要出具说明自己孕期在32周以内相关证明；怀孕32到36周的孕妇乘机，需要出具乘机前72小时内填开的县级以上医院开具的盖章和医生签字的适合乘机的证明；怀孕超过36周的孕妇原则上不能乘机。

轮椅旅客，需在航班起飞前 48 小时以上在购票时向航空公司提出申请，航空公司会根据旅客不同情况，提出不同的要求和进行安排。

为保证每一位旅客都能得到悉心的照顾，各航司对特殊旅客均有数量限制，通常情况下，盲人旅客（包括有导盲犬引路的盲人旅客和无成人陪伴的盲人旅客）和/或聋哑旅客限 2 名/班；担架旅客限 1 名/班；对于可以上下客梯，也可以自行进出客舱座位，但远距离前往或离开飞机，如穿越停机坪、站台或前往移动式休息室时，需要轮椅的旅客接收人数不限；其他轮椅旅客限 2 名/班。

第五章 民航宣传事务文书

宣传事务文书是指为了实现某种传播目的，将特定信息传递散布给大众的一类专用文体。信息发布者旨在使公众知晓自己以及所发布的信息，并给其留下深刻印象；广大受众的目的在于获取自己感兴趣或有用的信息。宣传事务文书具有真实性、公开性、导向性、可读性、时宜性、针对性等特点。

民航业内常用宣传事务文书有新闻类的消息、通讯、专题活动策划书等。

第一节 消息

【任务签派】

时间：2022年2月17日下午
地点：上海虹桥飞往昆明的×航班上
事件信息：（无序排列）
13时58分，医生检测到婴儿瞳孔正常，心率为110次/分。
13时50分，×航班进入巡航状态。
14时45分，飞机落地，机场救护车及医疗人员已经等候在停机位。
乘务员李雪梅巡舱，发现31H座旅客怀抱的婴儿发生呕吐，呼吸急促。
乘务员报告客舱经理和机长。
×航地面签派员迅速监控航班运行动态。
乘务员广播寻找医生旅客。
机组决定前往最近的长沙机场备降。
乘务员将机上的应急医疗箱和氧气瓶交给医生。
乘务员询问婴儿身体情况，得知婴儿仅两个月大，且有低血糖病史。
婴儿持续呕吐。
4名医生查看婴儿情况，建议飞机尽快落地，将婴儿送往医院。
急救人员上机，接上婴儿，送往医院救治。
乘务员李雪梅再次向机长报告婴儿病情和医生建议。

签派员与塔台、××机场地面工作人员、急救人员取得联系，提供航班备降信息。

请根据上述材料，拟写一则消息。

【任务解读】

《中国大百科全书》对消息的解释是"迅速、简要地报道新近发生的事实的新闻体裁，又称'新闻'"。在《中国新闻学大辞典》中，消息是"用最直接、最简练的方式报道新闻事实的一种新闻文体，是最经常、最大量运用的报道体裁"。

综合来看，消息是对新近发生和正在发生，或者早已发生却是新近发现的有价值的事实进行的及时简要的报道。

作为使用最广泛、最活跃的新闻体裁，消息具有新、快、短、实等特点。

新——标新立异，突显价值。新闻不是"旧闻"，好的消息或事实内容新，或观察角度新，或表达方法新，充分体现其新闻价值。

快——快速及时，时效性强。所谓抢新闻，就是抢时间，一旦捕捉到新闻点，要争取以最快速度编发报道传播。

短——篇幅短小，简明扼要。简短是消息区别于其他新闻文体的主要标志，一般在几百字以内。

实——内容真实，叙述客观。所涉时间、地点、人物、事件及原因都必须客观真实，报道中不夹杂主观内容。

消息可以从不同角度进行分类。

1. 按篇幅大小分

有标题新闻、简讯（短消息）、长消息。

标题新闻——以标题的形式报道新闻事实，即用一句话概括几个关键的新闻要素，没有导语、主体和结尾等其他组成部分，如"国航制止一起劫机事件，人机安全无恙"。

简讯——通常在200字以内，回答"何时、何地、何人、何事"等基本问题。除了标题，还可能有导语、主体、背景和结尾等，如"6月1日，为庆祝'六一'儿童节，×航深圳分公司××乘务组在深圳飞往北京的 CZ3151 航班上开展'快乐六一'活动，让乘坐该航班的小朋友用彩笔描绘心中的蓝天画卷，并制作千纸鹤写下儿童节的心愿"。

长消息——篇幅常在千字以上，新闻要素充分展开，在简讯基础上，进而回答"何因、如何"等问题，各部分结构比较完整。

2. 按写作特点分

有动态消息、综合消息、评述消息等。

动态消息——又称"纯新闻"，即对刚刚发生或正在发生的新闻事实的实时报道。一事一报，突出动态，最具时效性，如《40名旅客确诊！中国民航局向6个航班发出熔断指令》。

综合消息——用多个事实从不同侧面阐明共同的主题，往往反映全国范围或某地区、某行业的综合情况，涉及面广，较为宏观，如《多国点赞中国航空产业　高度评价中外合作与发展》。

评述消息——以叙述事实为主、评论事实为目的，夹叙夹议，述评结合，思想性、针对性较强，是介乎消息和新闻评论之间的一种形式，如《"十三五"期间民航信息化建设有何成果？

民航局回应》。

3. 按事实特性分

有事件性新闻、非事件性新闻。

事件性新闻——以某个独立新闻事件为核心展开报道，事件过程有明确时间节点，关注事件的最新情况。动态消息大多是事件性新闻。

非事件性新闻——报道的事实不是具体事件，而是经过一段时间渐变形成的一种现象、经验或问题。综合消息、评述消息多属此类。

此外，还可按刊登媒介分，有报刊消息、广播消息、电视消息、网络消息等。

【任务导航】

从外在形式看，消息一般由标题、讯头、导语、主体、背景、结尾等部分组成。

1. 标题

标题是消息的"眼"和"魂"，最能体现整篇文章的精华，其作用在于第一时间吸引读者的注意，引导读者在瞬间做出阅读选择，同时能让读者了解消息的核心内容。因此，消息的标题要求醒目、生动、简明、准确。

从结构上看，消息的标题可分为单一型（单行标题）和复合型（双行标题、多行标题），比如《民航局、发改委："十四五"时期加强"空中丝绸之路"品牌建设，进一步扩大"朋友圈"》。

从功能上看，多行标题又可分为主题（正题）、副题。主题是标题中最主要的部分，是对消息内容的高度概括和说明；副题位于主题之后，是对主题的补充和注释。如《扎根浙江　创一流航空服务品牌——浙江长龙航空客运开航3周年侧记》。

2. 讯头

讯头又称"消息头"，通常置于消息最前面。如电台、电视台播报新闻时，开头常用的"本台消息""本台记者报道"等语句；报刊上刊发消息时，开头也有"本报讯""新华社北京××日电"等字样。也有极少数消息头放在文末。

消息头主要有三个作用：一是标明稿件来源。"讯"，指通过书面形式向编辑部递交的稿件；"电"，是通过电报、电传等方式提交的稿件；"综合消息"，是记者或编辑根据手头材料综合编写的稿件。二是标明媒体权责。既表示媒体对新闻的著作权，又意味着媒体要对新闻的真实性和公正性负责。三是标明文体。出现"本报讯"之类的字样，就意味着是消息，不是其他文体。

3. 导语

导语是消息的开头部分，紧接讯头。它是消息中最新鲜、最主要的事实，或依托新闻事实的精辟议论，用简明生动的语言概括交代消息的主要内容，为整篇报道定下基调，唤起读者的关注和兴趣。

作为消息的关键部分，导语的写作有以下几点要求。

一要突出主题。一个完整的新闻事实，应包括何时（When）、何地（Where）、何事（What）、何因（Why）、何人（Who）、如何（How）六大要素，常用"五个W、一个H"来简要概括。写作时应注意把握好这六大要素，选择最有新闻价值、最能揭示主题的内容、最有吸引力的事实。

二要抓住重点。围绕事件的精华内容，选择最重要、最具影响力的材料，抓住核心，引领下文。

三要力求简短。锤炼字句，惜墨如金，突出少数最有亮点的内容，尽量控制在100字以内，或干脆使用一句话来做导语。

常见导语类型有三种。

（1）概述式。这是最常见、最基本的一种方式，用事实说话，简明扼要地把新闻中最重要、最新鲜的信息叙述出来，给读者一个总体印象。例如：

12月2日，北京2022年冬奥会和冬残奥会民航安全保卫工作电视电话会议召开，传达北京冬奥会工作领导小组会议和安保总指挥部相关会议精神，就全面做好冬奥民航安保实战阶段工作进行动员部署。民航局局长冯正霖出席会议并讲话，副局长吕尔学出席会议。

（2）描述式。抓住新闻中的主要事实、事件发展的高潮、某个有意义的侧面或特定场景等，进行简明生动的描写，制造现场感来吸引读者。例如：

近日，川航乘务长赵梦杨带组列队走进杭州萧山航站楼，突然发现前方有人倒地抽搐，乘务长赵梦杨扔下工作包，跑上前去。

（3）评述式。从议论入手，或把叙事和议论紧密结合，用夹叙夹议的方法对新闻事实进行简要评论，揭示事物本质，引发读者关注和共鸣。例如：

法治宣传教育是推进民航系统法治建设的长期性基础性工作。日前，为深入学习贯彻习近平法治思想，认真做好民航系统第八个五年法治宣传教育工作，进一步加大民航普法力度，民航局印发《全国民航系统法治宣传教育第八个五年规划（2021—2025）》（以下简称《规划》），持续推动民航业尊法学法守法用法，为加快民航强国建设提供有力法治保障。

4. 主体

主体是消息在导语之后、结尾之前的主干部分，要求用具体事实进一步阐述导语提出的观点和问题。

主体有两大主要功能：一是展开导语，在核心要素"何事"基础上，进一步提供"何人、何时、何地、为何、如何"等信息，为读者释疑解惑；二是深化导语，补充解释来龙去脉或前因后果，深入表现新闻事实的意义，拓宽读者视野，提升主题高度。

主体的写作要求：一是要主题突出，材料集中。消息主体涉及的内容多、篇幅长，要紧扣主题来进行选材，有些材料虽然生动感人，但与主题关系不大，要大胆割舍，以少胜多；同时，主体要很好地承接导语，根据导语的提示和引领，进行展开阐述。二是要语言洗练，曲折生动。消息简短的特点，要求它的主体部分紧凑凝练，不能臃肿；文似看山不喜平，平铺直叙不如波澜起伏，把简单的事件表现得鲜活生动，让读者有身临其境之感。三是要结构清晰，层次分明。不同题材的消息在结构安排上有不同要求，提供信息为主的消息可板块式拼接材料，而故事性较强的消息要照顾事实的连续性。

主体常见的结构方式有以下四种。

（1）倒金字塔结构。这是新闻报道的经典结构。在标题和导语部分概括新闻事实的要点，交代最核心、最重要的新闻要素，主体部分再按照重要程度递减的顺序，依次安排事实材料。这样不管从整篇消息看，还是单独看主体部分，都是重要信息前置，先重后轻，逐层递减，呈倒金字塔型。

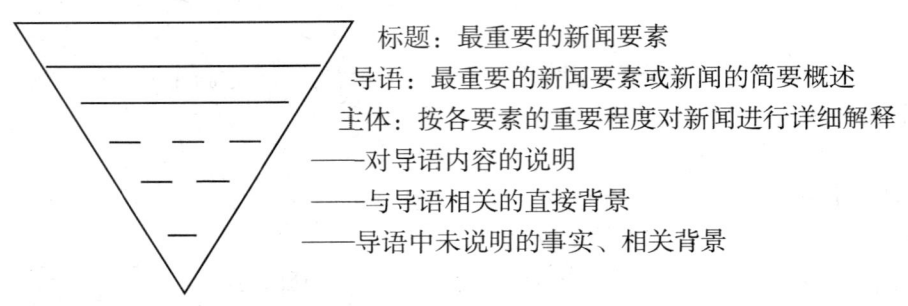

标题：最重要的新闻要素
导语：最重要的新闻要素或新闻的简要概述
主体：按各要素的重要程度对新闻进行详细解释
——对导语内容的说明
——与导语相关的直接背景
——导语中未说明的事实、相关背景

这种结构的好处是便于读者把握重点，开头就引人入胜，抓住人心，然后层层补充完善，也便于安排版面，容量不够时拿掉最后部分即可。

（2）时间顺序结构。又称"纵向结构"。主体按时间线和事情发展的先后顺序安排材料，先发生的事情先写，后发生的事情后写，这样可以反映新闻事件的大致过程和前因后果，而且故事性、现场感强，使读者有身临其境的感受。

（3）空间顺序结构。又称"横向结构"。不受事物发展和时间顺序限制，而是截取同一个时空范围不同的"点"，有序组织，连"点"成"线"，进而反映"面"上的情况，综合性地展示主题。

（4）逻辑顺序结构。按照事物的内在逻辑来安排材料，常见的逻辑关系有因果关系、递进关系、并列关系、对比关系等。

实际写作中，很多消息不限于单一结构，而是综合使用多种结构方式，比如以时间顺序安排结构的消息，在纵向叙述时也会插入一些横向材料，反映事物内部的逻辑关系。

5. 背景

消息中的背景，是新闻事实生成、存在和发展的环境、条件，是帮助人们理解新闻事实的相关材料，包括历史情况、社会环境、政治局势、自然情况、人物简历、知识材料、基本数字等。

背景是"新闻背后的新闻"，其作用在于说明新闻事实的来龙去脉、分析新闻事实与全局的关系、说明新闻事实的意义、表达作者的观点和倾向。

背景在写作上没有固定格式，可以依据实际需要巧妙穿插在文中不同位置。或插入导语中，用典型案例或与新闻事实形成对比的材料，来吸引读者注意；或紧随导语之后，用以解释关键人物、关键事物或关键词语；或分散到主体中，附着在主体的某些部分中，用以交代一些比较复杂的情况。

背景材料虽然作用很大，但并不是随便就可以达到效果，关键是使用得当。一要为主题服务，是否使用取决于新闻内容表达的需要、读者理解的需要、作者表达写作意图的需要。二要简练精当。作为新闻主体的配角和助手，位置不能太抢眼，以免喧宾夺主、过分张扬，要避免太多太长，因为这样非但不添彩，反而会成为累赘。

6. 结尾

即结束语。或选用典型材料来结尾，别开生面，深化主题；或通过揭晓导语的悬念来结尾，首尾呼应；或用少而精的议论来结尾，画龙点睛，卒章见义；或通过展示事件的动态和前景来结尾，预告趋势，引发持续关注；或通过补充相关背景来结尾，让新闻更真实可信，更耐人寻味。不管用哪种方式，消息的结尾都力求简练，尽量用三言两语完成，不重复拖沓。精彩的结尾能使主题更鲜明，内容更令人回味，整篇文章的审美价值更高。

【案例赏析】

案例1：

冯正霖在大兴机场迎接2021年最后一天航班平安归来

标题

本报讯　记者潘瑾瑜报道：2021年12月31日晚上，北京大兴国际机场的停机坪上闪烁着星星点点的亮光，与远处的万家灯火遥相辉映。民航局党组书记、局长冯正霖来到大兴机场，迎接2021年最后一天的多个航班机组人员平安归来。

讯头、导语

冯正霖迎接了国航、东航、南航、厦航、首都航的多个航班，并对航班机组人员进行慰问。"大家新年好！你们辛苦了！"当航班平稳到达大兴机场后，冯正霖面带笑容走进机舱，与机组人员一一握手，并向他们送上鲜花和礼物，感谢他们一年来对民航的辛勤付出，祝贺他们圆满完成2021年所有飞行任务，祝福大家新年快乐。"感谢民航局党组的关心，新的一年，我们会再接再厉，越飞越好！"机舱内气氛热烈，大家表示对2022年的民航发展充满希望。

主体

此外，冯正霖还慰问了坚守岗位的机务人员和地面保障人员，感谢大家一年来的敬业奉献和对民航安全发展的辛苦付出。面对冯正霖的肯定和鼓励，大家备受鼓舞，表示将继续干好本职工作，为民航强国建设贡献力量。

冯正霖说，今天的航班平安归来，意味着2021年民航业圆满收官。2021年，我们国家大事要事喜事多，中国民航的发展也整体向好。面对疫情变化，中国民航守住了安全底线，稳住了发展的基本盘。在安全方面，中国民航运用系统观念、系统方法抓安全，深入践行"三个敬畏""六个起来"，加强"三基"建设，将民航安全工作的"五个属性"融入工作实践，创造了我国运输航空持续安全飞行136个月、9 900多万小时的安全飞行纪录，度过了又一个"安全年"。与此同时，中国民航全年基础设施投资力度持续加大，建设水平不断提高，以航班正常率为牵引的服务品质稳步提升，运输生产指标较去年也有一定增长，为国家经济社会发展贡献出了民航力量。

背景

冯正霖表示，中国民航2021年所取得的成绩，离不开每一位民航人的付出和努力。面对疫情，民航人凝心聚力、团结奋进，充分体现了"为民服务孺子牛、创新发展拓荒牛、艰苦奋斗老黄牛"的"三牛"精神，展现出了中国民航发展的韧性。当前，全球疫情形势依然严峻，新的一年，希望大家继续对中国民航的未来保持坚定信心，打好"扭亏增盈"的漂亮仗，相信中国民航的明天一定会虎虎生威，更加美好。

结尾

（资料来源：《中国民航报》）

【解析】这是《中国民航报》2022年1月3日头版刊发的一条消息。标题采用单行标题形式；导语为描述式导语，用形象的场景烘托主题氛围；主体采用倒金字塔结构，按信息的重要性排序，层次清晰；新闻背景部分穿插在主体里，巧妙运用讲话的方式，介绍2021年中国民航的发展成绩和民航人的精神风貌，并自然结尾，一气呵成。

案例2：

接同胞回家！
海南航空圆满完成乌克兰撤侨航班保障任务

中国民航网 通讯员许郑妃、陈凝 报道：3月28日，本次乌克兰"包机接侨行动"的最后一个航班，搭载着183名中国同胞的海南航空HU7950布加勒斯特—福州航班顺利抵达福州机场。至此，海南航空圆满完成共4次乌克兰撤侨航班保障任务。

乌克兰紧张局势急剧升级以来，有6 000多名中国公民滞留乌克兰。为确保中国公民的安全，在党中央、国务院的统一领导下，在外交部的统筹协调下，在各部委、民航局及各地方政府的指导支持下，海南航空接到撤侨任务后，立即成立"撤侨任务临时党支部"，迅速推进各项工作，3月共计执行布加勒斯特客运包机4班次，累计运输旅客916名，运输援助物资21吨。

"我们在登机口迎接同胞们登机，可以想象，此时，小小的登机门在同胞们眼里就是一扇强大的国门，一扇温暖的家门。我们的工作再苦再累也值得！"谈到这段特殊的保障经历，海南航空客舱经理张博仍然十分激动。

鲜艳的五星红旗，指引着回家的路。为安全快速接同胞回家，海南航空各级党组织高度重视、反应迅速，召开撤侨临时党支部紧急会议，全面启动准备工作，挑选政治过硬、作风优良、责任心强、业务精湛的飞行组、乘务组和安保组执行运输任务，并安排欧洲其他航点保障人员赴布加勒斯特开展现场保障。面对疫情防控"外防输入、内防反弹"工作的压力与挑战，海南航空认真贯彻民航局决策部署，在旅客健康情况、防疫手续、人员防护、餐食保障、地面保障等细节上采取严格防疫措施，确保旅客及机组人员的安全。

为了让同胞们感受到祖国的温暖，乘务员们细心地在防护服上写上"欢迎回家"四个字，在客舱门口手举两面鲜艳的五星红旗欢迎旅客登机，还赠送了每位同胞一面小国旗，客舱内目光所及之处也张贴了国旗海报，整个客舱被温暖的中国红包围。

"亲爱的同胞们，我代表全体机组成员欢迎您乘坐本次海南航空班机。在当前特殊时期，党和政府非常关心在乌同胞的安危，当你们登上海航的飞机时，就意味着踏上了祖国的国土，不再因为战争而流离失所，不再因为动荡的社会环境而感到不安，祖国母亲永远是我们的坚强后盾，海航带你们回家！"每一班撤侨航班起飞前，机长都会通过客舱广播向同胞们送去温暖的问候。

"五星红旗迎风飘扬，胜利歌声多么响亮！……"手中有国旗，心中有力量，乘务员与旅客们一起挥舞手中的国旗，唱起了《歌唱祖国》《我和我的祖国》《红旗飘飘》等红色歌曲，许多同胞的眼眶中噙满了感动的泪水，哽咽地说道："感谢伟大祖国，感谢海航来接我们，从踏进客舱的那一刻就仿佛投入祖国母亲的怀抱，我们要回家了！"

执行撤侨航班任务的机长祝少斌表示："机组人员全程积极配合公司安排，做好随时待命准备,最终圆满完成保障任务。当我看到飞机关闭舱门即将起飞,客舱里同胞们欢呼的那一刻,我与其他机组同事们都感到非常光荣。"

无论是海外撤侨、医疗保障包机还是重要国际航班保障,海南航空时刻践行着时代赋予的责任,为海内外同胞回家之路保驾护航。未来,海南航空将坚持"党建为魂"的企业文化,持续以党建引领安全发展,高标准、严要求,积极落实控股股东辽宁方大集团提出的"经营企业一定要对政府有利、对企业有利、对员工有利、对旅客有利"企业价值观,以安全和服务为宗旨,用实际行动践行"人民航空为人民"的理念,彰显企业的责任与担当。 结尾

(资料来源:中国民航网)

【解析】这是中国民航网 2022 年 4 月 8 日报道的一则消息。标题采用双行(引题+主题)形式;导语部分属于描述式导语,后接新闻背景段,概括介绍了俄乌局势紧张以来我国从乌克兰撤侨的基本情况;主体部分采用横向结构,通过不同人物的语言行动,表达共同的光荣和兴奋的感受。主体部分也穿插了新闻背景,介绍海航对撤侨工作的高度重视和周密部署;结尾部分结合事实进行少而精的评论,进一步升华主题。

【注意事项】

1. 语言要简约概括

用尽可能少的文字简要概括地反映新闻事实,这是消息与其他新闻体裁的本质区别。选择最具代表性的材料,概括回答读者最感兴趣的问题。

2. 内容要真实客观

消息是对新闻事实的客观报道,讲求用事实说话,注重发挥事实的效力,因此不提倡在文中直接抒情或议论,一般不用第一人称来叙述,也不夹杂个人观点等主观内容。

3. 结构要短小精悍

消息的写作要求言简意赅,结构清朗,一气呵成。消息在结构上的独特性,除了讯头这个标志性成分,还体现在前述的倒金字塔结构。标题用一句话报道事实,起到索引作用;导语呈现事件结果和精要部分,补充标题,吸引读者;主体展开事实,补充导语,打开包袱,展现更多细节和信息。

【拓展训练】

一、选择题

1. 消息写作中常说的"五个 W、一个 H"是指( )。

A. Why　　　B. What　　　C. How　　　D. Which　　　E. When
F. Where　　G. Who　　　H. Whose

2. 从外在形式上看,消息一般包括( )等组成部分。

A. 标题　　　B. 主题　　　C. 主体　　　D. 导语　　　E. 结构
F. 结尾　　　G. 讯头　　　H. 背景　　　I. 细节

二、判断题（正确的打"√"，错误的打"×"）

1. 新闻的真实性，就是新闻必须反映客观事实的原貌，真实性是新闻存在的基本条件，也是新闻传媒必须遵守的原则。（　　）

2. 讯头不是消息这一新闻体裁所独有的。（　　）

3. 常见的导语类型有：概述式，描述式，评述式。（　　）

三、请将本章节案例 1 的消息改写成一篇 100 字左右的简讯

四、请完成本章节的任务签派

知识链接：新闻与新闻报道

新闻，就是新近发生的事情，或是正在发生、将要发生的事情。

新闻报道，就是报道新闻的行为，或报道新闻的作品（如消息、通讯）。

新闻报道与小说、日记、日志等有明显区别。小说可以虚构想象，新闻报道必须真实、新鲜。日记的内容和形式随意性很强，是私人化写作，一般不对外传播。日志是公开的个人日记或工作记录。新闻报道是规范严格的公共写作，要求准确、通顺、逻辑严密，站在社会公众立场去表达，目的是广泛传播。

新闻报道是文字的艺术。虽然信息技术发展使传播媒体更加多样化，但只有用文字将这些信息元素整合串联起来，媒体才有效。没有文字的新闻是没有意义的。

新闻报道是功能最强大、信息传播最迅捷的写作方式。它使事实成为便于传播的主体，也使受众大规模接收信息成为可能。

新闻报道是受限制的"不自由"的写作。它忠于事实，不能随意捏造，也不能写大家都已经知道的事情。

新闻报道是主观与客观之间的桥梁。记者通过采访或目击，对事件形成认识，再凭记忆等进行写作，通过文字进入读者的思维，期间经过了客观—主观—客观—主观的一系列过程。

第二节　通讯

【任务签派】

追踪近期校园热点，采访一位重要相关人物，写一篇人物通讯。

【任务解读】

通讯是与消息相比更详细、生动的新闻体裁。具体而言，通讯是运用叙述、议论、描写、抒情等多种表达方式，具体、生动、形象地反映新闻事件或典型人物的新闻体裁。

作为主要新闻体裁之一，通讯的主要特点表现为四个方面。

一是新闻性。即具有新闻价值，必须真实、新鲜、具有时效性。这是所有新闻体裁的基本要求。和消息相比，通讯的时效性稍弱，但体裁的重要性和显著性更突出。

二是生动性。与消息的平面叙述相比，通讯多用描写、抒情的表达方式，通过比喻、拟人等修辞手法，使人物和事件更加形象生动，增添立体感、现场感，具有一定的文学色彩。

三是完整性。通讯是消息的深入和补充，要详细展示人物、事件、现象、经验教训、风土人情的具体情况，力求详尽地反映事件的全过程，演绎人物命运，常常描写细节和场面，信息量比消息大很多。

四是评论性。通讯可用夹叙夹议的方法，对人和事做出直接评论，在报道人物和事件的同时，揭示客观事实的思想意义，也表露作者的感情和倾向。

根据报道对象，民航业内常见通讯可分为以下四种。

1. 人物通讯

人物通讯即以报道新闻人物事迹和形象为主的通讯，通过报道人物的思想言行和事迹，揭示其精神境界，以达到教育群众的目的。如《高温下的"飞机医生"：排气口达127℃》，报道了杭州萧山国际机场机务维修保障部机务员郑健，冒着高温，逐项给飞机做快速全身"体检"，确保乘客安全的先进事迹，以弘扬他始终将民航安全放在第一位，认真履职尽责的职业操守与奋斗精神。

2. 事件通讯

事件通讯即以记事为主，报道现实生活中带有倾向性和典型性的事件发生、发展过程的通讯，如《×航凌燕乘务组优雅服务送政协委员进京》。

3. 工作通讯

工作通讯即报道先进工作经验、某项工作成就的通讯，通过对工作的典型剖析，概括出具有规律性的东西，以指导全局工作，如《××航空河北分公司圆满完成2022年春运保障工作》。

4. 风貌通讯

风貌通讯又称"概貌通讯"，主要报道某一机场、某一航司或某一民航领域的发展变化、文化状况或进行某一活动的基本风貌，如《×航空乘：青春热情创优质服务》。

【任务导航】

通讯通常由标题、正文两大部分组成。

1. 标题

通讯的标题写法与消息类似。常见形式有两种。

一是单行标题。如《没有挡风玻璃的飞行》。

二是多行标题。如《以生命的名义捍卫最高职责——记四川航空"中国民航英雄机长"刘传健》，其主标题是对通讯内容的高度概括和说明，副标题位于主标题之后，是对主标题的补充和注释。

2. 正文

通讯的正文包括开头、主体、结尾三个部分。

（1）开头。用以开启读者思路、寻找叙述起点、预述主题、展示文风。

通讯的开头部分没有相对固定的格式，或描写关键情节，或刻画人物，或交代背景和最新动态，或引经据典，或制造悬念，多姿多彩、不拘一格。

从写法上看，可分为两种。

一是直起式。即开门见山叙述其人其事，直接抒发感情，直接发表见解。

一是侧起式。即利用铺垫，先讲故事或引述名言，远远说起，娓娓道来，在适当的时候转入正题。

（2）主体。常见结构方式有以下三种。

一是纵式结构。以时间的推移来划分和安排层次，在通讯中最常见。其时间顺序非常清晰，大多用于叙述人物经历或事实发生、发展的全过程，让读者了解来龙去脉。纵式结构一般用来叙述单线条的事件，适用于报道有中心事件、中心故事、中心人物的事实，如小故事、事件通讯等。

二是横式结构。用空间的转换来划分层次、安排材料。各个空间之间是一种横向的集合，写作时以主题为圆心来串联不同空间的事实，形成一个整体。它适用于那些场面宏大，但没有中心事件的新闻事实，如工作通讯。

三是纵横交错式结构。以时空交叉式的结构形态，将那些既有时间推移，又有空间变换，时间复杂、人物场景众多的内容，在写作时通过时空转换精密地组织起来，让整篇通讯虽然头绪繁多，但穿插自然，杂而不乱。

不同类别的通讯，主体内容的写法侧重点略有不同。

①人物通讯。人物通讯所报道的人物，通常是各条战线上的先进人物，或人们普遍关注的社会名流。常以人物的新近行动，来表现其性格品质、精神风貌，揭示时代特征，感染和教育读者。

人物通讯的写作常有两条线：一条是"过程线"，即人物生活经历或事件发展过程，是事物的表面；一条是"思想线"，即作者提炼出的主题，贯穿在典型事迹中，反映事物的本质意义。

写人物通讯要注意几点：一要着重揭示人物的精神境界，事迹是为表现人物的精神服务的，这也是通讯具有可信性和感染力的根本；二要把人物放到具体环境中刻画，让人物处在与自然、社会和自我的矛盾中，充分展示人物在这些矛盾中的行为和思想；三要写出人物的个性，通过外貌神态、动作行为、特征语言来显示人物个性。

②事件通讯。事件通讯报道的是典型的、有普遍教育作用的新闻事件，写事离不开写人，但不是着力刻画人，而是以事件为中心，为了写事而写人，人物和事件相互依存。所写事件可大可小，过程可生动也可平缓，取决于事件本身的状态，可以是现实生活中发生的重大、振奋人心的典型突出事件，也可以是从某个新闻事件中截取一个或几个片段进行详细描述，还可以是若干事件的综述。

事件通讯的写作要点：一是叙事要清楚，"5W"和"1H"的新闻要素都必不可少。二是叙事要讲技巧，时空安排上，可以按事件原始顺序，也可以有倒叙、插叙；情节发展上，可以有意安排曲折、断续来增强生动性；关键场面上，可以捕捉事件的戏剧性情景来展示，强化矛盾冲突，使整个事件更有吸引力。

③工作通讯。工作通讯反映各行各业工作中的新情况、新办法、新经验、新矛盾或新趋势。报道的目的：一是展示各项工作中的成功经验，发现和提炼新思想、新观念；二是反映工作中的问题和教训，揭示其中带有普遍意义的内涵，引起社会关注和推进；三是找出工作的热点和难点，剖析原因，探寻解决方案。

工作通讯写作要求：一要对象抓得准，要选取典型事实、现象和问题，从全局高度，有现实针对性；二要分析深刻，经验和教训都要写出思想深度；三要虚实结合，既有具体形象的叙述性语言，也有一定的评论色彩。

④风貌通讯。风貌通讯是以反映社会生活、风土人情、自然风光和日新月异的建设成就为主的报道。这类通讯不是围绕一个人物或一个中心事件来写的，也不要求叙述一件事情的完整过程，而是围绕主题来集中反映各方面的风貌和特色。表达方式上，常用具体事例来叙述和描写一个地区、一条战线、一个单位、一个点、一个方面的风貌变化，以展现时代步伐和人们思想境界的变化。

风貌通讯的写作技巧：一要处理好"点""面"关系，写出事情的全貌，全景式的介绍与精彩片段相结合，增强报道对象的质感，形成立体化的认识；二要抓住特点写见闻，通过对比衬托，形成新旧反差，重点放在"新"上，展示事物变化过程，进而体现出历史感和深度；三要注意人、事、情与景的交织，写风光景物也离不开写人写事，将几个元素充分融合，将作者丰富的情感寄寓其中，营造出和谐氛围，让风貌通讯富有社会意义。

（3）结尾。通讯的结尾具有强调主题、引发思考、抒发情怀的功能。

在表现手法上，或自然收束，即前面的信息叙述完毕后，自然而然地结束，不增加其他信息；或卒章显志，用一两句话画龙点睛，篇末点题；或补上一笔，针对前文涉及的事件，介绍最新消息或介绍另一事件；或呼应开头，介绍开头内容的结果和影响；或引述人言，用一个人物的几句话结束全文；或揭开悬念，前文为制造悬念而隐藏关键信息，结尾揭开谜底等等，形式多样，不一而足。

【案例赏析】

案例1：

没有挡风玻璃的飞行

2018年5月14日，本是平常的一天。

可是，一件不寻常的事情却让这一天牵动着全国人民的心。

四川航空公司一架编号为B6419的空客A319飞机执行重庆-拉萨的3U8633航班任务时，驾驶舱右座前风挡玻璃意外破裂脱落，机组实施紧急备降。

34分钟惊心动魄的全手动备降过程，注定让这段飞行成为中国民航史上一次"史诗级"的飞行。

"砰"一声
驾驶舱右边玻璃碎了

5月14日，川航3U8633航班在执行重庆-拉萨飞行任务时，于6时26分，由重庆江北机场起飞。西南空管部门的信息记录显示，6时42分，该机进入成都区域，管制员雷达识别并建立双向通信，当时飞机的飞行高度为9 800米。

北京时间7时08分，"砰"的一声，坐在驾驶舱左侧的责任机长刘传健和副驾驶徐瑞辰同时发现驾驶舱右边玻璃碎了。这时候，驾驶舱的仪表盘上开始闪烁各种各样的预警信息。

标题
正文
开头

刘传健来不及与徐瑞辰沟通，抓起话筒向地面管制部门发出"风挡裂了，我们决定备降成都"的信息。同时，刘传健弯曲右手食指，给徐瑞辰做了一个"7"的手势，意思是让他发出一个A7700遇险的信号。话音未落，一秒钟不到，驾驶舱的玻璃就被全部吸出窗外。

破碎的玻璃向外四散，徐瑞辰不幸被玻璃碎片划伤面部和手。因为舱内外的压力差，系紧了安全带的徐瑞辰的半个身体依然被吸出舱外。这时，外面的风瞬间灌入驾驶舱，控制着自动驾驶的FCU（飞行控制组件）面板也被吹翻，导致许多飞行仪表不能正常使用，整架飞机开始剧烈抖动，情况十分危急。

刘传健用左手努力握着操纵杆，尽力维持飞机的姿态，右手别扭地去拿位于左侧的氧气面罩。那一瞬间，他觉得全世界都安静了，感觉不到寒冷，听不见风声，来不及意识到缺氧窒息，就好像世界都静止了。刘传健被一种压力推着，整个人靠在座位上。

刘传健说："这条航线我飞了上百次，对不同时间飞机所处的位置和情况是非常有把控的。出现这样的特情，我没有别的选择，只能备降。风挡玻璃破裂后，我发现操纵杆还能用，就立刻做出备降的决定，对结果我是很有信心的。"

这时候，西南空管局的管制员从雷达屏幕上看到，飞机已经进入青藏高原山区。当班管制员罗天宇当即指挥该机右转先下降到8 400米保持，避免撞山。

指令发出后，罗天宇一直没有听到机组复诵指令，仅从波道里听到噪声。罗天宇意识到情况不对，再次发指令让飞机右转，但是仍未收到回复，罗天宇开始有些紧张。

随即，雷达监控显示，飞机已经开始左转，进而突破8 400米指令高度继续下降。管制员不间断地在所有频率呼叫该机，仍无应答，随即迅速做出四种推测：飞机通信故障、机上出现非法干扰、座舱释压、机组错误操作。

部分仪表还能用
靠手动飞行艰难下降

风挡玻璃破裂后不到一分钟，第二机长梁鹏立刻进入驾驶舱，坐在刘传健和徐瑞辰身后，第一时间接管了副驾驶的全部工作。由于无法自动驾驶，参考着仅有的PFD（主飞行显示）数据和ND（导航显示）数据，依靠备用仪表的数据，机组开始了艰难的手动驾驶。刘传健负责驾驶飞机，梁鹏则担负起副驾驶的职责，一边为他导航，一边不停地跟地面进行各种通话信息的盲发。7时24分，梁鹏不断向地面管制部门发出"MAYDAY，我在崇州盘旋"和"MAYDAY，座舱释压"的遇险信息。但由于设备损坏再加上风噪，他们从耳机里听不到任何声音，无法与地面建立正常双向联系。

刘传健说："整个下降过程最困难的环节是当我们面临缺氧、寒冷的极端环境时，一方面希望这架飞机尽快下降到更低的高度，另一方面又担心过程中飞机前进速度的增加导致飞机所承受的冲击力太大，机组安全无法保障。"在没有风挡玻璃的情况下，为了保障机组安全，刘传健选择了一个适中的速度，忍受着寒冷、座舱释压等恶劣的条件，艰难地下降。

这时候，驾驶舱的温度只有零下40摄氏度左右。飞行员穿着短袖艰难地驾驶着飞机。冻僵的身体让刘传健对飞机的操控变得更加艰难，梁鹏在后排一边为刘传健和徐瑞辰按摩，帮助他们缓解身体的寒冷，一边不时拍拍他们的肩膀，用手势鼓励他们。客舱内，由于客舱释压，位于旅客座位上方的氧气面罩全部脱落。乘务长毕楠带领全体乘务人员一边安抚旅客情绪，一边向大家喊着："不要惊慌，相信机组，我们一定能带大家安全着陆。"毕楠说，那个时候，她来不及害怕，一心只想着专业流程。

从9800米下降到6600米，再下降到3900米，直到最后落地，这短短的34分钟，整个机组经历了人生中最漫长、最艰难的时刻。刘传健说："当我们飞到崇州上空时，就能看见地面了，虽然当时的飞行速度依然很快，大概保持在400~500公里/小时，整个人的面部感觉都被风吹变形了，但这时候我的心里就踏实多了。到接近地面开始建立02R盲降、准备落地的时候，我就感觉更加自信了。当时的飞行速度在300公里/小时左右，温度升高了，飞机也不怎么抖了。慢慢地看见了跑道，我就更加确定，一定能安全驾驶飞机着陆。"

各部门通力协作
为飞机成功备降做好支撑

7时10分，西南空管局雷达显示3U8633航班出现航空器遇险代码（A7700），全体值班管制员立即进入紧急工作状态。塔台当日带班主任徐智文告诉记者，A7700意味着飞机遇险，情况紧急，急需空管的帮助和服务，提供一切必需的支援，满足机上人员安全及安全落地的需求。

面对如此紧急的情况，值班管制员立即指挥空中6架飞机紧急避让，同时协调军方配合特情处置，为3U8633航班提供最优的空域环境。

在成都双流机场，跑道外的8架飞机在空管的指挥下立即停止起飞，停机坪上的15架飞机停止推出。

7时42分，3U8633在02R跑道安全落地。

7时45分，塔台与机组建立联系，及时了解飞机受损和人员受伤情况，迅速通知有关部门实施救援，有序保障地面救援车辆运行。

在民航各保障单位的密切配合下，机组正确处置，飞机安全备降成都双流机场，所有旅客有序下机并得到妥善安排。备降期间右座副驾驶面部划伤、腰部扭伤，一名乘务员在下降过程中受轻伤。随后，川航立即协助旅客安排后续出行，并开展相关后续保障工作。

接到该航班紧急备降信息后，民航西南地区管理局领导立即带领相关部门赶赴现场，会同民航四川监管局开展现场勘查、证据固定、当事人访谈等一系列调查工作，并将初步情况速报民航局。当日下午民航局调查组到达后，再次进行了现场勘查，根据初步掌握的情况，研究制定了调查工作方案。

民航西南局及时向辖区民航单位发出通知，通报事件情况，提出了针对性工作要求。当晚，西南局局长蒋文学前往医院看望慰问了受伤机组成员，向机组转达了民航局领导对这次突发事件成功处置的高度肯定。

5月15日，民航局在对此次事件的通报中，再一次对当事机组给予高度评价，认为在这次重大突发事件中，机组临危不乱、果断应对、正确处置，避免了一场灾难的发生，反映出高超的技术水平和职业素养，弘扬了忠诚担当的政治品格、严谨科学的专业精神、团结协作的工作作风、敬业奉献的职业操守这一当代民航精神，是对民航局近年来抓基层、打基础、苦练基本功和提升应急能力建设成效的一次重大检验。

目前，本着全面、深入、独立的调查原则，民航局调查组正在对这次事件，分综合安全、飞行运行、适航、空管、客舱安全和应急生存等专业进行调查。

（资料来源：《中国民航报》）

【解析】这篇 2018 年 5 月刊登在《中国民航报》上的事件通讯，报道了"2018 交通运输十大新闻"之一，2019 年获得了第二十九届"中国新闻奖"三等奖。标题采用单行形式，形象点明核心事件；主体部分采用纵横交错式结构，前几段像简讯一样讲述了事件概况，然后截取事件发展过程中的三个关键节点，在每一处又从不同角度对机组人员、空管部门、机场、局方的应急处置做了详细报道，准确还原了事件的全过程，以及结局和影响；结尾处简要交代事件发展动态。整篇通讯因新闻性强、时效性强、感染力强，取得了很大的社会反响和非常正面的社会效果。

案例 2：

以生命的名义捍卫最高职责
——记四川航空"中国民航英雄机长"刘传健

9 月 30 日 17 时左右，四川航空"中国民航英雄机组"全体成员正等待着接受习近平总书记的会见。站在人民大会堂福建厅门外的刘传健心里既兴奋又紧张。他低头又整理了一番身上的白衬衫，脚下的地毯软绵绵的，踩不出一丝声音。他抬起头来，看了看另外 8 名机组成员：在明亮的灯光下，他们的表情同样绷得紧紧的。光荣的时刻，激动的心情。

大门轻轻地打开了。豁然开朗的一刹那，5 月 14 日早晨，没有风挡玻璃的驾驶舱里，生死边缘的 34 分钟浓缩成一个白影，从刘传健的意识深处浮起、闪过。

"用百分之百的努力对付万分之一的隐患"

"'机长'两个简单的字，所肩负的责任重如泰山，唯有经过千锤百炼才能铸成。作为一名机长，必须用百分之百的努力去对付万分之一的隐患。"当记者问起"机长"这个身份意味着什么时，刘传健说出了这句话，每个字都铿锵有力，让人马上联想到重锤敲打生铁的画面。

在刘传健身上，这一锤一锤的敲打，从 20 世纪 90 年代初，他成为空军第二飞行学院的学员时便开始了。当年，空军飞行学员的招收条件十分严格，学员们无不是千里挑一，但即便如此，仍然有超过百分之七十的淘汰率，并且采取的是末位淘汰机制。在这种环境下，刘传健养成了一刻不放松的习惯。顺利毕业成为空军飞行教员后，他又将这种好习惯以身作则地传递给学员。

2006 年，刘传健从军队转业到四川航空，身份转变成一名民航飞行员。"以前飞的是战斗机，追求的是灵活机动；现在要飞民航客机，必须将安全摆在首位。两者的理念完全不同。"尽管已经当了 11 年的空军飞行教员，进入民航后，刘传健还是需要在很多方面完善、转变，需要从零开始，但不变的是他对自己百分之百的严格要求。

"民航是一个知识更新换代很快的行业，作为机长需要不断充电。"在刘传健卧室的案头，始终摆放着与航空相关的书籍，临睡前翻看学习，是他十数年如一日养成的习惯。若是碰上了与飞行相关的问题和疑惑，刘传健更是会展现出一股非弄清楚不可的劲头。

5月14日早晨，坐在3U8633航班驾驶室里的刘传健曾给另一位机长蒋健发出一条信息，上面写着："逃生绳长度：5.5米。"原来，前一天同飞航班时，两人讨论到高原飞行逃生绳的长度，谁都说不准。"我心里老是惦记着这件事，第二天上飞机就翻开手册查了查。"刘传健告诉记者："贝壳，单个看过去似乎不怎么样，但是把它们串到一块儿，就会很美。对于飞行员来说也是这样，不起眼的基本功和基础知识，一点点积累起来就等于过硬的飞行技术。"

在刘传健看来，除了过硬的飞行技术之外，一名合格的机长还必须具备三项特质："首先是严谨，机长的字典里不能有'随意'两个字，要比规章和制度更严格要求自己；其次是慎独，机长是一架航班上的绝对权力，这就要求机长在没有人监督的情况下，更要按照规章去做，不能疏忽；最后是担当，要把保障旅客的安全作为义不容辞的责任。"

"以前在部队的时候，只要战斗机的轰鸣声一起，整座家属院就寂静了，所有人都提心吊胆。这样的情景我永远都忘不掉。它随时提醒我，每个生命背后都承载着巨大的意义，保障旅客的安全是我的职责所在。"刘传健说。

严谨、慎独、担当——这三项特质已经深入到刘传健的骨髓里，甚至延伸到了生活中。

看过刘传健下厨做饭的朋友都会感慨万分，他仿佛将厨房当作驾驶舱，灶台必须始终保持井井有条的状态，做饭的每个环节则必须按照程序有条不紊地进行，绝不手忙脚乱。一桌菜做好了，厨房里好像什么都没有发生过。

即使是在休息时间，朋友们也很难约刘传健出来，因为他总是更愿意把这些时间用来锻炼身体。"不抽烟、不喝酒、不熬夜"是他在朋友圈里众所周知的标签。

在妻子邹函眼里，工作中的刘传健是一架航班的主心骨，生活中的刘传健则是一个家庭的顶梁柱。虽然工作占据了刘传健绝大部分的时间，但是家庭里的一些重活儿和重大事项都由他一手包办。

正因为如此，5月14日那天，邹函看到新闻后，发了这样一条朋友圈说："一看是我刘教员的航班，吓得我紧张了3分钟！再一想我刘教员技高人心细，肯定没问题！"

"再坚持一下，再完美一点"

"后来在模拟机上对'5·14'事件进行了许多次模拟，每一次的结果都是坠机。大家都感到很震惊，问我当时究竟是如何做到的。现在想起来，其实就是做到了两件事：再坚持一下，再完美一点。"刘传健说。

近万米高空，每小时八百公里的速度，风挡玻璃破裂的那一刹那，驾驶舱释压，副驾驶半个身子被吸出了窗外。强风和巨大的噪声袭来，整架飞机在剧烈地抖动，而刘传健的脸和耳膜同时有撕裂感。

"恐惧可能在我的意识中占据了两三秒，心里面喊着完了，完了。恢复清醒后，我发现操纵杆还能用，但是仪表大部分已经不能显示了。"在那一刻，刘传健仿佛回到了驾驶战斗机的时候，必须完全依靠手动操纵飞机备降。

飞机此时正处在青藏高原的边缘，底下崇山峻岭清晰可见，要把飞机飞出高原才能下降高度。这意味着飞机还要在7 000米左右的高空停留一段时间，而刘传健必须在低温、缺氧的环境中坚持一段时间。

在后来的调查过程中，事件调查组判断，在当时的环境中坚持那么长时间，正常人势必失去意识。但刘传健却能将自己的每一个操作步骤完整而准确地还原，说明他当时处于十分清醒的状态，令人不可思议。

"我想，靠的应该是顽强的意志力吧。"刘传健对记者说。看似简单的一个词，背后凝结着多少日积月累、持之以恒的努力。

在当兵的时候，刘传健必须在北方早晨零下二三十摄氏度的严寒中，身穿短裤、背心跑一万米。在这种挑战生理极限的时刻，刘传健总是在心里不断地告诉自己：坚持一下，再坚持一下！"后来无论做什么困难的事情，我都会这样自我暗示，意志力就是在这'再坚持一下'之中锻炼出来的。"刘传健说。

危急之时戴不上氧气面罩，刘传健之所以能在缺氧的环境中保持清醒状态，是因为他常常以憋气的方式锻炼自己的意志力，最长的时候能憋4分钟。有时候，刘传健会让妻子捏住自己的鼻子，而他则三四分钟不出气，如同昏迷过去，妻子会赶紧"推醒"他。

顽强的意志力让刘传健克服了极端艰险的驾驶舱环境，但是没有仪表显示就没了飞行参照，他面临着更严峻的挑战。

"第二机长告诉我，客舱里的旅客是安全的，我一下就比较兴奋了，觉得今天一定要把他们送回去。在当时的情况下，我只能用基本的飞行方法操纵，那么就必须把每个细节都做好、做到完美，从而有机会成功备降。"刘传健在说这段话时，眼神中透露出坚定与自信。

5秒钟，是刘传健闭着眼睛从家里客厅的沙发走到卧室的时间，其间他能够不碰任何物体。这里面没有什么秘诀，全靠一次次试验。在几十年的飞行生涯中，刘传健也是靠着一点点积累、一遍遍琢磨、一次次总结，不断夯实自己的基本功。

凭什么做到完美？记者想起了欧阳修那篇著名的《卖油翁》——"我亦无他，唯手熟尔。"

继续做一名平凡的飞行员

"5·14"事件过去的这半年，妻子邹函发现，从前那个脸上总有笑容、幽默地自我调侃"头发少是因为高空风大"的刘教员，现在会莫名其妙得沉默寡言。

"经历了一场生与死的搏斗，觉得自己像生了一场大病，身体处于虚弱的状态。"而梦魇也不知不觉地钻进了刘传健的意识深处，总在不经意间蹿出来，让他的情绪不稳定，常常会突然感到低落、不安。记者也注意到，刘传健在采访过程中聊起那惊心动魄的30多分钟时，声音带着轻微的颤抖。"每次回忆'5·14'当天的情形，心里其实是很不舒服的。"刘传健说。

"但是飞了二十几年，对飞行已经有感情了吧？"记者问。

"不是有感情，而是有很深的感情！所以，即使经历了极端的险情，我还是要继续我的飞行员生涯。"刘传健答道。

这半年里，刘传健把主要精力放在了三件事上：身体恢复、心理疏导和技术培训。而刘传健并不是一个人与创伤"战斗"："一家人都在努力，他们理解、包容我的异常行为。我在家里恢复、学习的时候,他们大气不敢出,连2岁的女儿也不敢哭闹,生怕影响我。"

8月,经过公司的推荐,刘传健通过了清华大学经济管理学院的面试,正式被录取为航空管理项目研究生。从11月开始,他将每月到清华大学上几天课,整个学习将维持一年半。

"那么现在回过头去看,'5·14'事件对你意味着什么呢?"记者问。

"创造奇迹的不是一个人、一瞬间,而是一群人和一辈子。我只是履行了自己的职责。"刘传健回答。

在这半年里,有陌生人给他发短信,表达感谢与崇敬之情;邻居们惊喜地发现,原来英雄就在身边;其他航空公司的飞行员把他拉进微信群,让他传授飞行经验……尽管刘传健并不觉得自己完成了多么伟大的使命,但是他很欣喜地看到事件所带来的正能量。"平时一点一滴的积累,对飞行基本功的锤炼,飞行作风的养成,在关键时刻派上了用场,这让我很欣慰,希望能在行业产生积极的影响。"

"希望你们继续努力,一个航班一个航班地盯,一个环节一个环节地抓,为实现民航强国目标、为实现中华民族伟大复兴再立新功。"刘传健一字一句地向记者复述习近平总书记对他们的要求。 结尾

伟大出自平凡,英雄来自人民。9月30日那个意义非凡的下午,站在总书记身旁的刘传健,更加坚定了继续做一名平凡飞行员的决心。

(资料来源:《中国民航报》)

【解析】这是2018年10月1日《中国民航报》的头版刊发的一篇人物通讯。与案例1涉及相同事件、相同主人公,但报道角度不同。标题采用"主标题+副标题"的双行标题;正文从光荣的时刻写起,然后用三个小标题引领我们认识这位"英雄机长",平时磨炼出"努力、完美、平凡"的品质,才能在生死关头临危不乱、正确应对,表现出非凡的英雄行为;结尾用领导的评价来升华主题。

【注意事项】

1. 主题要鲜明正确

通讯的主题是作者从素材中提炼概括出的事实意义和写作意图,是作者通过事实想说的话,是通讯的灵魂。主题是评价通讯的首要标准。主题是否正确、深刻、思想意义和指导作用大不大,直接决定一篇通讯的质量高低、价值大小。通讯在提炼主题时,除了"正确、鲜明、新颖、深刻"这些基本要求,还要强调两点:一是真实性,主题虽是主客观的统一,但首先要符合客观事物的本质特征,不能随意拔高或贬低;二是时代感,通讯要反映客观事物的内在规律,就要从全局的、历史的、关照人性的角度,体现具有时代特色的社会人文意义。

2. 材料要典型突出

通讯要想具备说服力和吸引力,在材料的选择上要注意两点:一要甄选典型,材料的典型性就是代表性,既要突出,比一般事实材料更有特点、有独到之处,又要普遍,不是社会中的个别现象,而是普遍存在的;二要紧扣主题,确定主题后,选材就像用石子铺路一样,所有材

料都必须为表现这一主题服务，不能与主题错位，不能表现其他主题，并且若干材料之间要有一定逻辑关系。

3. 行文要点面结合

骨干性材料要事实过程完整，意义突出，代表性强，起支撑主题的作用，重在表现一个点；细节性材料通常为完整的或片段式的事实情节、语言情节、人物或场景特写，起感染作用，也是突出表现一个点；一般叙述性材料为对人物、事件、风貌的背景和现状的介绍，是为主题搭建事实框架的，主要表现一个面。写作时，要注意三类材料的有机配合使用，做到点面结合，使整篇通讯充实饱满。

【拓展训练】

一、选择题

1. 根据报道对象，通讯可分为（　　）等。
A. 人物通讯　　B. 事件通讯　　C. 专访　　D. 特写　　E. 工作通讯
F. 风貌通讯

2. 通讯的主题除了（　　）这些基本要求，还要强调（　　）。
A. 深刻　　B. 正确　　C. 真实性　　D. 新颖　　E. 鲜明
F. 时代感

3. 通讯的材料根据表现主题的作用，可以分为（　　）。
A. 骨干性材料　　B. 细节性材料　　C. 一般叙述性材料
D. 事实情节　　E. 语言情节　　F. 场景特写

二、判断题（正确的打"√"，错误的打"×"）

1. 一般来讲，通讯比消息的篇幅短，时效性更强。（　　）
2. 通讯和消息一样，有相对固定的开头格式。（　　）
3. 通讯主体的结构方式有纵式结构、横式结构、纵横交错式结构等。（　　）

三、请完成本章节的任务签派

✈ 知识链接：通讯与消息的区别

1. 题材上：消息选材范围广泛，有一定新闻价值的事实都可以报道；通讯选材较严，只报道有意义的、人们普遍关注的、比较重要的事实。

2. 内容上：消息是只作简要概括的报道；通讯不仅告知发生何事，还交代来龙去脉、前因后果、人物思想等相关情况。

3. 结构上：消息的导语、主体、结尾、背景材料等部分，可以简略到只有标题，但格式相对固定；通讯的要素必须完整，但结构方式可以灵活多变。

4. 表达方式上：消息以叙述为主；通讯则是描写、议论、抒情等多种方式综合运用。

5. 语言上：消息要求简单明了；通讯要求详细、生动。

6. 时效性上：消息要争分夺秒；通讯稍逊，常在消息之后发布。
7. 社会功能上：消息是为了将信息迅速告知；通讯还具有很高的审美功能。

第三节　专题活动策划书

【任务签派】

为认真贯彻 2022 年全国民航工作会议、航空安全工作会议精神，进一步加强新时代民航行业安全文化建设，深刻认识和把握民航安全工作"五个属性"中的"文化属性"，4 月 13 日，民航局下发通知，面向民航各领域从业人员开展"新时代民航安全文化"主题征文活动。

此次征集范围是民航各领域从业人员关于党的十八大以来本领域、本单位、本专业、本岗位以及全行业安全文化建设的理论研究、经验总结、实践创新以及相关思考。文章选题需与本人所从事研究领域、工作领域实际相关，或是与民航行业安全文化密切有关，字数控制在 2 000~5 000 字。每人限提交文章 1 篇，且为独立完成。参评文章需经本单位统一汇总上报发至邮箱：mj_li@caac.gov.cn，报送截止日期为 2022 年 8 月 30 日。民航局安委会办公室将组织有关安全文化专家评选优秀文章，分别评选出特等奖、一二三等奖和优秀奖若干，颁发或寄发获奖证书，并对各单位报送情况、文章获奖情况进行总结通报。获奖文章将在《中国民航报》有关专栏和《航空安全》杂志发表，行业主媒体微信公众号、"航空安全信息系统"等平台同步推发。活动结束后，将对征集到的获奖文章进行进一步整理，选取汇编部分优秀文章，编印成书，并视情刊印杂志专刊，作为行业学习宣教资料供各单位交流、借鉴。

请根据上述材料，拟写一份专题活动策划书。

【任务解读】

专题活动策划书是为开展某一特定活动而预先做出设想和安排的应用文书，又称"专题活动方案"。

专题活动是指单位或社团为达到预定目的，在特定时间、特定场合、针对特定群体开展的活动。它涉及的范围较广，如商业营销、公益慈善、节庆、竞赛、会议等。成功的策划可使专题活动有声有色，取得圆满成功，进而加强与特定公众的联系，扩大组织的社会影响，实现经济效益和社会效益双丰收。

专题活动策划书具备三个显著特点：一是目的性。一份活动策划书是围绕某一项复杂活动如何开展而做的全面周密的规划，所有内容紧紧围绕活动主题，目的性极强。二是时效性。策划在先，实施在后，活动策划具有较强的时间要求，错过时机就失去了意义，并且要有一定的前瞻性。三是可行性。方案的各项安排要符合实际条件，具体可操作，同时对不确定性因素有足够的预判和应对措施。

按活动形式，民航业内常见的专题活动策划书可分为以下四类。

1. 会议型专题活动策划书

其主要包括新闻发布会、研讨会、洽谈会、交流会、鉴定会和培训类等活动策划，如《"真情服务　爱满蓝天"客舱服务研讨活动方案》。

2. 庆典型活动策划书

其主要包括奠基礼、落成典礼、周年庆典、开业典礼、颁奖典礼、庆功会、庆祝重大节日等活动策划，如《"潮起海之南 逐梦自贸港"27周年庆主题航班活动策划书》。

3. 展示型活动策划书

其主要包括展览会、展销会、申办活动、促销活动、电影会等活动策划，如《第八届上海国际航空服务产业展览会策划书》。

4. 组合型活动策划书

这是指集各种活动形式为一体的系列活动策划书，比如活动内容中既有展览会，又有研讨会，同时又有周年庆典。

不同形式的专题活动，在组织形式和构思等方面各有侧重。比如，会议型活动，侧重对会议环境和会议效率的构思；庆典型活动侧重对喜庆氛围的构思；展示型活动则侧重视觉传播的效果。

【任务导航】

专题活动策划书一般由标题、正文、落款三部分组成。

1. 标题

在标题中说明本次活动的主题，通常有两种形式。

一是公文式标题。常由"单位名称+活动内容+文种"构成，如《深圳航空2022年"欢欢喜喜辞旧岁，虎虎生威贺新年"主题航班活动策划书》。

二是文章式标题。由正副标题组成，正标题概括活动主题及核心内容，副标题点明活动性质，是对正标题的辅助和补充。常用"活动主题——××单位××活动策划书"等惯用格式表述，如《迎接二十大 建功新时代——民航优秀党建案例征集活动方案》。

2. 正文

专题活动策划书的正文部分包括背景介绍、宣传目标、活动对象、活动内容、宣传方式、沟通媒介、活动预算、准备和保障措施等内容。概括为以下三个部分。

（1）活动背景和目标。包括基本情况简介、活动开展原因、主要组织部门、执行对象、预期目的、活动核心、策划亮点、后期效应等内容，根据策划方案的特点，言简意赅地交代清楚。

（2）具体实施方案。包括时间地点、事项流程、人员分工、权责分配、经费预算等。这是整个策划书的主体部分，既要尽量简明、便于理解，又要力求详尽，没有遗漏。对内容繁多、程序复杂的环节，除了文字还可使用数据、图表等形式，使之条理清晰、层次分明，便于实施与核查。

（3）注意事项和应急预案。为保障活动顺利进行，对各方提出一些要求，对暂不确定的事项提出应对措施。

3. 落款

在标题下方或结尾另起一行右侧，写上活动策划单位名称以及活动策划书的制发日期。

【案例赏析】

××航空公司
"快乐×航，情满元宵"客舱主题活动策划书 标题

  2月15日，是春节后的第一个重要节日——元宵节。为弘扬中华传统文化，营造节日氛围，客舱部拟于元宵节当天在各航班开展"快乐×航，情满元宵"主题活动，通过互动联欢，和旅客们共度美好而难忘的元宵节，提升×航的服务品牌形象。   正文 / 活动背景和目标

  现制定活动方案如下：   具体实施方案

  一、准备工作

  物品采购和布置。本次活动涉及场地布置、礼品派送、卡片寄语等环节，所购物品紧紧围绕元宵节的传统风俗。

  二、采购预算

物品	单价（元）	数量（个）	金额（元）
鲜花	3	200	600
剪纸	6	200	1 200
中国结	5	200	1 000
钥匙扣	10	50	500
花灯	30	10	300
玉饰	500	3	1 500
总计			5 100

  三、活动内容

在活动开展前做好分工，每项任务由专人负责，团结协作。

活动环节	负责人	人数	内容
布置客舱	乘务员	4	准备所需物品，布置客舱
主题广播	乘务长	1	起飞后做元宵节主题广播
发伴手礼	乘务员	4	发放贺卡、中国结
民俗宣讲	乘务长	1	讲述元宵节的风俗
品尝汤圆	乘务员	4	发放汤圆，播放背景音乐
猜灯谜	一组长	1	组织猜谜，发放奖品（钥匙扣）
抽奖	二组长	1	组织抽奖，发放奖品（花灯）
	乘务长	1	组织抽奖，发放奖品（玉饰）

  1. 布置场地，让旅客们感受到浓浓的节日气氛。

  2. 主题广播。元宵节是我国的重要节日，最早可追溯到汉朝。乘务长将通过机上广播，介绍元宵节的来历和风俗演变过程，让乘客更全面地了解元宵节。

  3. 品尝汤圆。应节的餐食配合喜庆的音乐，营造团圆美好的节日气氛。

  4. 猜灯谜。除元宵风俗外，还包括民航常识，鼓励旅客积极参与。

  5. 抽奖。增添热闹气氛。

四、注意事项

1. 飞机进入平飞阶段方可开始活动，飞行过程中如遇颠簸等突发状况，立即停止活动。

2. 在飞机下降前应该结束活动，安排旅客就座并系好安全带。在所有活动结束后，乘务员以及安全员再次对客舱进行安全检查。

五、后期安排

此次活动目的是让旅客们体验一个与众不同的元宵节，感受到我公司的真情服务。活动结束后会将有关的图片和音视频资料提交宣传部，通过公司网站、公众号等媒体做进一步宣传。同时将收集旅客对本次活动的意见与建议，为以后开展同类活动提供经验。

×航客舱部
2022 年 1 月 15 日

【解析】这是×航元宵节客舱主题活动方案。标题直接点明主旨；正文部分首先介绍了活动背景、组织部门、主要执行对象、活动开展原因和目的等，简明扼要。随后按照活动计划，对各个环节参与人员的组织配置、具体任务等分别做了说明，明确具体，可操作性强，并对注意事项与后期安排做了交代，计划周密，便于执行。

【注意事项】

1. 活动内容要主题明确

要确定一个"画龙点睛"式的文化主题，设计富有文化特征的宣传资料，撰写有互动效果的新闻稿件。

2. 活动参与面要广泛

内部活动需要引导和鼓励本单位尽可能多的成员参与，增加自豪感和凝聚力。外部活动则需要吸引更多公众参与，提升自身的竞争力和影响力。

3. 活动形式要富有新意

结合自身特点，别出心裁地设计一些带有创新性、兴趣性、娱乐性、回味性的活动，吸引更多人积极参与。

【拓展训练】

一、写作题

请围绕"母亲节"或"国庆节"，策划一次校园专题文化活动，并撰写一份专题活动策划书。

二、请完成本章节的任务签派

知识链接：怎样写好活动策划书

做好调研是基础。做策划之前必须多做调查研究，特别是对活动可行性的深入调研。离开调查研究，盲目地闭门造车得来的策划方案，是无源之水。

明确目标是前提。策划时要知道通过这项活动要解决什么问题，它决定了活动策划的总任务，让活动策划保持明确的方向，把握适当的尺度。

定位对象是条件。策划时要明确策划书是为谁写的，只有明确了活动的对象，使专题活动有相应的品位原则，做到有的放矢，才能产生恰到好处的活动效果。

确定主题是关键。策划时要清楚主办方透过活动要表达的基本观念，活动主题是统帅，内容的设置、方法步骤的安排都为表现主题服务。主题越好，越能引起关注、产生共鸣，活动效果越好。

周密安排是保障。策划时要懂得如何带动参与者一步步达成活动目标，在各个环节上合理计划、有序安排，统筹协调各方发挥作用，保障活动井然有序完成。

第六章 民航常用礼仪文书

礼仪文书是人们在社会交往和礼仪活动中，用来调整、改善、发展人与人、人与组织、组织与组织之间相互关系时使用的各类实用文体的统称。

礼仪文书种类繁多，有用于迎来送往的，如欢迎词、欢送词、答谢词、祝酒词；有用于表扬、感谢、慰问的，如表扬信、感谢信、慰问信；有用于喜庆祝贺的，如祝词、贺信；有用于致哀、悼念的，如讣告、唁电、悼词、碑文；有用于邀请、聘任的，如聘书、请柬、邀请函；有用于会议开幕、闭幕的，如开幕词、闭幕词；有用于证明、介绍的，如证明信、介绍信、推荐信等。

民航业内常用礼仪文书有邀请函、贺词、贺信、感谢信、慰问信等。

第一节 邀请函

【任务签派】

×航客舱服务技能大赛将于12月21日—12月25日在××民航学院尚智堂举行开赛仪式，邀请了××航司董事长王仁华、××航司客舱服务部总经理李思贤、××大学航空乘务学院形象礼仪学教授吴晓辉、著名影视表演艺术家吴×以及××高校联盟的部分专家出席。

请以大赛主办方的名义，撰写文书，邀请上述人员出席本次大赛开幕式。

【任务解读】

邀请函，又称"邀请书"或"邀请信"，是单位或团体邀请相关人士前来参加某个重要活动如会议、仪典、比赛等时发出的书面邀约性函件。

邀请函与请柬相似，都是为了表示对客人的尊敬，表明邀请者的郑重态度的。不同的是，邀请函多用于公务活动中，如更为正式的会议、晚宴、论坛等，属于官方性质，使用的措辞更正式；请柬比较随意，适用于私人的聚会、观光等活动。邀请函往往对事宜的内容、项目、程序、要求、作用、意义做出介绍和说明，结构复杂、篇幅较长；请柬内容单一、结构简单、篇幅短小，一般用三两句话写清活动的内容要素即可。写作时，写者应注意二者之间的区别。

按功能关系分，邀请函可分为如下两种。

1. 普通邀请函

被邀对象多为比较熟悉的单位、社会团体或有关人士。这类邀请函在内容格式上要求相对宽松，一般只需表明邀请意图，写清楚活动内容、时间、地点等即可。

2. 正式邀请函

这类邀请函一般由会议或学术活动的组委会的指定负责人撰写，并以组委会的名义发出。被邀对象通常为比较有威望的人士。这类邀请函在内容格式上要求严谨规范，措辞更为正式。

【任务导航】

邀请函的写作由标题、称谓、正文、结语、署名和日期等部分组成。

1. 标题

标题写在信封封面或内文首页第一行居中，常见有三种形式：

一是直接以"邀请函"三个字为题；

二是由"单位名称+邀请函"或"活动名称+邀请函"组成，如《××航空公司邀请函》或《2022年客舱服务技能大赛邀请函》；

三是由"单位名称+活动名称+邀请函"组成，如《中国民航航空协会"旅客话民航"服务质量评价活动邀请函》。

2. 称谓

在正文上一行顶格写清被邀请单位名称或个人姓名，其后加冒号。

个人姓名后可注明职务或职称，如"×××总裁""××女士"。有时还可以加上"尊敬的"之类的定语，以示尊重。如果是单位，应写明对方单位全称。

3. 正文

邀请函的正文一般应该包括举办活动的缘由、目的、内容、时间、地点等内容。如果正文内容单一时，则常用"为（何因）定于（何时）在（何地）举办（何事），特邀（何人）前来参加"等惯用句式表达。

对于时间较长、内容较多、程序较复杂的活动，应分条列项，写明活动主题、具体安排、参与对象、参与方式、联系方式以及其他有关事项等，便于被邀请者理解与安排。

4. 结语

常用"敬请光临""恭候光临""欢迎莅临指导"等礼仪惯用语收尾，以示礼貌与尊重。

5. 署名和日期

正文右下方署明邀请单位的名称及成文日期。

【案例赏析】

××民航大学2021年春季校园双选会邀请函 标题

尊敬的用人单位： 称谓

衷心感谢各单位对我校就业工作的关心与大力支持！ 正文

为进一步促进高校毕业生充分就业，满足用人单位的招聘需求，畅通用人单位与毕业生互选渠道，实现用人单位选才用人与毕业生就业的精准对接，定于 2021 年 3 月 15 日—16 日举办"××民航大学 2021 年春季校园双选会"。在此，我校诚挚邀请您单位前来参加"双选会"，具体事项安排如下。 　邀请缘由

一、会议时间、地点 　具体安排
1. 报到时间、地点
报到时间：2021 年 3 月 15 日全天
报到地点：××民航大学学术交流中心一楼大厅
用人单位报到时，需提交加盖单位公章的介绍信。
2. "双选会"洽谈时间、地点
（1）2021 年 3 月 15 日，××民航大学至诚楼
8:00—9:00（参会单位布展）
9:00—16:30（参会单位与毕业生双向选择）
（2）2021 年 3 月 16 日，××民航大学奋进楼
8:00—16:30（参会单位组织面试招聘）
二、参会对象
有招聘需求的用人单位
2021 届毕业生
三、会议内容
1. 介绍××民航大学专业设置及 2021 届毕业生等情况
2. 用人单位选拔、录用毕业生
四、联系方式
电话：×××××××
电子邮箱：×××××××
联系人：林××　童××
附：参会与否回执一份（请通过电子邮件于 3 月 10 日前发回）

××民航大学就业指导办公室　署名
2021 年 3 月 5 日　日期

【解析】这份邀请函对有关事宜的内容、程序、要求等做了明确具体的说明，结构紧凑。逻辑清晰、方便理解。文尾附着邀请者的联络方式，且以回执的形式要求被邀请者回复是否接受邀请，便于主办方根据实际报名参会情况安排相关工作。

【注意事项】

1. 格式要规范

邀请函是一种书信体应用文，有约定俗成的惯用格式，撰写时应严格遵循。写作时应做到格式工整、规范整洁，符合礼仪文书的基本写作特点和要求。

2. 关键信息要明确

被邀请者需要掌握的最重要的信息通常是具体活动内容，包括什么时间、什么地点、要做什么、怎么做、有何特殊要求等。写作时应一一交代清楚，便于被邀请者理解、识记并提前做好准备。

3. 语言表达要得体

邀请性信函的语言应当简明扼要，便于被邀请者快速、准确把握信函的写作目的、具体内容与特殊要求。措辞要不卑不亢、有礼有节，表现出良好的礼仪风范。情感要真挚诚恳，既要体现出邀请者的诚意，又要体现出对邀请者的尊重。

【拓展训练】

一、请指出下面这则邀请函中的错误并改正

邀请函

现邀请××航司客舱服务部黄立主任于2022年3月18日前来本公司参加"放飞青春联谊会"。您是客舱服务工作的专家，我司拟通过本次联谊会，沟通情感、增进友谊，因此，望您到时务必拨冗出席，谢谢您了！

2022年3月1日

二、根据所给材料，撰写一份邀请函

为推动职业教育快速健康持续发展，全面提升师资水平，增强教师授课能力，由中国航空运输协会主办、中航未来集团承办的第二期客舱乘务服务技能教员培训班8月27日至31日在中航未来南航科院航空服务实训基地举办。

此次培训打算由拥有资深民航从业和管理经验的导师黄宗瑛、王莉娟担任授课教员，通过航空专业基础理论、民航发展概况与乘务员教育思路、乘务职业形象、安全规章及运行管理、沟通技巧与团队合作、航线与特殊旅客服务、客舱安全管理与实操以及客舱模拟实训等课程，对中航未来集团内专、兼职教师及各高等院校教师进行培训，实现教师们在教学方法、教学手段、教学技巧、教学魅力上的全方位提升。

三、请完成本章节的任务签派

知识链接：邀请函写作注意事项

1. 有别于公文中的"函"，"邀请函"三个字是一个完整的文种名称，不可拆开使用，不能将"××联谊活动邀请函"写成"关于邀请出席××联谊活动的函"。

2. 被邀请者的姓名应写全，不应写绰号或别名。在两个姓名之间应该写上"暨"或"和"，不用顿号或逗号。网上或报刊上公开发布的邀请函，由于对象不确定，可省略称呼，或以"敬启者"统称。

第二节　贺词　贺信

【任务签派】

×航客舱服务部通过五年的准备、收集与调研，充分发扬刻苦创新精神，在客舱服务部门如何适应新时代、提供优质服务的科研方面取得可喜进步，撰写的科研论文在 2020 年、2021 年连续两年获得国家交通运输部科研成果大奖，为此，××科教司于2021 年12 月4 日致信给××航空公司客舱服务部，肯定其取得的成绩并致以祝贺与表扬。

请以××科教司的名义拟写这份文书。

【任务解读】

贺词、贺信是指党政机关、企事业单位、社会团体或个人向其他集体单位或个人表示祝贺而写的文书，是日常应用写作的重要文体之一。

贺词、贺信是从古代祝词中演变而来的，既可宣读，也可通过邮寄送达给对方。一般把在隆重集会上，当着受祝贺者的面宣读的，称为"贺词"；以书信形式送达的，称为"贺信"；以电报形式发送的，称为"贺电"。

贺词、贺信适用于表彰、赞扬、庆贺对方所取得的的重要成绩、成立的重要组织、获得的某种职位以及重要节日喜庆、寿辰等，兼具慰问和赞扬的功能；语言风格具有鲜明的感情色彩，使人感觉温暖和愉快，并受到鼓舞和教育。

贺词、贺信在民航领域应用广泛。按照行文方向来分，主要有以下三个类别：

1. 上级给下级的贺词、贺信

这类贺词、贺信可以是节日祝贺，也可以是对下级所取得的工作成绩表示的祝贺。这类贺词、贺信，往往会在文章最后提出希望和要求。比如在 2018 年 8 月 19 日首个"中国医师节"即将到来之际，民航总局向民航系统全体医务工作者发贺信。贺信肯定了民用航空卫生工作的基础支撑作用，以及民航系统全体医务工作者的共同努力和辛勤付出，并希望民航系统全体医务工作者进一步弘扬当代民航精神，不断提升航空医学整体实力，建设国际一流的航空医学体系，以实际行动践行"敬佑生命、救死扶伤、甘于奉献、大爱无疆"的医学理念，坚持不忘初心、牢记使命、钻研医术、弘扬医德、履职尽责、敬业奉献，努力在提升医疗技术服务水平、保障民航飞行运行安全、推进民航强国建设中贡献更大的力量。

2. 下级给上级的贺词、贺信

这类贺词、贺信一般是下级对上级取得的全局性的工作成绩表示的祝贺，此外还要表明下级对完成有关任务的信心和决心。

3. 平级不相隶属单位之间的贺词、贺信

祝贺人就对方单位所取得的工作成就表示祝贺，并表明向对方学习的谦虚态度，保持和发展双方关系的良好愿望。比如中国民航管理干部学院给中国民航大学七十周年校庆所发贺信，在向中国民航大学广大师生和海内外全体校友致以最热烈的祝贺和最美好的祝愿的同时，肯定该校为我国民航事业的发展作出的贡献，表达在新发展阶段携手并肩、共创一流、共铸卓越，为新时代民航强国建设贡献智慧和力量的愿望。

4. 个人之间的贺词、贺信

此类贺词、贺信用于在重要节日、重大喜事中向某人表示祝贺、慰勉、鼓励，或者祝贺某人在工作、学习中取得的好成绩，分享喜悦。

【任务导航】

贺词、贺信的正文一般由标题、称谓、正文、结尾、署名和日期五个部分构成。

1. 标题

标题写于第一行正中。

标题通常以文种名称"贺词""贺信"二字为题，也可在"贺信"前面加上撰文单位名称，如《××航空公司贺信》；或写明祝贺事由，如《2022 年新年贺词》《致××民航大学建校 70 周年贺信》等。

用于个人的贺信或贺电可以不写标题。

2. 称谓

另起一行顶格写明被祝贺单位名称或个人姓名。如写给个人的，姓名后要加上相应的礼仪称谓，如"先生""女士"等。称呼之后加上冒号。

3. 正文

贺词、贺信的正文部分应写清楚以下几个方面的内容。

（1）交代背景，表示祝贺。点明致贺的缘由、背景，并向对方表达真诚祝福庆贺之意。常用"欣闻……，谨代表……表示热烈祝贺！""值此……之际，谨向……表示衷心祝贺！"之类惯用句式。

（2）概括成绩，评价事实。由于对象不同，场合不同，贺词、贺信的内容和措辞也有不同。如果是祝贺会议，则侧重说明会议召开的重要意义和深远影响；如果是祝贺节日，则侧重于叙述节日的意义和以怎样的实际行动来庆祝这个节日；如果是祝贺取得的重大胜利或成就，则侧重于分析取得成绩的主客观原因并对其产生的积极意义做出评价；如果是祝贺寿辰，则侧重于赞颂受祝贺者的品德和贡献，祝愿其幸福并取得更大成绩。

（3）展望未来，提出希望。结合当前的形势背景，展望美好未来，提出共同愿景，激励、鼓舞对方继续努力，争取获得更大成绩。

4. 结尾

再次表达美好祝愿，常用"预祝……圆满成功""祝……争取更大的胜利""祝健康长寿"等祝颂语。

5. 署名和日期

写明撰文单位名称或致辞人姓名，并署上成文时间。

民航应用文写作基础教程

【案例赏析】

案例1：

2022 年新年贺词

  年光如箭去，新岁启华章。日夜旋转的星球又如约到达新的起点。我们挥别极不平凡的 2021 年，共同迎来了充满希望的 2022 年。

  新年的曙光照亮了每一位坚持努力的你、我、他。历史推动着我们，我们也在创造着历史；世界影响着我们，我们也在改变着世界。2021 年是在党和国家历史上具有里程碑意义的一年。中国巨轮在百年变局与世纪疫情交织的考验中激流勇进，继续昂首前行。

  过去一百年，党带领我们坚持奋斗，用"敢叫日月换新天"的气概实现了中华大地的持续发展，泱泱大国重拾了伟大复兴的民族自信；过去数十年，党带领我们坚持攻坚，以"不让一个人掉队"的雄心建成了全面小康的中国，亿万百姓踏上了安居乐业的幸福之路；过去两年，党带领我们坚持拼搏，用"不惜一切代价"的决心守护了人民群众的生命安全，中华儿女汇聚起战无不胜的磅礴力量。

  不积跬步无以至千里，冲刺到不了远方，唯有坚持可以。坚持赋予时间最积极的意义。困难重重仍然坚持，人生才能不断成长；荆棘丛生仍然坚持，内心才能被阳光照亮。

  过去一年，航空业仍面临着前所未有的困难，但我们知难不畏难！我们始终坚持党的全面领导，从党百年奋斗的重大成就和历史经验中汲取前进的力量，认真贯彻落实中央决策部署，持续推动东航高质量发展，被党中央授予"全国先进基层党组织"称号。

  我们始终坚持人民航空为人民，以高度的责任感和使命感守好国内国际两个抗疫战场，承担了全民航 1/3 以上的防疫运输任务，为全球产业链供应链稳定做出了积极贡献，很多一线员工一年隔离时间超过 200 天，他们用实际行动诠释了伟大的防疫精神。

  我们始终坚持攻坚克难，扎实推进国企改革三年行动，成为 C919 全球首家用户、首家实现航空客运和航空物流"双上市"的国有大型航空运输集团、首家在"京沪蓉三城六场"全覆盖运行和首家入驻青岛胶东国际机场的基地航空公司，筹办了首届北外滩国际航空论坛。

  我们始终坚持命运与共，加快推进脱贫攻坚，持续乡村振兴，被授予"脱贫攻坚先进集体"称号，成为唯一一家以主业整体公司获颁该至高荣誉的中央企业、民航企业。今年八月，习近平总书记给沧源自治县边境村老支书回信，全体东航人与临沧人民、边疆少数民族群众同为"收信人"，共享荣光和喜悦。

  我们还执飞了全国 780 班全生命周期碳中和航班，绿色飞行逾百万公里；执飞了中国首个洲际全货机新冠疫苗包机运输航班，彰显中国担当；执飞了云南漾濞地震后中国民航首个抗震救灾航班，为生命护航。

标题

正文
交代背景

概括成绩
评价事实

134

严冬终将过去，春天总会到来。迈向 2022 年，虽荆棘犹在，但脚步不停，则希望不灭。我们应感恩党，百年奋斗的伟大成就和宝贵经验鼓励我们坚持无畏前行；我们更应感恩国家，扎根于这个坚韧不拔的国度，任何考验都将使我们百炼成钢。新的一年，让我们充满信心，坚持奋斗，与时代共同成长！ 〔展望未来 提出希望〕

最后，真诚地向每一位与公司风雨同舟的东航员工和家属致以敬意，向每一位鼎力支持东航发展的旅客、股东和社会各界人士表达感谢！衷心祝愿您和您的家人在新的一年里和顺吉祥、幸福美满！ 〔结尾 表达祝愿〕

中国东方航空集团有限公司董事长、党组书记　刘绍勇
中国东方航空集团有限公司总经理、党组副书记　李养民〔署名〕
2021 年 12 月 31 日〔日期〕

（资料来源：MU 东东腔，编者有删减）

【解析】 这是一篇面向东航员工和家属以及支持东航发展的旅客、股东和社会各界人士的新年贺词。文章开头交代了行文背景，言简意赅；主体部分回顾了东航一年来所取得的重要成就，营造了协同共进求发展的和谐文化氛围；紧扣当前形势状态，提出希望，描绘愿景；最后表达了对所有受祝贺者的真诚敬意与美好祝愿。全文主旨明确、逻辑清晰、结构完整，表述得体、境界高远，堪称佳作。

案例 2：

致中国民航大学建校 70 周年贺信〔标题〕

中国民航大学： 〔称谓〕

桃李芬芳，教泽绵长。值此贵校建校 70 周年之际，谨向贵校广大师生和海内外全体校友致以最热烈的祝贺和最美好的祝愿！ 〔正文 交代背景 表示祝贺〕

栉风沐雨七十载，春华秋实结硕果。70 年来，贵校始终坚持以立德树人为教育之本，坚持"立足民航、服务社会、面向世界"的办学定位，接续传承"严实向上"校风，形成了"崇尚严实、致能致用"的鲜明办学特色，培养了大批高素质、国际化、复合型的高级工程技术与管理人才，为我国民航事业的发展做出了巨大贡献。 〔概括成绩 评价事实〕

继往开来谱新篇，奋楫扬帆启新程。中国民航大学与中国民航管理干部学院在行业科教事业的生动实践中结下了深厚的合作友谊。当前正值"十四五"开局之年，在新发展阶段，真诚希望双方携手并肩，拓展合作领域，推进战略合作，共"创一流"、共"铸卓越"，为新时代民航强国建设贡献智慧和力量！ 〔展望未来 寄寓愿景 提出希望〕

衷心祝愿贵校"十四五"宏图大展，早日建成中国特色世界一流民航大学！预祝贵校 70 周年校庆活动圆满成功！ 〔结尾 表达祝愿〕

中国民航管理干部学院〔署名〕
2021 年 9 月 15 日〔日期〕

【解析】 这是一篇平级或不相隶属单位之间的贺信。正文开头以充满诗意的文字表示了对对方七十周年校庆的祝贺；接着简要概括了对方 70 年来取得的卓越成就，回顾了与对方多年来的成功合作经历与深厚情谊，并对未来合作共赢、共谋发展大计提出希望，表明愿景。文章结

135

构清晰、层次分明、行文简练、语言朴素，可供借鉴。

【注意事项】

1. 行文要规范

贺词和贺信的撰写有约定俗成的结构样式，撰写时应严格遵循；称谓要得体，避免使用简称或俗称；要紧扣一个中心来写，向谁祝贺、祝贺什么、为什么表示祝贺，应清晰准确、明白无误。

2. 表述要得体

贺词和贺信的内容要真实，评价成绩要恰如其分，表达决心要切实可行。语言要简明扼要、通俗流畅，不要刻意雕琢，堆砌辞藻或言过其实，尤忌陈词滥调、空喊口号。要注意祝贺者和受祝者之间的关系，是上级对下级，还是下级对上级，或者是同级对同级；是个人对集体，还是集体对个人，或者个人对个人。双方关系不同，措辞、语气也不同。一般来说，上级对下级可以提出希望和要求；同级之间，可以表示向对方学习，以求共同进步；下级对上级，可以表示完成某项任务的决心和信心。

3. 情感要真挚

贺词和贺信是加强彼此联系、增强双方交流的重要工具；行文时应感情饱满充沛，体现出真诚的祝福庆贺之意；冷冰冰的陈述、不带情感的评价是表达不出祝贺者的心愿的。

【拓展训练】

一、选择题

1. 下面不属于贺词和贺信发文方向的是（　　）。
A. 机关给机关　　　　B. 上级给下级　　C. 单位给个人　　D. 个人给团体
2. 贺词和贺信的写作目的侧重于（　　）。
A. 慰问与祝福　　　　　　　　　　　B. 庆贺与祝愿
C. 感谢与表彰　　　　　　　　　　　D. 表彰与慰问

二、根据所给材料，撰写一份贺信

×航客舱服务部"雏燕"乘务组在第十一届民航空乘技能大赛团体综合类比赛中克服种种困难，过关斩将，一举夺魁；在三项个人赛中，林云娜、肖楠与胡思佳分获一个第一名，两个第二名。为此，××航空公司在第一时间发文至×航客舱服务部，表示祝贺与慰问，请代为拟写该文。

三、请完成本章节的任务签派

知识链接："祝、预祝、恭祝、共和、恭喜、祝贺"在使用时间上的区别

祝：表示对人对事的美好愿望，多指被期盼事件发生之前。

预祝：事前祝贺，多用于被期盼事件发生之前。

恭祝：恭敬地祝贺或祝愿。祝贺是用于发生之后的贺喜之意，但根据习惯，"恭祝"一般用于被期盼事件发生之前。

恭贺：恭敬地祝贺、道喜、庆幸，常用于被期盼事件发生时或之后。

恭喜：套语，恭贺别人或团体的喜事，多用于被期盼事件发生时或之后。

祝贺：庆贺，对喜事或向有喜庆之事的人道贺，常用于被期盼事件发生时或之后。

综上，"祝、预祝、恭祝"用于被期盼之事发生前，"恭贺、恭喜、祝贺"用于被期盼之事发生时或之后。

第三节 感谢信

【任务签派】

2021年12月10日，×航乘务员姜明正执行济南至昆明的×航班任务。进入巡航阶段，客舱突然出现一片骚动。小姜迅速前往了解情况，发现一位女士全身抽搐、口吐白沫，她的丈夫站在一旁不知所措、满脸无助。小姜迅速召集其他组员，分工进行急救、信息传递、广播寻找医生。在乘务人员的努力下，病人恢复了些许意识，但病情依然危急！机长紧急联系空管中心，获准降贵阳。飞机落地后，乘务组第一时间将病人转送给急救中心。事后，乘务组再次与病人家属取得联系，获知病人已转危为安。一周后，患病旅客和家属为表达对该航班乘务人员的感激之情，向姜明及其同事送去了一份感谢信。

请代患者家属拟写这份文书。

【任务解读】

感谢信是机关、企事业单位、社会团体或个人向帮助、关心和支持过自己的集体或个人表示感谢的专用书信。

感谢信与表扬信有许多相似之处，所不同的是，感谢信虽有表扬之意，但重在感谢。

感谢信在民航公务或商务活动中应用广泛，有着较为显著的协调关系、增进友谊等公关作用。

按感谢信的存在形式来分，可以分为两类。

（1）直接寄给被感谢单位、集体或个人的感谢信。例如，外交部拉丁美洲和加勒比司致金鹿公务机公司的感谢信。

（2）公开张贴的感谢信。这类感谢信可以在特定场所公开张贴，也可在报刊、电台、电视台或其他大众网络媒体上进行播发。

【任务导航】

感谢信通常由标题、称谓、正文、结语、署名和日期五个部分构成。

1. 标题

感谢信的标题写法主要有三种：一是直接以文种名称"感谢信"为题；二是由"被感谢对象+文种名称"组成，如《致××航空公司凌燕乘务组的感谢信》；三是由"感谢对象+被感谢对象+文种名称"组成，如《××航空公司客舱部致××大学航空乘务学院培训部的感谢信》等。

2. 称谓

标题之下，另起一行，顶格写被感谢单位、团体的名称或个人姓名。个人姓名后面可附上"先生""女士"等称呼，并加上冒号。

3. 正文

正文部分主要陈述要感谢的内容以及要表达的感谢之情，通常包括以下两个方面的内容。

（1）交代背景，表达谢意。概括叙述感谢的理由、需要感谢的对象，并表达感谢、感激之意。

（2）陈述事实，揭示意义。先叙述对方的先进事迹，叙述时务必要交代清楚人物、事件、地点、原因、结果，尤其是要讲清楚关键时刻得到了对方的帮助和支持。随后在叙述事实的基础上，指出对方在整个事情上表现出来的支持和帮助的可贵精神和品格，或表示向对方学习的态度和决心。

4. 结语

内容结束时，再次表示敬意、感谢，并致以最美好的祝福，常用"此致敬礼""致以最诚挚的谢意"等惯用语。

5. 署名和日期

感谢信的结尾要写上写信人的单位名称或个人姓名，以及成文日期。

【案例赏析】

案例1：

感谢信 ——标题

尊敬的CA1858机组及乘务组全体人员： ——称谓

在此，我怀着诚挚之心和无比感激之情表达对你们的衷心感谢！ ——正文/表达谢意

我是一名普通乘客，经常搭乘国航航班。1月24日是一个特别的日子，这一天我将永远铭记。1月24日，我因公搭乘CA1858航班从上海飞往北京。早上8点多飞机起飞后，我就处于昏睡之中。飞机大约起飞后20分钟，我突然呼吸困难发生昏厥，随后心跳停止，无脉搏迹象，体温急剧下降。以乘务长王小燕为首的全体乘务人员的细心发现和及时营救，将我从死亡线上拉回，获得重生。从死亡线上走过后的这些天，我时常思考和回味那些从旁人那里得知的我无从知晓的时刻里发生的感人事迹，感恩之心难以言表。 ——陈述事实

我要特别感谢国航CA1858航班全体机组和乘务组人员。他们在第一时间以高水平的专业服务悉心发现了我的病情；他们在第一时间组织机上有医护经验的三位乘客对我进行了专业诊断和紧急救治；他们在第一时间果断决策返航，为挽救我的生命赢得了抢救黄金时间；他们在第一时间联络上海医院及时登机开展接力救治。所有这一切，都发生在我生命垂危、与死神搏斗的无意识期间，而当5个多小时后，我从医院清醒过来，生命得到了重生的时候，我深切感受到国航对一名普通乘客的高度负责和对生命救援付出的大爱！

第六章　民航常用礼仪文书

　　我后来了解到，为了抢救我的生命，国航返航不仅要承担不菲的经济损失，更要为疏导和安排170多名同机乘客的后续乘机、换机事宜付出难以想象的精力和投入。而面对这一切，在企业商业利益和一名普通乘客的安危之间，国航CA1858全体机组和乘务人员做出了毫不犹豫的选择。你们以实际行动选择了以乘客安危为重，你们以高度负责的专业服务和大无畏的人道主义精神诠释了"顾客至上"的经营理念，彰显了国航值得尊敬的企业精神。　　　　　　　　　　　　揭示意义

　　从国航CA1858航班全体机组和乘务人员身上，我看到了国航人的崇高和伟大，让我感受到了国航服务的安心、舒心和放心。

　　最后，我要再次向CA1858航班全体机组及乘务人员表示最衷心的感谢！对国航　结尾
公司的领导表达谢意与敬意！我相信，有这样一批高度敬业、高素质的驾乘人员，国　再致谢意
航一定会取得更好的发展和更大的成功。国航一定会成为中国、世界上最好的航空公司。

李志鹏家属：于艳清　　署名
2021年2月9日　　日期

（资料来源：民航资源网）

　　【解析】这是一份个人写给单位的感谢信。在正文中，发信方首先向对方表达了诚挚的谢意，随后概述感谢的事由，然后对对方所给予的帮助与关心进行简述，高度赞扬了国航CA1858全体机组和乘务人员大无畏的人道主义精神，并表达了对国航"顾客至上"的经营理念的认可，最后再次表示感谢，并致以最美好的祝愿。全文主题突出、情感真挚、结构合理、文辞朴实。

案例2：

感谢信　　标题

天津航空有限责任公司：　　　　　　　　　　　　　　　　　　　　　　　　　称谓

　　感谢贵公司长期以来对内蒙古医科大学学生学习和生活的关心与支持。　　　　正文

　　此次"民航服务进校园"优秀贫困大学生免费乘机返乡活动，极大地方便了我校　交代背景
学生的回家，充分体现了贵公司高度的社会责任感和使命感，让贫困大学生有机会亲　表达谢意
身体验航空出行的舒适与便捷。同时，也让我校贫寒学子更加深刻地体会到了社会的　陈述事实
温暖，懂得了"感恩"，他们表示会永远铭记你们的关心，会把感恩的精神贯穿于日　揭示意义
常的学习和生活，会用自己的行动诠释"贫困并不是一个让人感到自卑的理由，而是
一个让人奋发的理由"。

　　最后，再次对贵公司表示诚挚的感谢，祝愿贵公司业务蒸蒸日上！　　　　　　结尾
　　　　　　　　　　　　　　　　　　　　　　　　　　　　　　　　　　　　　再致谢意

内蒙古医科大学团委　　署名
2022年1月10日　　日期

（资料来源：乐话HU客舱服务公众号）

　　【解析】这是一份单位写给单位的感谢信。正文开门见山地表达了发信方对对方的感谢之情，随后叙述了感谢的事实，并指明了此项活动对学校教育工作作风和贫困学生的健康成长所产生的积极意义，结尾再次表示感谢并致以真诚的祝愿。文章内容真实、评价恰当、措辞得体、表述自然。

139

【注意事项】

1. 行文要规范

感谢信属于专用书信，有约定俗成的格式要求，撰写时应严格遵守有关写作规范，力避结构不全、格式杂乱、主旨不明、逻辑不清。

2. 用语要得体

遣词造句要注意分寸，叙述要合理，表扬要适度，杜绝过度拔高而造成对方或社会的反感，影响感谢效果。

3. 感情要真挚

撰写感谢信要实事求是，情感要真诚自然，既不能夸张其事，也不能流于敷衍、客套。

【拓展训练】

一、判断题（正确的打"√"，错误的打"×"）

1. 感谢信中对对方所做事情的表述应当简洁扼要，不做过多交代。（   ）
2. 感谢信作为应用文的一种，不应出现抒情、描写的表达方式。（   ）
3. 为表达真挚的情感，感谢信的写作格式可以有一定的创意，不应落入俗套。（   ）
4. 对方在整个事件中可贵的细节应当在感谢信中特别美化，不惜笔墨。（   ）

二、根据所给材料，撰写一份感谢信

2021年12月12日，由中国贸促会（中国国际贸易促进委员会）主办，海南省贸促会（中国国际贸易促进委员会海南省委员会）、三亚市人民政府、商业行业贸促会（中国国际贸易促进委员会商业行业委员会）承办的"2021第十二届中国国际创意设计推广周"在海南三亚市红树林会展中心隆重闭幕。

本次国际创意设计推广周展示的优秀创意设计成果，传播的先进设计理念，让许多企业和朋友了解了行业发展新动态，找到了新商机，达成了合作意向，实现了"海南搭台，服务全国，面向世界"的创意产业交流合作预期目标。

此次活动得到了三亚航空旅游职业学院乘务学院的大力支持。该院选派的24名学生志愿者吃苦耐劳、勇于担当、积极配合，为本次活动的圆满完成做出了积极贡献，得到了各级领导和参会人员的广泛赞扬和高度评价。为此，中国国际商会海南商会秘书处给该院送去一份感谢信，感谢学院对本次活动的鼎力支持，并期望能与之进一步合作。

请以中国国际商会海南商会秘书处的名义拟写这则感谢信。

三、请完成本章节的任务签派

✈ 知识链接：感谢信与表扬信

表扬信是对他人的行为表示赞扬的信函；感谢信是集体、单位或个人对关心、帮助、支持本集体单位或个人表示衷心感谢的函件。

表扬信一般用于长辈对受到小辈的帮助表示的赞扬夸奖，也有感谢的意思。感谢信不分年龄辈分，重在感谢。

表扬信是侧重表扬某人，表扬某人做了什么好事，可以不是当事人自己写。

感谢信则是表达当事人对某人帮助的感谢，是当事人自己写的。

第四节　慰问信

【任务签派】

××航空公司客舱服务部乘务员王丹丹为人谦和，工作认真主动，勤勉负责，待客真诚、热情、有爱心，受到公司和旅客的一致认可，并多次收到乘客写来的感谢信。2019 年、2020 年、2021 年，王丹丹连续三次荣获"×航优秀员工"称号，展现了新一代年轻空乘人员积极进取、乐于奉献的良好职业形象。

2022 年 1 月，正值民航运营旺季，王丹丹不顾身体不适，连续高强度奋战在客舱服务一线。1 月 11 日，在执飞上海到贵阳的航班途中，王丹丹因劳累过度，突发左眼视网膜脱落，情况十分危急，后经治疗，病情逐渐恢复。

为表达对王丹丹的长期努力工作的感谢以及关切和慰问，××航空公司客舱服务部于春节到来之际，给她送去一封慰问信。

请代××航空公司客舱部拟写这则慰问信。

【任务解读】

慰问信是向组织或个人表示慰问的一种专用书信。

慰问信应用的范围比较广泛，一般用于对前线将士、灾区人民、伤病员、烈军属、荣复转退军人、离退休老干部、前往执行特殊任务的人员和做出特殊贡献的人员进行慰问。

慰问信可以直接寄送给被慰问的人或组织，也可张贴、登报或广播。

慰问信具有明确性、真挚性、亲切性等特点。针对不同的对象，慰问信有着不同的慰问内容和重点。慰问信的目的是向对方表示慰问，要求语言精练、朴实、亲切、诚恳，以高度的真挚热情赞颂或慰勉对方，使人受到鼓舞。

根据慰问内容的不同，可以将民航领域中常用慰问信分为以下三类。

1. 贡献慰问。

向作出贡献的集体或个人表示慰问，鼓励他们戒骄戒躁，继续努力。

2. 困难慰问。

向遇到重大损失或巨大困难的个人或集体表示同情和安慰，鼓励他们战胜暂时的困难，加倍努力。

3. 节日慰问。

节日期间，向做出贡献或遇有困难的个人或集体进行的慰问。

【任务导航】

慰问信的格式一般包括标题、称谓、正文、署名和日期四个部分。

1. 标题

标题通常由三种方式构成：

一是单独由文种名称组成，如《慰问信》；

二是由"慰问对象+文种名称"组成，如《给×××的慰问信》；

三是由"慰问双方+文种文种名称"组成，如《×××致×××的慰问信》。

2. 称谓

另起一行顶格写上受文者的名称或姓名，并加冒号。如果是写给个人的，则应在姓名之后，加上"同志""先生""女士"等字样后附冒号，如"×××同志：""×××先生："。

3. 正文

另起一行，空两格写慰问的正文内容。正文一般由开头、主体、结尾三部分构成。

（1）开头。开头内容要开宗明义，写清楚发此信的目的，是代表何人向何人或何集体表示慰问。常用"值此……之际，谨代表……真诚地向你们及亲属表示亲切的慰问，并致以崇高的敬意"之类语句作为引领。

（2）主体。写明慰问缘由或慰问事项。或概括叙述对方的先进思想、先进事迹，战胜困难、舍己为人、不怕牺牲的可贵品德和高尚风格，指明今后奋斗的方向，向受信方表示慰问和学习；或简要叙述对方所遭受的困难和损失，以示发信方对此关切的程度。要表现出发信方的钦佩或同情之情。

（3）结尾。表示共同的愿望和决心。常用慰勉与祝愿的话作结语，如"让我们携手并进，为实现全公司业绩再创新纪录而共同努力"。最后写上表示祝愿的话，如"祝你们取得更大的成绩""祝节日愉快"等。

4. 署名和日期

在右下方写上单位名称或个人姓名，并署明成文时间。

【案例赏析】

致疫情防控一线民航员工的慰问信

民航广大奋战在新冠肺炎疫情防控一线员工：

　　值此中国共产党成立 100 周年和第 72 个国庆节来临之际，谨向民航全体奋战在新冠肺炎疫情防控一线的干部职工致以节日的祝福、诚挚的慰问和崇高的敬意！向默默支持、鼓励广大民航一线工作者的家属们表示衷心的感谢！

　　今年以来，民航的恢复发展经历了多次疫情反复的考验。你们坚决贯彻落实习近平总书记重要指示精神和党中央、国务院决策部署，按照民航局的要求，在这个没有硝烟的战场上，在感染风险高、工作压力大、防控任务重的环境下，以最坚定的意志、最无畏的气概、最顽强的作风，构筑起民航疫情防控阻击战的钢铁堡垒，用自己的实

标题
称呼
正文
发文目的
发文缘由

际行动完美诠释了"三个敬畏"和当代民航精神。在安检安保一线，你们不畏艰险、迎难而上，筑牢了疫情防控的重要前沿关口；在空勤飞行一线，你们一诺无辞，共克时艰，频繁隔离造成的身体和心理的影响改变不了你们真情服务、安全飞行的底线坚守，不被理解的委屈改变不了你们对旅客耐心解释、认真劝导的工作态度；在机务机坪保障一线，你们不畏严寒酷暑，不惧风吹雨打，坚持有战必应、使命必达，守护平安；在航医防疫一线，你们日夜奋战，毫不退缩，"防护服"是你们的战袍，"测温枪"是你们的武器；在新闻报道一线，你们深入每个疫情现场，及时播报相关信息，用文字、摄影机和话筒记录着抗疫的点点滴滴；在空警执勤一线，你们忠诚履职、尽责担当，坚决维护行业安全稳定，守卫祖国空防安全。正是你们，舍弃自我的安危得失、小家的团圆温暖，换来他人的岁月静好、大家的安宁和谐。正是你们，融小我于大我，以无言的大爱诠释了无悔的担当。正是你们，以钉钉子精神做实做细做好各项工作，取得了全行业战胜疫情的不俗业绩。你们是逆行的勇士、平凡的英雄，民航因你们而自豪！

上下同欲者胜，同舟共济者赢。广大民航一线工作者要持续深入学习贯彻习近平总书记的重要讲话和指示精神，切实把思想和行动统一到党中央、国务院对疫情形势的分析判断上来，统一到统筹推进民航疫情防控和发展工作的决策部署上来，按照"认真、科学、冷静"的原则，遵循"空中防控力度不减、地面防控措施更严"的策略，认真贯彻"四保"的要求，严格落实"外防输入、内防反弹、人物同防"的各项措施，越是在紧要关头，越要坚定地扛起疫情防控的政治责任，毫不放松抓紧抓实抓细各项防控工作，做到工作标准不降、力度不减。

我们坚信，在以习近平同志为核心的党中央坚强领导下，在全国人民的坚定支持下，民航人一定能够战胜一切艰难险阻，必将夺取民航疫情防控和恢复发展的双胜利！ 结尾
表示慰问

中国民用航空局
2021 年 9 月 27 日 署名
日期

（资料来源：民航资源网）

【解析】 这封慰问信涉及需慰问的对象比较多，要顾及的事由、事项相对更复杂，写作规格更高。全文站在全局层面上做了高度概括，对受慰问者不畏困难精神与取得的成绩进行了热情洋溢的赞扬与慰问，最后以希望作结语，使受慰问者得到真切而诚挚的鼓励与关怀。全文结构合理，语言热情温馨，堪称范本。

【注意事项】

1. 内容要有针对性

要根据慰问对象有针对性地进行慰问，根据不同的目的和对象来确定语气，如用于表扬的慰问信，就与安抚处于困境中人群的慰问信在语气、用词等方面有所不同。

2. 篇幅长短要控制

慰问信的篇幅要简短，不宜过长。感情要真挚，如为祝贺节日和表扬的，则要体现出欣慰、

褒奖；如是对遇到困难的群体进行慰问，则要体现出同情、安慰和鼓励。

3. 发布方式要明确

根据发慰问信的目的和受众情况，选择最适合的发布方式，如登报、电视、张贴等。

【拓展训练】

一、判断题（正确的填"√"，错误的填"×"）

1. 慰问信主要是以单位名义撰发的，个人则不合适。（   ）
2. 慰问信的写作目的在于抚慰对方，不该在信中对对方提出要求。（   ）
3. 慰问信可以写给集体和个人，一般给集体的应当篇幅长一些，给个人的应简洁。
（   ）
4. 慰问信主体部分应详写慰问事项，略写慰问事由，其他部分则是次要的。（   ）

二、简析慰问信与贺信的区别

三、请完成本章节的任务签派

知识链接：表示慰问的四字吉祥语

1. 祝平安的：安然无恙，扬眉吐气，满面春风，丰衣足食，十全十美，笑口常开，吉祥如意，意气风发，赏心悦目，目达耳顺，事事如意，万象更新，春华秋实，辞旧迎新，天长地久，春色满园，春风满堂，花好月圆，时和岁丰，大地回春，春意盎然，丰年稔岁，金玉满堂。

2. 祝事业的：马到成功，功成名遂，遂心应手，手到拈来，来者可追，中流砥柱，柱石之坚，坚忍不拔，拔萃出类，龙马精神，神采飞扬，源远流长，喜气盈庭，春光永驻，万事胜意，人杰地灵，日新月异，四海通达。

第七章 民航常用财经文书

　　财经文书是国家机关、企事业单位、社会团体或个人在经济活动中处理公私事务、传递信息时所常用的具有实用价值和惯用格式的专业应用文。财经文书是为解决某个特定的经济问题或处理某项具体的经济工作而撰写的文种，其内容同经济活动有关，是经济活动内容的反映。财经文书通常有固定的体式，带有一定的程式化特点。

　　民航业内常用财经文书有市场调查报告、可行性研究报告、意向书、经济合同等。

第一节　市场调查报告

【任务签派】

　　某咨询公司就 2018 年我国民航运输业供需市场现状及不利因素进行了市场调查，调研结果如下：一是航空供给侧改革进入实质阶段，供给端增速愈加收紧。根据民航局统计数据，2018 年上半年民航航班正常率急速下滑，2017 年 7 月更是达到历史低点的 50.76%，主要原因是部分机场高负荷运转，同时加上恶劣天气影响。2017 年 9 月份，民航局发布《关于把控运行总量调整航班结构 提升航班正点率的若干政策措施》文件。政策实施之后，航班正常率水平开始好转，2017 年 11 月航班正常率达到 84.59%，创历史新高。航空供给侧改革进入实质阶段，预计未来至少冬春航季内将继续严格执行，航班正常率也有望保持在 80% 以上。二是航空需求端呈现国内航线增长平稳、国际航线持续回暖的局面。根据民航局公布的数据，2018 年以来，1—10 月民航旅客周转量累计增长 13%，增速同比下降 1.5 个百分点；其中国际航线增长 14%，增速同比下降 12.7 个百分点，降幅逐渐在收窄；国内航线增长 12.6%，增速同比上升 1.8 个百分点。可以看到，2018 年国内航线表现优于国际航线，受益于人民币升值，国际航线也在逐步回暖。未来随着美国加息缩表和减税等政策落地，有望带动外国经济持续复苏，叠加地缘政治趋于改善，预计国际航线有望受益，或将持续回暖。三是油价与汇率带来的成本端与汇兑压力依然存在。在经历去年的震荡反弹之后，2018 年原油价格表现为 V 型走势，上半年油价一度下跌至年内低点，为 44.35 美元/桶，随后下半年由于中东地缘政治局势动荡，催化油价强势反弹，现阶段布伦特原油价格已经突破 66 美元/桶。预计未来，油价带来的成本端压力也将成为推动票价提价因素之一。展望未来，随着美国加息缩表和减税等政策逐渐落地，对美国经济会有一定的促进作用，人民币汇率持续贬值的压力依然存在，汇兑弹性会降低，但同时由于我国跨境资本流动管理政策较为严格，也会使得人民币汇率贬值整体可控。

请根据上述材料，拟写一则市场调查报告。

（资料来源：观研天下信息咨询公司）

【任务解读】

市场调查报告是调查研究者将调查了解到的全部情况和材料进行分析研究，揭示出本质，寻找出规律，总结出经验，最后以书面形式陈述出来的一种报告性文书。

市场调查报告是以市场调研为基础的。市场调研是市场调查与市场研究的统称，它是个人或组织根据特定的决策问题而系统地搜集、记录、整理、分析及研究市场各类信息资料、报告调研结果的工作过程。

市场调查报告可以为具体的决策提供科学依据，具有针对性、新颖性、真实性、时效性等特征。在市场调查过程中，针对性越强，其指导意义、参考价值和社会作用就越大。

按作用来分，民航业的市场调查报告可分为三大类。

1. 情况调查报告

这是指反映一些地区、部门、行业、单位的基本情况、运行状态的调查报告，如《2020年中国民用航空市场规模及市场需求分析报告》。这类调查报告对民航业内有关组织机构科学制定路线、方针、政策以及发展战略等具有重要意义。

2. 经验调查报告

经验调查报告总结民航企事业单位、社会团体以及有关机构在社会实践与管理工作中的典型经验，以达到推广先进事物、指导全局工作的目的，如《2021年航空服务满意度调研报告》。

3. 问题调查报告

这是指从失误中总结经验教训的调查报告。通过调查，发现问题，揭露不良倾向，找出问题产生的根源，以吸取教训、提高认识、指导工作，如《民用航空器飞行事故调查报告》。

【任务导航】

市场调查报告必须以市场调研为基础。市场调研的一般程序是：首先，确定研究方向。根据市场调查的必要性和核心问题，确立调查目标与调查范围。其次，制订调查方案。客观考虑基础信息的类型和来源，明确收集资料的范围。设计调查问卷，并在此基础上确定抽样方案及样本容量，然后进行调查与分析。统筹各类渠道收集到的资料，综合分析，形成初步调查结果。最后，撰写市场调查报告。

市场调查报告的基本结构包括标题和正文两个部分。

1. 标题

市场调查报告的标题没有固定的写作格式。常见的形式有以下两种。

一是公文式标题，或由"调研对象+文种"构成，如《关于民航旅客投诉的调查报告》；或由"时间+范围+内容+文种"构成，如《2020年中国民用航空市场规模及市场需求分析报告》。

二是文章式标题，概括全文的基本内容，如《我国航空行业供需市场现状及不利因素分析》。

市场调查报告标题的拟写，要求切题、凝练、明确、醒目，切忌哗众取宠、华而不实。

2. 正文

市场调查报告的正文一般由开头、主体、结尾三个部分组成。

（1）开头。开头又称前言、引言、导语、综述，要写明调查的基本情况，如调查的目的、时间、地点、对象、范围以及所采用的调查方法等。开头也可以简要概括全文的主要内容和主要观点，给读者一个总体概念。

（2）主体。这是市场调查报告的最重要的部分，也是全文的主要内容，要求把调查内容、经过、问题、作者的建议和看法等一一详尽阐述出来。其一般分为三个层次，即

①基本情况。介绍通过调查获得且经过归纳整理的事实资料、数据以及图表，说明被调查对象的基本状况。

②分析研判。对调查得来的资料数据进行分析、归纳，发现问题，获得关于市场状况的结论。这部分也可以和基本情况糅合在一起写，即边介绍情况边进行分析。

③结论建议。根据调查分析情况，形成结论，提出有针对性的对策或措施。

主体的写作一般归纳成几个部分依次展开，通常会给每个部分加上序码或小标题，便于读者阅读与理解。

（3）结尾。结尾即市场调查报告的收束语。结尾可以总结全文，深化主题，加深读者印象；也可以对事情发展的前景提出展望，表明看法；还可以点明存在的问题，指出主要情况的倾向，或预测可能遇到的风险，并提出相应建议等。正文也可以不另加结尾。

【案例赏析】

20××年中国国内民航旅客市场特征调查报告

标题

旅客是民航运输市场的主体，深入了解民航旅客的构成及消费行为偏好，是准确把握市场的关键。民航旅客市场特征的研究在民航界是备受关注的。

开头

中国民航管理干部学院对我国民航旅客市场特征的研究开始于1999年。十年来，我们已经先后五轮、共计九次在全国范围内开展大规模的市场调查，完成了对全国旅客市场构成、消费偏好的基础性研究。该研究成果为民航相关政策制定，为航空公司的经营战略、策略的制定，以及产品的设计提供了有力的支持与帮助。

主体

一、项目开展情况

本项目主要采取向候机旅客随机发放抽样调查问卷的形式，第一手获取旅客真实有效的信息。抽样机场覆盖全国主要大中型机场，根据抽样机场淡旺季的特点，全年共进行两次抽样调查。对国内、国际出港旅客的调查分别使用中、英两种语言及中、英、日、韩四种语言设计问卷。项目组成员到达每一个调查机场现场，参与、组织、监控整个调查过程，确保问卷回收数量及质量，问卷回收后，组织问卷录入，形成电子数据库，在甄别、筛选有效数据之后，用频数分析、交叉分析、聚类分析、因子分析等方法研究本年度民航旅客的市场特征，并结合历史数据库研判民航旅客市场的发展趋势，提供有价值的研究成果。

项目开展情况

（一）研究技术路线（略）

（二）主要经济技术指标（略）

1. 定量指标

2. 定性指标

（三）关键要素的确定（略）

1. 调查问卷的确定

2. 抽样机场的确定

3. 抽样时间的确定

4. 抽样方法的确定

5. 样本数量的确定

二、调研数据分析（略）

项目组以调查机场候机旅客作为调查对象，采用随机抽样、填写问卷、现场调查的方法取得样本数据。课题组共进行了两轮、25个机场的实地问卷调查，第一轮发放国内调查问卷24 500份，回收有效问卷22 475份，总体有效问卷比例为92%；第二轮发放国内调查问卷25 100份，回收有效问卷23 866份，总体有效问卷比例为95%。 ……调查数据研判

本次调查从国内市场总体特征、国内民航旅客构成特征、高票价旅客的分类及行为特征、常旅客构成及消费行为特征等七个方面分别进行分析描述。

（一）国内市场总体特征

（二）国内民航旅客构成特征分析

（三）国内民航旅客消费行为特征分析

（四）国内民航旅客对航空公司的偏好分析

（五）高票价旅客的分类及行为特征分析

（六）常旅客构成及消费行为特征分析

（七）网上购票旅客分类特征及消费特征分析

三、结论与建议（略）

本次调查得出了重要的研究结论，主要包括国内旅客趋势变化特征、常旅客群体消费行为特征和国内旅客市场整体特征等。 ……调查结论与建议

（一）国内旅客趋势变化特征

（二）常旅客群体消费行为特征

（三）国内旅客市场整体特征

（以下略）

【解析】这是一篇调查分析我国国内民航旅客市场特征的市场调查报告。本报告从确定研究目标、制订研究方案、陈述调查方法出发，就调查资料进行结构化分析研究，并结合实际提出研究结论及建议。文章结构完整、逻辑清晰、行文规范，可供参考借鉴。

【注意事项】

1. 事实材料要丰富确凿

丰富确凿的材料一方面来自实地考察,一方面来自书报、杂志和互联网。在知识爆炸的时代,获得间接资料似乎比较容易,难得的是深入实地获取第一手资料。这就需要脚踏实地地在实践中认真调查,掌握大量的符合实际的第一手资料,这是写好市场调查报告的前提,必须下大功夫。

2. 内在规律要把握精准

在第一手材料中,筛选出最典型、最能说明问题的材料,对其进行分析,从中揭示出事物的本质或找出事物的内在规律,得出正确的结论,总结出有价值的内容,这是写市场调查报告时应特别注意的。

3. 遣词造句应准确质朴

写市场调查报告,应该使用概念成熟的专业用语,使用非专业用语应力求准确易懂。通俗易懂是被提倡的。特别是被调查对象反映事物的典型语言,应在市场调查报告中选用。

4. 谋篇布局要清晰严谨

市场调查报告要做到观点鲜明、立论有据;论据和观点要有严密的逻辑关系,条理清晰;论据不单是列举事例、讲故事,逻辑关系是指论据和观点之间内在的必然联系。如果没有逻辑关系,无论多少事例也很难证明观点的正确性。结构上的创新只是形式,不能把主要精力放在追求报告的形式上。市场调查报告的结构可以不拘一格。

5. 专业知识要深厚扎实

市场调查报告的质量是由调研人员的基本素质决定的。调研人员既要有深厚的理论基础,又要有丰富的专业知识。例如,民航客运市场的调研报告往往会涉及政治、经济、文化、历史等诸多方面,影响到不同的社会群体,需要调研人员具备相当的知识储备量,透过现象把握复杂事物的内在规律,进而得出科学有效的结论,为相关部门的正确决策提供依据。

【拓展训练】

一、选择题

1. 市场调查信息的使用者主要是(　　)。
A. 政府　　　B. 媒体或大众　　　C. 企业　　　D. 调查公司或机构

2. 与原始资料相比,二手资料的优势在于(　　)。
A. 含有更多的有效信息　　　　　B. 易于取得,并且成本较低
C. 可直接使用且不必做任何处理　　D. 对企业解决当前营销问题更有用

二、判断题(正确的打"√",错误的打"×")

1. 市场调查人员开始调查时总是先搜集第一手资料,再决定是否需要搜集第二手资料。
(　　)

2. 电话调查具有准确率高、费用低的特点。(　　)

3. 市场调查报告的结构可以不拘一格。(　　)

4. 拟写市场调查报告标题应注意切题、凝练、明确、实用。　　　　　（　　）

三、请完成本章节的任务签派

知识链接：市场调查的常用方法

（1）文献法。这是指从有关的文献资料中搜集信息的调查方法。使用文献法主要是为了整理、积累资料，并迅速查出已经发表过的有关资料，分析其中的事实和观点，为我所用。文献资料包括图书、报刊、会议文献、出版物、产品样本、档案资料、录音录像带、光盘、磁盘等。

（2）观察法。这是市场调查研究最基本的方法，即调查人员亲临现场，通过仔细查看获取信息的调查方法。观察法可分为完全参与观察法、半参与观察法、非参与观察法。

（3）访谈法。这是指通过与调查对象面对面交谈，从而收取材料的一种调查方法。访谈法是一种最古老、最普遍的收集资料的方法，也是调查中采用的最重要的调查方法之一，具有真实、灵活、直观等特点。

（4）问卷法。这是指通过书面提问的方式，调查者直接了解调查对象的需要，了解其对组织或企业产品、服务及相关方面的认识、看法、意见等。调查者将事先设计好的问卷或调查提纲，通过邮件或其他方式交给调查对象，让调查对象在规定时间内回答完毕，寄回或由调查者收回，然后进行汇总分析，以取得所需的调查材料。

（5）抽样法。这是指在调查总体中抽取一定数量的样本进行调查，进而判断出总体特征的一种调查方法。抽样法灵活机动，花费的人力、物力、财力较少，并有较强的及时性。在大型市场调查中，大多采用抽样的调查方式。

第二节　可行性研究报告

【任务签派】

×航乘务训练中心拟增设客舱灭火训练舱，用于培训机组人员在飞机发生火警情况下，正确掌握机载灭火瓶的使用方法，熟练掌握紧急情况下的灭火技能。该训练舱主要提供的训练及内容包括：灭火设备的理论学习和操作训练；厨房烤箱模拟火情灭火训练；厨房垃圾箱真实火情灭火训练；厨房烤箱电路短路处置训练；卫生间垃圾箱真实火情灭火训练；卫生间垃圾箱模拟火情灭火训练；头顶行李箱模拟火情灭火训练；旅客座椅下方模拟火情灭火训练；客舱侧壁灯整流器模拟电路短路处置训练；衣帽间模拟火情灭火训练；客舱真实大火火情灭火训练；卫生间失火门打不开时，利用消防斧劈门动作训练；录制灭火训练时的图像和声音等。

请从需求预测、设备选型、设备选址、建设周期、市场价格、投资估算、资金筹措、效益评价等方面进行分析，并拟写一篇增设客舱灭火训练舱的可行性研究报告。

【任务解读】

可行性研究报告，简称可研报告，是在从事项目投资活动之前，由可行性研究主体对市场、收益、技术、法规等项目影响因素进行具体调查、研究、分析，确定有利和不利的因素，分析项目必要性、项目是否可行，评估项目经济效益和社会效益，为项目投资主体提供决策支持意见或申请项目主管部门批复的应用文书。

可行性研究报告具有科学性、翔实性、程序性、时效性等特征。科学性是可行性研究报告的第一特点。可行性研究报告是建立在客观基础上的科学结论性报告，其科学性首先体现在可行性研究过程中，即整个过程的每一步都力求客观全面；其次体现在分析中，即依据正确的理论和相关政策来研究问题；最后体现在对可行性研究报告的审批过程中，这种审批过程对科学决策起到了重要的保证作用。

可行性研究报告的内容越翔实越好。只有经过详尽完备地研究论证，其"可行性"才能得到准确呈现。

从性质上分，民航业内常见的可行性研究报告主要有四个类别。

1. 工程项目可行性研究报告

此类报告要求写明项目概况、项目建设的必要性及有利条件、项目区气候条件和社会经济状况、项目建设方案及内容、投资估算与资金筹措、项目实施计划和进度、组织实施与管理以及可行性研究结论与建议等，如《××通用航空特色小镇可行性研究报告》。

2. 技术（产品）项目可行性研究报告

如《民航客舱用餐巾项目可行性研究报告》，首先介绍项目基本情况，其次从技术（产品）开发、技术（产品）成熟性和可靠性、原（辅）料来源、环境保护和劳动安全、产品注册情况、技术风险等方面进行技术分析，再次从国内外市场调查、市场竞争状况、产品优（劣）势、市场预测、产品方案和销售收入预测等方面进行市场分析，并制订项目实施方案、投资估算和资金筹措方案，最后提出对项目的总体评价及意见。

3. 技术（设备）改造（引进）可行性研究报告

比如《飞机引进可行性研究报告》，先概述该项目基本情况，随后对我国航空市场、公司资源能力、公司战略等进行分析，阐明飞机选型、交付计划、投资计划、融资计划等，并从经济性、风险性等方面进行分析研判，最后提出可行性研究结论和建议。

4. 中外合营可行性研究报告

比如《中外合资航空公司——筹建××国际货运航空有限责任公司可行性研究报告》，首先交代项目名称、出资方式、投资方基本情况，其次对项目内容、项目建设、环境影响、项目投资回报等进行分析研判，最后形成有价值的可行性研究结论与建议。

【任务导航】

可行性研究报告主要包括以下几个部分。

1. 封面

可行性研究报告需单独成册，设计封面，将标题、项目名称、承担单位、单位负责人、项目负责人和起止日期予以明示。

可行性研究报告的标题大多采用公文式写法，例如《民航××基地建设项目可行性研究报告》。

2. 摘要

可行性研究报告需要编制摘要，对项目的情况、可行性、必要性进行简要陈述，提高可行性研究报告的快速可读性。

3. 目录

目录按分级方式进行排列。通常用"第一章""第二章"等标记一级目录，用大写的"一""二"等标记二级目录，用加括号的大写"（一）""（二）"等标记三级目录，用阿拉伯数字"1""2""3"标记四级目录，用加括号的小写阿拉伯数字"（1）""（2）""（3）"等标记五级目录。

4. 图表清单

如果可行性研究报告中图表较多，可以分别列出清单置于目录之后。图的清单应有编号、图题和页码。表的清单应有编号、标题和页码。

5. 术语表

对于可行性研究报告中常用的符号、标志、缩略词、专门计量单位、自定义名词和术语等，应编写注释说明汇集表。

6. 前言

前言部分，主要是概括介绍可行性研究报告的来龙去脉及其重要内容，包括项目提出的背景、必要性及项目的战略意义或经济意义，研究工作的依据，采取的主要方法，得出的主要结论等。

7. 正文

不同类别的可行性研究报告，正文部分的内容各有侧重，一般应包括以下内容。

（1）投资必要性。根据市场调查、预测的结果以及有关产业政策等论证项目投资的必要性。

（2）技术可行性。从项目实施的技术角度合理设计技术方案，并进行比选和评价。

（3）财务可行性。从项目投资者的角度设计合理的财务方案；从企业理财的角度进行资本预算，评价项目的财务盈利能力，进行投资决策；从融资主体的角度评价股东投资收益、现金流量计划及债务清偿能力。通过财务分析阶段的数据收集以及相应的财务风险、成本收益分析等，可以为项目可行性研究报告的制定提供更为准确的依据。

（4）组织可行性。制订合理的项目实施进度计划、设计合理的组织机构、选择经验丰富的管理人员、建立良好的协作关系、制订合适的培训计划等，保证项目顺利执行。

（5）经济可行性。报告编制的重要内容之一就是进行经济测算，主要包括投资回报测算和成本造价估算两个方面。需要从资源配置的角度衡量项目价值，评价项目在实现区域经济发展目标、有效配置经济资源、增加供应、创造就业、改善环境、提高人民生活质量等方面的效益。

（6）社会可行性。主要分析项目对社会的影响，包括政治体制、方针政策、经济结构、法律道德、宗教民族、妇女儿童及社会稳定性等方面。

（7）风险因素及对策。可行性研究报告编制期和实施期往往存在一定间隔，在风险考虑中，应谨慎对待建设周期，对项目的市场风险、技术风险、财务风险、组织风险、法律风险、经济及社会风险等因素进行评价，制订规避风险的相应对策，为项目全过程的风险管理提供依据。

8. 结论和建议

通过上述各种要素的比较分析，评价项目的主要优缺点和实施的可行性、非可行性、弥补性等，所提出的结论应明确、科学、恰当、合理，切忌模棱两可、凭主观臆断。

9. 参考文献

可行性研究报告在编制过程中，如参考或借鉴了某一著作、论文等有关文献资料，应在文末予以注释或说明。参考文献按照正文中出现的先后顺序以阿拉伯数字连续编码。

10. 附录

将相关图表以及决策（审批）所必需的合同、协议、意向书、政府批复文件等一并附上。

【案例赏析】

民用运输机场建设工程项目可行性研究报告 （标题）

第1章　概述 （正文）

　　1.1　可行性研究的工作情况

　　1.2　可行性研究的依据、任务和范围

　　1.3　可行性研究报告编制的深度要求

第2章　既有机场现状

　　2.1　机场设施现状

　　2.2　机场运营状况

　　2.3　机场财务状况

　　2.4　机场对未来10年发展的适应能力

第3章　机场建设的必要性综述

　　3.1　简述机场所在地基本状况

　　3.2　综合论述机场建设的必要性和迫切性

第4章　航空业务量预测和设计参数

　　4.1　机场客、货吞吐量的预测

　　4.2　目标年设计参数预测

　　4.3　航空业务量预测总表

第5章　机场飞行程序和飞机性能研究

　　5.1　概述

　　5.2　飞行程序、运行标准及导航设施

　　5.3　净空处理

　　5.4　空域规则

第6章　机场总体规划

　　6.1　概述

　　6.2　机场总体规划

第7章　本期建设项目和建设方案

　　7.1　飞行区

　　7.2　航管工程

　　7.3　助航灯光、飞行区供电及照明

7.4 旅客航站楼工程（下略）

第8章 工程项目组织
    8.1 项目法人组建方案
    8.2 项目组织及人力资源配置

第9章 投资估算、工程进度安排、项目融资
    9.1 投资估算
    9.2 工程进度计划及投资安排
    9.3 融资方案设计和优化

第10章 经济效益评价
    10.1 财务效益评价
    10.2 国民经济效益评价
    10.3 风险分析

第11章 方案经济比较和优化
    11.1 方案比选的要求
    11.2 方案经济比较

第12章 结论与建议   结论与建议
    12.1 结论
    12.2 建议

第13章 附录一   附录
    13.1 附表
    13.2 附件
    13.3 附图

第14章 编制报告需要的资料和数据清单

【解析】本案例摘选自中国民用航空局发展计划司发布的《民用运输机场建设工程项目（预）可行性研究报告编制办法》。该办法明确了民用运输机场建设工程项目可行性研究报告的编制要求，为加强民用运输机场建设工程项目前期工作管理，规范民用运输机场建设工程项目（预）可行性研究阶段的基本资料收集、整理、分析、论证等工作，提高机场建设项目前期论证工作质量提供了指南。其他民航类项目建设可行性研究报告可以此为范本，结合实际进行编制。

【注意事项】

1. 要有预见性

凡事预则立，不预则废。可行性研究报告不仅要对历史、现状资料进行研究和分析，更应对未来的市场需求、投资效益等进行科学合理的预测和估算，为正确决策提供有效参考。

2. 要严谨规范

为保证可行性研究报告的质量，应切实做好编制前的准备工作，充分收集信息资料，进行科学分析、比选论证，做到编制依据可靠、结构内容完整、文本格式规范、附图附表附件齐全，表述形式尽可能数字化、图表化，能满足投资决策和编制项目初步设计方案的需要。

3. 要客观真实

可行性研究报告必须实事求是，立足于调查研究，按照客观情况进行论证和评价。可行性研究报告需要对项目的技术经济措施进行确定，以保证项目的安全性和可靠性，对于不可行的项目或方案，应如实给出否定意见，以避免投资决策损失。同时，要求撰稿者具有一定的专业知识，对项目严格把关。

4. 要科学合理

可行性研究必须建立在调查研究的基础上，用现代科学技术手段进行市场研究，科学地评价项目的盈利能力、偿债能力以及对经济、社会、环境等方面产生的影响，为项目决策提供科学依据。

【拓展训练】

一、选择题

1. 可行性研究报告的主要特点有（　　　）。
   A. 科学性　　　　　B. 翔实性　　　　　C. 程序性　　　　　D. 时效性
2. 以下数据资料来源中，正确的有（　　　）。
   A. 比较研究　　　　B. 发放问卷　　　　C. 数据共享　　　　D. 以上全部正确

二、判断题（正确的打"√"，错误的打"✕"）

1. 可行性研究报告需要给出明确的结论，回答项目能不能做以及具体的时间、地点、方法等关键问题。（　　）
2. 可行性研究报告只需对投资估算、资金筹措、经济效益等进行分析。（　　）
3. 可行性研究报告的编写要求真实有效、及时迅速。（　　）

三、写作题

以小组为单位，自选一个与民航客舱服务相关的项目，结合实际，制定一份可行性研究报告提纲。

要求：结构完整，条块清晰，便于操作与执行。

四、请完成本章节的任务签派

知识链接：可行性研究报告撰写的八个步骤

可行性研究报告是投资项目可行性研究工作成果的体现，是投资者进行项目最终决策的重要依据。

可行性研究报告的编制主要有八个步骤。

（1）确定可研项目。可行性研究报告编制人应与委托单位就项目可行性研究报告编制工作的范围、重点、深度要求、完成时间、费用预算和质量要求等交换意见，并据此开展可行性研究各阶段的工作。

（2）组建工作小组。根据委托项目可行性研究的工作量、内容、范围、技术难度、时间要求等组建项目可行性研究工作小组。

（3）制订工作计划。这包括研究工作的范围、重点、深度、进度安排、人员配置、费用预算及报告编制大纲等，并与项目委托单位交换意见。

（4）调查研究收集资料。根据报告编制大纲进行实地调查，收集整理有关资料，包括向市场和社会调查，向行业主管部门调查，向项目所在地区调查，向项目涉及的有关企业、单位调查，收集项目建设、生产运营等各方面所必需的信息资料和数据。

（5）方案编制与优化。在调查研究收集资料的基础上，针对项目的建设规模与产品方案、场址方案、技术方案、设备方案、工程方案、原材料供应方案、总图布置与运输方案、公用工程与辅助工程方案、环境保护方案、组织机构设置方案、实施进度方案以及项目投资与资金筹措方案等，研究编制备选方案。进行方案论证、比选、优化后，提出推荐方案。

（6）项目评价。对推荐方案进行环境评价、财务评价、国民经济评价、社会评价及风险分析，以判别项目的环境可行性、经济可行性、社会可行性和抗风险能力。当有关评价指标结论不足以支持项目方案成立时，应对原设计方案进行调整或重新设计。

（7）编写报告。各专业项目可行性研究方案，经过技术、经济论证和优化之后，由各专业组分工编写。经项目负责人衔接、协调、综合汇总，提交报告初稿。

（8）与委托单位交换意见。报告初稿形成后，与项目委托单位交换意见，修改完善，形成正式报告。

第三节 意向书

【任务签派】

2019年5月15日，中国民用航空局（简称民航局）与华为公司在北京签署战略合作协议。双方将在智慧民航顶层设计、智慧民航建设、科技创新与成果应用示范、标准制定、人才培养与合作交流等领域展开合作，共同推进智慧民航建设，践行民航强国战略。根据协议，民航局和华为公司共同成立工作领导小组和办公室，重点合作将涉足五大方面。

（1）智慧民航顶层设计，双方共同开展智慧民航建设顶层设计。

（2）推进智慧民航建设，双方将围绕多个民航领域课题，在四型机场、四强空管、航空公司运营管理、通用航空、智慧安保、民航大数据、空中接入互联网、无人机、行业监管、行业统计等领域开展务实合作。

（3）科技创新与成果应用示范，民航局支持华为公司自主提升民航领域科技创新能力，并参与民航科技创新项目建设。

（4）行业标准制定，民航局鼓励和支持华为公司参与民航领域的标准研究工作，支持华为公司参与国际民航组织规则标准、运行程序等制定工作。

（5）人才培养与合作交流，民航局支持民航院校和科研院所与华为公司开展人才交流与合作，支持华为公司申报民航科技创新人才推进计划。

请根据上述材料，拟写一则战略合作意向书。

【任务解读】

意向书，又称"草约"，是记述初步合作意图即设想的文书，是当事人经过平等协商后就有关合作事项达成原则性意见后签订的备忘文件。

意向书具有临时性、协商性、灵活性特点。意向书只是表达谈判的初步成果，对双方的行为起到暂时约束作用，其条款内容是双方当事人共同协商的产物，不具有强制性。意向书的条款在协商过程中可以变更，也可以撤销，不像协议、合同那样，具有法律效力。

按照对象性质的不同，民航业务常见意向书主要有以下三个类别。

1. 合作意向书

这是指对某一个合作项目感兴趣的各方，经过初步洽谈和接触后，就双方准备进行项目的合作、正式谈判的意向所签订的文件，如中国国际航空公司（简称国航）与白云机场签订的《"白云启航"项目合作意向书》，双方就地面网络建设、高端旅客开发、市场调研与分析、营销宣传等航空性业务合作达成共识。

2. 租赁意向书

如某飞机租赁公司与土耳其低成本航空公司飞马航空公司就租赁两架全新空中客车 A320 飞机签署的意向书，既有助于其稳固与更多国际知名航空公司的业务合作，也有助于使客户群更加多元化。

3. 投资意向书

这是指双方当事人就项目的投资问题，通过初步洽商，就各自意愿达成一致认识并表示合作意向的书面文件。投资意向书是双方进行实质性谈判的依据，是签订协议（合同）的前提和基础，比如《××通用航空机场建设项目投资意向书》等。

【任务导航】

意向书的基本结构一般由标题、正文、落款三个部分组成。

1. 标题

意向书的标题有三种形式：一是直接由文种做标题，如《意向书》。二是由"项目名称+文种"构成，如《机供品采购意向书》。三是由"协作单位名称+协作项目+文种"构成，如《空中客车公司与××航空集团公司宽体飞机合作项目意向书》。

2. 正文

意向书的正文主要包括导语、主体和结尾三个部分。

（1）导语。写明合作单位的全称，在名称后面加括号并注明"以下简称甲方""以下简称乙方"等，以方便后面行文。导语简要介绍合作方接触的情况，签订意向书的缘由、目的和依据，磋商后达成的意向性意见，并用"现达成以下意向""经友好协商，特就××事宜签订本意向书"等惯用语引领下文。

（2）主体。这部分是意向书的重点，常以条文形式，分条列项写明双方或各方认可的事项，包括合作的项目、名称、方式、程序等；也可用表格形式表示。

（3）结尾。结尾写明未尽事宜的解决方式以及意向书保存方式等内容，常用"未尽事宜，在签订正式合同或协议书时再予以补充""本意向书一式两份，由甲乙双方各执一份"等惯用句式表述。

3. 落款

注明意向书签订各方单位的名称、地址、联系电话、账号以及法定代表人姓名、签署日期等内容，并加盖公章（私章）。

【案例赏析】

<table>
<tr><td colspan="5" align="center">民用航空器驾驶员执照理论考试点设立意向书</td><td>标题</td></tr>
<tr><td colspan="2">设立单位：</td><td colspan="3">填报日期：</td><td rowspan="12">正文</td></tr>
<tr><td colspan="2">考试点名称</td><td colspan="3"></td></tr>
<tr><td colspan="2">类别</td><td>☐ 初始</td><td colspan="2">☐ 更新</td></tr>
<tr><td colspan="2">监考类型</td><td>☐ 现场监考</td><td colspan="2">☐ 远程监考</td></tr>
<tr><td colspan="2">单位名称</td><td colspan="3"></td></tr>
<tr><td colspan="2">通讯地址</td><td></td><td>邮政编码</td><td></td></tr>
<tr><td colspan="2">负责人</td><td></td><td>职务</td><td></td></tr>
<tr><td colspan="2">联系电话</td><td></td><td>传真</td><td></td></tr>
<tr><td colspan="2">上级主管部门</td><td colspan="3"></td></tr>
<tr><td colspan="5">本单位已阅知《民用航空器驾驶员执照理论考试点要求》(Ac-61-FS-2017-014RI)，同意按照咨询通告要求建设考试点，考试点不用于飞行标准类考试外的其他活动。</td></tr>
<tr><td colspan="2">负责人：</td><td colspan="3">年　月　日</td></tr>
<tr><td colspan="2">地区管理局意见</td><td colspan="3">（公章）</td></tr>
<tr><td colspan="2">负责人：</td><td colspan="3">年　月　日</td></tr>
<tr><td colspan="2">飞行标准司意见</td><td colspan="3">（公章）</td></tr>
<tr><td colspan="2">负责人：</td><td colspan="3">年　月　日</td></tr>
</table>

填表说明：

本表一式三份，两份报评估机构，一份留意向设立单位存档。

考试点名称一经确定，未经评估机构同意，不得擅自更改。

【解析】本案例选自中国民用航空局飞行标准司发布的咨询通告《民用航空器驾驶员执照理论考试点要求》。该意向书采用表格形式，内容要素齐全，填报要求明晰，流程设计合理，便于理解与操作，有助于规范民用航空器驾驶员执照理论考试点工作，提高工作效率。

【注意事项】

1. 语言要平和

意向书不像经济合同、协议书那样具有鲜明的规定性和强制性，而是具有相互协商的性质，因此行文时应多用商量语气，切勿随意使用"必须""应该""否则"等词语。尽量少用长句，多用短句，减少歧义的发生。

2. 结构要完整

意向书无论运用于何种领域，结构都应完整。分条款写明达成的意向性意见，可参照合同或协议的条款排列。

3. 表述要得当

意向书不具有与合同一样的法律效力。法律并没有对意向书的效力进行规定。通常情况下，意向书中含有导致其丧失约束力的条款，如在意向书中列有"本意向书不具有法律约束力""双方的权利义务具体由正式的合同确定"等条款，这些条款通常都表明双方不希望受到有关内容的约束。撰写人在撰写意向书时应注意与合同（协议）的区别，做到语言准确，表达清楚并忠实于洽谈内容。

【拓展训练】

一、选择题

1. 意向书的特点是（　　）。
A. 协商性　　　　B. 灵活性　　　　C. 简略性　　　　D. 非约束性
2. 意向书的形式有（　　）。
A. 单独签署式　　B. 联合签署式　　C. 多方签署式　　D. 单方签署式

二、判断题（正确的打"√"，错误的打"×"）

1. 意向书是表示一方缔结协议的意向，并经另一方同意的文书。（　　）
2. 意向书在行文时应多用商量语气，慎用"必须""应该""否则"等词语。（　　）
3. 意向书具有临时性、协商性、灵活性等特点。（　　）

三、试指出下文中的错误，并进行修改

意向书

双方于××××年×月×日在×××地，对建立合资企业事宜进行了初步要求，达成意向如下。

一、甲、乙两方愿以合资或合作的形式建立合资企业，暂定名为×××公司，建设期为×年，即从××年—××年全部建成。双方意向书签订后，批准的时限为×个月，即××年×月×日—××年×月×日完成。然后由×××办理合资企业开业申请。

二、总投资×万元。甲方投资×万元以上，乙方投资×万元。

三、利润分配：各方按投资比例或协商比例分配。

四、合资年限为×年，即××年×月—××年×月。

五、合资企业其他事宜按《中外合资法》有关规定执行。

六、双方将在各方上级批准后，再行具体协商有关合资事宜。

甲方：×××（盖章）　　　　　　　乙方：×××（盖章）

法人代表：　　　　　　　　　　　法人代表：

四、请完成本章节的任务签派

知识链接：意向书与合同

合同是平等主体的自然人、法人、其他组织之间设立、变更、终止民事权利义务关系的协议。

意向书是双方当事人通过初步洽商，就各自的意愿达成一致认识而签订的书面文件，是双方进行实质性谈判的依据，是签订协议（合同）的前奏。

二者之间的主要区别如下。

（1）签订时间不同。合同的签订，是双方或多方就权利义务关系达成一致协议后签订。意向书是双方就某一事项达成共识后就可以签订。

（2）签订目的不同。意向书是合同的基础，但并不是所有合同的签订都必须签订意向书。意向书的签订，是为了合同签约主体就彼此权利义务能顺利达成一致，是为了合同的顺利签订。

（3）法律后果不同。合同对签约主体具有法律效力。意向书是双方或多方就某一事项达成的共识，对签约主体不具有约束力。如有的意向书明确了签约主体之间法律权利义务关系，对签约主体具备约束力，究其实质，则属于合同而非严格意义上的意向书。

第四节　经济合同

【任务签派】

××货运有限公司（简称甲方）与××航空公司（简称乙方）就国内或国际航空货物运输代理事宜达成如下协议：

（1）甲方委托乙方，由乙方代理甲方部分或全部国内或国际航线的航空货物运输业务；

（2）甲方应当正确无误、真实地制作航空货运单，内容包括收货人名称、发货人名称、货物的件数、重量、体积、出运地、始发港、运抵港、最终目的地、出运日期、货物品名、要求航班、出运价格、运费的支付方式及特殊要求等要素，并送交或传真给乙方；

（3）甲方交给乙方的运输标志必须有以下内容：收货人名称、参考号码（如合同号、___号等）、目的地名称、件数；

（4）乙方应根据甲方航空货运单的委托要求，及时办理订舱、收货、发货、制单、报关、报检、装板、交接、仓储及其他相关业务的全部业务或其中的部分业务；

（5）甲方向乙方支付运费及相关服务费用的标准及支付方式；

（6）甲方不能按时支付运费及相关服务费用的，按标准向乙方支付违约金；

（7）航班/日期除有特别约定外，是指由乙方代表承运人承诺的货物承运航班/日期，未能履行而导致甲方因此受损的，乙方应承担损害赔偿责任，但是损害赔偿的最高限额不应超过货物运输费用的__%；

（8）甲、乙双方在履行本合同过程中发生争议，应协商解决，协商不成的，提交仲裁；

（9）合同履行期限自×××年×月×日起至×××年×月×日止，本合同期满之日前，经双方协商，可自行决定该合同的延长或终止。

请根据上述材料，拟写一则民用航空货运代理合同。

【任务解读】

经济合同是平等主体的双方或多方为实现一定经济目的、明确相互权利义务关系而订立的协议。

经济合同的作用是保护合同当事人的合法利益，规范市场交易活动，维护社会经济秩序，促进经济效益提高，同时强化对企业的管理和监督，推动企业加强经济核算和经济管理，发展国内外贸易，促进经济技术交流合作。

经济合同是平等主体之间根据平等互利、协商一致、等价有偿原则所达成的协议。合同一经签订，在当事人之间就产生了具有法律意义的权利和义务关系。

民航业内经济合同涉及领域范围广、内容繁多、专业化程度高，主要有以下几类。

1. 按内容性质分

有销售合同、租赁合同、运输合同、工程合同、技术合同等。

2. 按履行期限分

有短期合同、中期合同、长期合同等。

3. 按表达形式分

有条款式合同、表格式合同、条款和表格综合式合同等。

【任务导航】

经济合同主要由标题、约首、正文、约尾四个部分组成。

1. 标题

常见的有以下三种形式。

一是由"文种"构成，即"经济合同"。

二是由"内容性质+文种"构成，如《航空旅客运输合同》《航空货物运输代理合同》等。

三是由"订立合同双方+内容性质+文种"构成，如《上海××精密仪器有限公司与××航空股份有限公司订货合同》。

2. 约首

约首位于标题之下，合同正文之前，包括合同编号、签订合同当事人的全称、法定代表人等内容。为使正文叙述方便，当事人名称可用"甲方""乙方"等代称。如为借款合同，可写"借方""贷方"；如为租赁合同，可写"承租方""出租方"；如为销售合同，可写"买方""卖方"；如为供销合同，可写"供方""需方"；如为建设工程承包合同，可写"发包人""承包人"等。

当事人名称可以左右并列，也可上下分列。

3. 正文

这是经济合同的核心部分，包括开头和主体两个部分。

（1）开头。开头也叫"引言"，要写明签约缘由、根据、目的等，常用"为了……""本着……""根据……"等领叙词引领，并用"经甲乙双方平等协商同意，签订本合同，以资共同遵守"等承接语过渡到下文。

合同的开头力求简明扼要，常用"双方在平等、自愿、协商一致的基础上""经双方协商一致""双方本着平等互利的原则，经过友好协商"等惯用语句，以体现出合同制定的合理合法性。

（2）主体。主体也叫"基本条款部分"，表述的是当事人协商一致的内容。主体内容一般应按照《中华人民共和国合同法》规定的主要条款及其主次关系依次书写。

主体的主要条款包括标的、数量和质量、价款和报酬、履行期限及地点和方式、违约责任等。

① 标的。当事人权利与义务共同指向的对象，标的不明，合同将无法履行。

② 数量和质量。数量是指对标的的计数，要具体明确。质量是指指标的性能和特征，由双方当事人协商确定。

③ 价款和报酬。这是合同标的物的价格，由当事人协商议定。

④ 履行期限及地点和方式。履行期限是指合同当事人兑现承诺的起始时间和终止时间。履行地点是指合同当事人兑现承诺的地理位置。履行方式是指合同当事人兑现承诺的方法和手段，包括标的交付方式、价款或报酬结算方式以及运输方式、计量方式、验收方式等。

⑤ 违约责任。这主要指当事人不履行合同规定的义务所要承担的经济责任和法律责任，常用违约金、赔偿金等方式来体现。

在具体的经济合同制定中，某些部分的内容可以被省略，被省略的部分常常隐含在其他部分的内容中。在不影响合同内容完整性和合同履行效力的基础上，这样的省略是可以被接受的。

4. 约尾

主要包括以下五个方面的内容。

（1）合同有效期。

（2）条款未尽事宜的处理办法。

（3）合同的份数和保存办法。

（4）合同的附件（表格、图纸、资料、实样等）。

（5）署名日期（签约单位全称、代表人签名、签约日期等），加盖印章。

有时还应写上签约单位详细地址、电话号码、邮政编码、开户银行和账号等。如有中介人或担保人，要写明中介人或担保人单位名称、姓名、印章；如有委托代理人，要写清楚委托代理人单位名称、姓名、印章；当事人地址、电话、邮编、开户银行和账号等。

【案例赏析】

民用航空货运代理合同   标题

签订时间：_____年_____月_____日
签订地点：_____   约首
甲方：（托运人）_____   当事人信息
法定代表人：_____

法定地址：_____
经办人：_____
邮编：_____
联系电话：_____
传真：_____

乙方：（代理人）
法定地址：_____
经办人：_____
邮编：_____
联系电话：_____
传真：_____

甲、乙双方依据《中华人民共和国合同法》及其他有关法律、法规的规定，在平等、自愿、协商一致的基础上，就国内或国际航空货物运输代理事宜，达成协议如下。　　　　　　　　　　　　　　　　　　　　　　正文开头说明合同法律依据及标的事由

第一条　甲方委托乙方，由乙方代理甲方部分或全部国内或国际航线的航空货物运输业务。

第二条　甲方托运货物应当真实合法，乙方在任何情况下都有权拒绝受托代理危险品或出运国、中转国、运抵国法律、法规禁止、限制运输的商品的运输业务。

第三条　甲方应当正确无误地、真实地制作航空货运单，其内容包括收货人名称、　　数量、质量
发货人名称、货物的件数、重量、体积、出运地、始发港、运抵港、最终目的地、出运日期、货物品名、要求航班、出运价格、运费的支付方式及特殊要求等要素，并送交或传真给乙方。

第四条　甲方交给乙方的运输标志必须有以下内容：收货人名称、参考号码（如：合同号）、目的地名称、件数。

第五条　乙方应根据甲方航空货运单的委托要求，及时办理订舱、收货、发货、制单、报关、报检、装板、交接、仓储及其他相关业务的全部业务或其中的部分业务。

第六条　航空运输过程中，允许航空托运单上甲方记载的货物件数、重量、体积　　赔偿责任
与实际托运的货物存在略微差异。货物准确的件数、重量、体积以乙方接收货物时乙方的检验结果为准。如果甲方对乙方的检验结果存在异议，可书面向乙方申请双方联合检验。如果双方联合检验的结果与乙方的检验结果有较大差异，检验费用由乙方承担，否则检验费用由甲方承担。如果货物准确的件数、重量、体积与甲方在航空托运单上记载的有较大差异，乙方有权选择拒绝承接该票货物的运输代理，由此导致的乙方的损失，甲方应负责赔偿。

第七条　甲方保证航空货运单上所填写货物品名和货物申明价值与实际交运货物品名和货物实际价值完全一致，并对所填航空货物运单及相关运输文件的真实性和正确性负责。

163

第八条 甲方未办理货物申明价值的，由于承运人或乙方的原因造成货物灭损的，按货物实际损失赔偿，但赔偿额最高按灭损货物毛重每公斤____元（人民币）（国内航线）/国际美元（$）（国际航线）计算。

第九条 甲方在货物出运中要求修改运单中有关项目或变更对货物的处置方式，应在航班到达目的港前____小时书面通知乙方，乙方对于甲方的此类要求应尽量满足，由此产生的一切费用和责任均由甲方承担。乙方不对未能满足甲方此类要求承担任何责任和赔偿。

第十条 甲方向乙方支付运费及相关服务费用的标准及支付方式。

第十一条 甲方不能按时支付运费及相关服务费用的，按标准向乙方支付违约金。

第十二条 航班/日期除有特别约定外，是由乙方代表承运人承诺的货物承运航班与日期，未能履行而导致甲方因此受损的，乙方应承担损害赔偿责任，但是损害赔偿的最高限额不应超过货物的运输费用的__%。

第十三条 货物交付的延误是由于不可抗力造成的，乙方不承担损害赔偿责任。货物交付的延误是由于承运人的原因造成的，由乙方协助甲方向承运人提出索赔。货物交付的延误是由于乙方的原因造成的，乙方应按标准向甲方支付违约金。

第十四条 货物在乙方掌管期间毁损、灭失的，但乙方证明货物的毁损、灭失是由于不可抗力或货物本身的自然性质或合理损耗，或者是由于甲方或甲方指定的收货人的过错造成的，乙方不承担损害赔偿责任。

第十五条 因货物运输引起的任何索赔，甲方或甲方的法律关系人应依据《中国民用航空法》的规定，再给予乙方充分时间的基础上，在法定时效内向乙方书面报告且提供相应的法律证据，由乙方代甲方或甲方的法律关系人向航空承运人提出索赔，费用由甲方承担，甲方不得因此拖欠或暂扣运费。

第十六条 因甲方或甲方的法律关系人的原因而使乙方提出上述索赔要求的时间超出法定时效的，乙方不承担法律责任。

第十七条 本合同的订立、变更、效力、解释、履行、争议的解决受——法律调整。

第十八条 甲、乙双方在履行本合同过程中发生争议，应协商解决，协商不成的，选择以下第（　　）种方式解决：

（1）提交____仲裁；

（2）依法向人民法院起诉。

第十九条 本合同自双方签字或盖章之日起生效，本合同壹式____份，具有同等效力。合同履行期限自____年____月____日至____年____月____日，本合同期满之日前，经双方协商，可自行决定该合同的延长或终止。

第二十条 经甲乙双方协商一致，可对本合同进行修改和补充，修改及补充的内容经双方签字盖章后作为合同的组成部分。

第二十一条 其他约定。

甲方（盖章）：　　　　　　　　　　　　乙方（盖章）：
法定代表人（签字）：　　　　　　　　　法定代表人（签字）：
　年　　月　　日　　　　　　　　　　　年　　月　　日
签订地点：　　　　　　　　　　　　　　签订地点：
附注：

1. 本合同文本是根据《中华人民共和国合同法》《中国民用航空法》及其他有关法律、法规制定的示范文本，合同条款为提示性条款，供民用航空货运代理合同双方当事人参照使用。

2. 本合同所称托运人是指为运输货物与承运人订立合同，并在航空货运单或者货物记录上署名的人；代理人是指在航空货物运输中，经授权代表承运人的任何人；承运人是指包括接受托运人填开的航空货运单或者保存货物记录的航空承运人和运送或者从事承运货物或者提供货运其他服务的所有航空承运人；航空货运单是指托运人或者托运人委托承运人填制的，托运人和承运人之间为在承运人的航线上承运货物所订立合同的证据。

3. 航空货运单应当作为本合同文本的附件。

4. 经双方当事人协商确定，可以对本示范文本的条款内容（包括选择内容、填写空格部位的内容）进行选择、修改、增补或删减。

5. 为更好地维护各方当事人的权益，签订合同时应当慎重，力求具体、严谨。订立具体条款，需要约定的必须表述清楚，无须约定的须载明"本合同不涉及此条款"或"本合同对此条款无须约定"。

【解析】这是一个民航业货运代理合同。本案例在写作上包括标题、约首、正文以及约尾四个部分，以及附注部分。标题部分交代了合同的类型，即为货运代理合同，而非客运或其他类型的合同。约首写明了合同当事人双方信息，包括法定代表人、公司地址、经办人以及联系电话等。正文的开头交代了合同的事由，指明了本合同的法规依据和事实依据；主体部分明确了合同标的、数量和质量、价款或报酬、履约期限、履约地点或方式、违约责任等内容。约尾部分交代了合同保存方式以及当事人双方单位名称、签约日期、签约地点等内容并盖章签字，确定法律效力。附注部分对合同未尽事宜进行补充说明。文章格式完整、要素齐全、表述规范、可供借鉴。

【注意事项】

1. 概念要明确

概念的明确与统一是写作任何应用文的基本要求，也反映出写作者的理论水平和思维水平。经济合同中常存在以下问题，如写作者写的这句话："甲乙双方应提供有效资质法律证明文件"，反映了写作者对要表达的内容似懂非懂，也让读者看得云里雾里，应该表述为"合法的资质证明文件"。

2. 结构要完整

经济合同无论采用哪种书面形式，结构都应完整。正文部分的主要条款应完备，标的、数量和质量、价款和酬金、履行的期限和地点、履行方式、违约责任等条款都应考虑周详。

3. 措辞要准确

经济合同的表达必须严密、准确。用词切忌产生歧义，句意不能含混或有漏洞。表示标的的出卖物数量、货币等数字应大写，标点符号的使用应准确到位。

4. 内容要公允

经济合同要约在涉及各利益相关方时，主要是基于谈判形成共识后的利益分割与权衡，不能出现偏袒任何一方的情况，否则就有失公允。

5. 字迹要清楚

无论采用何种方式订立合同，都要做到字迹清楚。合同一旦签订生效就不能随意改动。如果必须修改、补充，则要在双方协议的基础上进行，将双方同意的修改意见作为附件附上，修改处需当事人双方加盖印章。

【拓展训练】

一、选择题

1. 经济合同的特点是（　　）。
A. 立约人具有限定性　　B. 协约互利性　　C. 约束性　　D. 非约束性
2. 经济合同的主要内容有（　　）。
A. 标的　　B. 价款和报酬　　C. 违约责任　　D. 解决争议的办法

二、判断题（正确的打"√"，错误的打"×"）

1. 签订经济合同属于会计核算的内容。（　　）
2. 经济合同的合同期限可以是无限期的。（　　）
3. 经济合同的当事人就是法人。（　　）
4. 经济合同中表示标的的出卖物数量、货币等数字应大写。（　　）
5. 经济合同是双方当事人的法律行为。合同一经签订，在当事人之间就产生了具有法律意义的权利和义务关系。（　　）
6. 经济合同是平等主体之间根据平等互利、协商一致、等价有偿原则所达成的协议。
（　　）

三、请根据下述材料，拟写一则经济合同

【财华社讯】中国民航信息网络（00696.HK）公布，于2021年12月24日，公司（作为承租人）与民航信息集团（作为出租人）订立北京租赁协议及上海租赁协议。据此，民航信息集团已同意将北京物业及上海物业分别租赁予公司，期限为截至2024年12月31日止三年。

物业分别位于：中国北京市东城区东四西大街157号总楼面面积合共8 565.58平方米的办公大楼三至五楼，中国上海市闵行区田林路888弄总楼面面积为9 218.83平方米的5号大楼一至四楼。

根据中国企业会计准则，根据租赁协议租入的北京物业及上海物业将确认为使用权资产，其中总对价约人民币9 792.81万元用于按照北京租赁协议确认北京物业为使用权资产，总对价

约人民币 4 897.92 万元用于按照上海租赁协议确认上海物业为使用权资产。

公司自 2000 年起已将北京物业用作公司的重要大型数据中心。为确保公司业务稳定运作和发展，继续租赁并使用位于北京市区中心的北京物业的数据机房及部分办公区域，符合公司的最佳利益。上海物业由集团成员公司（如公司的分支机构、附属公司等）用作发展业务。由于上海物业的位置及面积均能满足公司所需，因此继续租赁并使用上海物业符合公司利益。

四、请完成本章节的任务签派

✈ 知识链接：合同、契约、合约、协议

合同又叫"契约""合约"，三者意思基本一致，只是说法不同而已。

合同是平等主体之间设立、变更、终止民事权利义务关系的协议。

协议是指有关国家、政党、企业、事业单位、社会团体或者个人，在平等协商的基础上订立的一种具有政治、经济或其他关系的契约。

合同与协议是两个既有共同点又有区别的概念，不能只从名称上来区分，而应该根据其实质内容来确定。

如果协议的内容写得比较明确、具体、详细、齐全，并涉及违约责任，那么即使其名称写的是协议，也是合同。

如果合同的内容写得比较概括、原则、很不具体，也不涉及违约责任，那么即使其名称写的是合同，也不能称其为合同，而是协议。

从区别的角度来说，协议是签订合同的基础，合同是协议的具体化。

第八章 民航常用职场文书

职场文书是指职场人在求职、竞聘、履职、述职、转职过程中所涉及的相关文书。求职者在进入职场前，要制作求职信、个人简历；求职者对某个职位充满热情并坚信自己的能力时，需要一份打动人心的竞聘演讲稿助力；职场人员向上级领导及下属员工陈述任职情况时，需要一份年度述职报告；职场人员因为某些特殊原因转岗时，需要一份转岗申请书。由此可见，职场文书与人们的工作、生活密不可分。

民航业内常用职场文书有求职信、简历、竞聘演讲稿、述职报告、申请书等。

第一节 求职信

【任务签派】

××航空公司拟面向××民航大学空中乘务专业2022届毕业生招聘一批女性空中乘务员，要求如下：在校成绩绩点需达到2.0分及以上，不及格科目不得多于2门；具有良好的外语（英语、日语或韩语等）水平，英语CET-6（425分以上）者优先；五官端正、身材匀称、肤色健康、动作协调，形象气质佳；热爱民航事业，有较强的服务意识，有亲和力，能吃苦耐劳；身体条件符合中国民用航空局颁布的《民用航空空中乘务员体格检查鉴定标准》（略）。

对照上述招聘启事，201906班空中乘务专业应届毕业生程瑶瑶自觉各方面条件都符合，拟参加本次招聘面试。

请代程瑶瑶拟写一份求职信。

【任务解读】

求职信，又称"应聘信"或"自荐信"，是求职者向用人单位自我推荐以谋求某个职位的专用书信。

在当今人才流动频繁的职场中，企事业单位向社会广泛招贤纳士，应聘求职和自我推荐已成为求职者就业的重要途径。绝大多数用人单位在招录人员之前会要求求职者先寄送求职材料，通过求职材料对求职者有一个大致了解后，再通知合适的求职者进行面试。

求职信作为新的日常应用类文体，使用频率极高，重要作用日益明显。

按行文背景分，求职信可分为如下两类。

1. 应聘信

求职者根据用人单位的招聘信息或者从其他渠道得知的有关岗位信息，在已知对方某些职位有空编或空岗时，根据用人单位要求向对方递交的书面信函，意在谋求某一具体职位。

2. 自荐信

自荐信一般指求职者在不知用人单位是否有岗位空缺的前提下，主动向对方介绍自己的基本情况，自我推荐、申请获得某一职位的书面信函。

【任务导航】

求职信属于书信，通常由标题、称呼、正文、祝颂词、附件、落款部分组成。

1. 标题

标题位于正文上方，居中，写明"求职信"、"自荐信"或"应聘信"，以提请阅读者关注，标题也可不写。

2. 称呼

标题之下另起一行，顶格写明用人单位名称或招聘启事中指定的有关负责人名称，如"尊敬的××公司人事部门""××经理"等。称呼后需加冒号。

求职信不同于一般私人书信，写信人与收信人事前未曾见过面，因此称呼要准确恰当、大方得体，切不可草率随意，也不宜使用诸如"亲爱的""敬爱的"之类过于亲密的词语。

3. 正文

这是求职信的核心部分，包括开头、主体、结尾三部分，涉及应聘岗位、应聘缘由、自我介绍、应聘条件以及求职意愿等内容。

（1）开头。求职信的开头，应开门见山地向用人单位表明求职意图，阐明求职缘由。

阐明求职缘由，求职者可以从以下三个方面入手：一是说明所求岗位信息的来源渠道，便于对方了解，充实求职理由；二是表明自己对用人单位的敬慕、热爱，拉近与用人单位的情感距离；三是直截了当写明求职的具体目标以及自己对应聘单位、岗位的认识。求职者对应聘单位及职位理解的深度和广度，直接影响着招聘者的判断。常用"近日，在××人才招聘网上看到贵公司的招聘广告，获悉贵公司拟招聘××（岗位名称），对比相关招聘条件，本人有意应聘××（岗位名称）"之类惯用句式开头。

（2）主体。主体部分主要介绍求职者个人情况及求职条件。主体内容要求明确交代个人基本情况，包括姓名、性别、年龄、学历、职务等。应届毕业生求职，应写明目前就读学校、专业、毕业时间等，并根据求职目标充分展示自己适合所求岗位的各种能力，一般可从以下三个方面入手：一是专业知识与技能。重点介绍自己的知识结构、优势学科以及解决实际问题的能力，如有参加实习或培训，相关单位的评价可作为此类能力的证明。二是综合素质。主要包括责任心、道德品质、工作态度、团队合作精神、组织协调能力等，求职者最好用具体的工作业绩来证明自己。三是成果荣誉。求职者介绍取得的主要成绩以及成果、获得的证书和奖励等，以切实可信的材料来证明自己胜任求职岗位。

这部分的写作，要求言简意赅，讲究针对性、适配性，避免面面俱到、冗长拖沓。

（3）结尾。此部分主要表达求职者对本工作的喜爱和求职的迫切心情，并盼望能得到面试的机会，可以适当写出入选后的想法、打算。作为信函的收尾环节，不要啰唆，应点到为止，更不能苛求对方。

4. 祝颂词

可以是表示敬意和祝愿之类的话语，如"顺颂 安祺""谨祝 秋安""祝工作顺利/身体健康"等。写作时应注意祝词与颂词的写作格式，比如"此致 敬礼"的写法，另起一行空两格写"此致"，然后换行顶格写"敬礼"。

5. 附件

附件是求职信正文的说明、补充或者支撑材料，包括个人简历、联系方式、身份证明以及个人专业能力、所获成果荣誉和有关特长爱好等的书面佐证材料。为便于用人单位查阅，可在求职信正文之后、祝颂语之下空一行编排"附件"二字，后标全角冒号和附件名称，附件名称不加标点符号。如有多份附件，可逐行编序罗列。

6. 落款

在求职信右下方书写求职人姓名和日期。

【案例赏析】

求职信 <!-- 标题 -->

尊敬的××经理： <!-- 称呼 -->

　　您好！ <!-- 问候语 -->

　　我是一名××民航大学航空服务专业2021届毕业生，从学校就业指导中心网站上，得知贵公司正在招收空中乘务员，怀着对贵公司的热爱和仰慕，寄出这封求职信，希望能获得面试机会。 <!-- 开头：明确交代自己的求职渠道、求职目标。适当表达对用人单位的敬慕，可拉近彼此间的情感距离。 -->

　　我叫王筱筱，今年22岁，成为一名空中乘务员是我从小的梦想。高考时，我凭借身高、身材优势以及优异成绩，顺利考入了××民航大学航空服务专业。

　　对比相关招聘条件，本人自觉条件适合，细举如下。

　　第一，我有扎实的专业知识。大学期间，我主修了航空服务礼仪学、民航专业英语、航空运输地理学、客舱服务心理学等课程，均取得了90分以上的优异成绩。大学期间我获得学校一等奖奖学金、英语四六级证书、计算机二级证书以及普通话二级甲等证书。 <!-- 主体：简洁明了介绍自己，从学业成绩、校外实习、校内实践、综合素质等方面有条理地阐述求职的有利条件。 -->

　　第二，我有担任空中乘务员的实践经验。去年暑假，我在××航空公司进行了为期3个月的顶岗实习。经过实习锻炼，我对空中乘务员的工作内容和性质有了初步的了解，深刻体会到了空中乘务员肩负的职责。我学会了主动、热情地为每一个旅客服务，并曾多次因妥善处理突发事件得到了乘务长和带教老师的肯定和好评，获得了"优秀实习生"的称号。

　　第三，我具有良好的沟通和协调能力。在校期间我担任宣传委员，帮助班级编发各类宣传资料，协助辅导员处理班级各项事务。我组织并参与了校园

"十佳歌手""实习之星"大赛等校级重大活动。在各种活动中，我的沟通和协调能力得到了提高。

第四，我具有良好的身体和心理素质，也有吃苦耐劳的品质。多年班干部的工作经历使我具备了敢于面对压力、勇于迎接挑战、乐观面对挫折的心理素质。

以上这些经历为我真正从事空中乘务员工作打下了基础。如蒙录用，本人将竭尽全力，为贵公司的发展作出自己的贡献！

此致

敬礼

附件：
1. 简历 1 份
2. 2018—2021 年各类荣誉证书复印件 8 份
3. 英语六级证书复印件 1 份
4. 计算机国家二级证书复印件 1 份

求职人 王筱筱
2021 年 4 月 30 日

结尾
再次表明自己求职的信心和决心，并盼望能得到面试回复。
祝颂词

附件
前文提及的材料证明都应一一附上。

落款

【解析】这是一封应聘空中乘务员的求职信。正文包括应聘岗位、应聘缘由、自我介绍、应聘条件以及求职意愿等内容。在求职缘由部分，求职者讲清楚自己的身份以及应聘的根本目的十分重要；在个人求职条件中求职者重点介绍了自己的专业知识储备和实践操作能力，用切实可信的材料证明自己胜任该岗位；结尾处的语言谦逊有礼，体现出良好的个人素质。

【注意事项】

1. 内容要有针对性

求职信是求职者针对用人单位的要求以及个人的求职目标来写的，具有较强的针对性和目的性。求职者应根据用人单位的实际需求有选择地陈述内容，不要泛泛而谈，如"本人爱好广泛，能胜任各种工作"之类的话语应尽可能避免。求职信内容要根据用人单位的选拔条件，抓住重点、有的放矢，突出求职者自身优势。

2. 材料要真实客观

求职者写求职信必须实事求是，不能夸大其词，更不可虚构材料、编造业绩。

3. 行文要突出个性

求职者通过求职信中展现自己的特长、优势、业绩、能力、个性等"闪光点"以吸引用人单位的关注，让用人单位认识自己、了解自己、信任自己，并最终决定录用自己。因此，无论是内容还是形式，求职信均要表现出比较明显的个人特色。

4. 语言要谦和诚恳

求职者充满自信地推荐自己是必要的，但要注意措辞有分寸，做到不卑不亢、言辞诚恳、情真意切，切忌使用"请务必回复""请从速答复"等命令、指示性的词语。

5. 格式要严谨规范

求职信的格式有一定的要求，内容要求简练、明确，切忌模糊、笼统、面面俱到。求职信的文面要整洁，杜绝错别字。

【拓展训练】

一、选择题

1. 求职信应当（　　）。
   A. 代替简历　　　　　　　　　　B. 面面俱到地介绍个人
   C. 在结尾处告知个人的联系方式　　D. 业绩可适当夸大

2. 以下求职信语句，表达正确的是（　　）。
   A. 本人于6月20日要放假回家，敬请人事经理务必于6月15日前复信为盼
   B. 因为贵公司一贯尊重人才，所以盼望得到贵公司的考虑和录用
   C. 感谢您百忙之中抽暇审阅这份材料，期待您的早日回复
   D. 现已有多家公司有意向聘我，所以请贵公司从速答复

二、请指出下面这则求职信中的错误，并加以修改

求职信

亲爱的领导：

　　我叫×××，是原××航空股份有限公司的一名空中乘务员。由于原单位工作强度过大且本人得不到领导的重视，所以想在贵单位谋求一份乘务员的职位。

　　在原单位工作的这些年，我觉得自己对乘务员的各个工作环节都非常熟悉，完全能够胜任贵公司的岗位要求。假如您不录用我，这是公司的损失。请尽快回复。

张琪　敬上

三、请根据下面这则招聘启事，结合个人实际情况，拟写一则求职信

××航空股份有限公司2021年度乘务（安全）员岗位招聘启事

为满足公司发展需求，××航空股份有限公司计划面向社会招收民航航空乘务员/安全员兼乘务员若干，热诚期待广大热爱民航飞行事业的有志青年加盟！

一、岗位职责

（一）空中乘务员职责

客舱乘务员的主要职责是确保客舱安全，其职责包含但不限于以下内容：

1. 遵守法律法规和公司政策，按照公司程序手册指令开展工作，保障机上乘员安全；
2. 服从机长、乘务长管理，向机长、乘务长汇报，保持与机长、乘务长和客舱机组成员之间的沟通；
3. 要求旅客遵守法律法规、公司政策手册和机组指令，维持客舱秩序，协助机长和空中保卫人员做好安全保卫工作；
4. 在满足和确保安全的前提下，可以为旅客提供适当的服务；如遇有颠簸或其他不正常、不安全的情况，客舱乘务员可以调整、删减服务程序，或不提供服务；

5. 收集旅客反馈信息、航班运行中的信息和客舱设备信息，并向乘务长汇报；

6. 处置客舱内发生的各种不正常情况；

7. 完成必需的训练，确保个人资质符合飞行要求；

8. 按规章和合格证持有人政策合理安排休息，保证身体和心理健康情况符合飞行要求。

（二）空中安全员职责

1. 在旅客登机前和登机后对客舱进行检查，防止无关的人员、不明的物品留在客舱内；

2. 制止与执行航班任务无关的人员进入驾驶舱；

3. 在飞行中，对受到威胁的航空器进行搜查，妥善处置发现的爆炸物、燃烧物和其他可疑物品；

4. 处置劫机、炸机及其他非法干扰事件；

5. 制止扰乱航空器内秩序的行为；

6. 协作有关部门做好押解人犯、被遣返人员在飞行中的监管工作；

7. 协助警卫部门做好警卫对象和重要的旅客乘坐民航班机、专机的安全保卫工作；

8. 发现危险源后及时在 SMS 平台上发起报告，负责职责范围内 SMS 报告的分析，落实 SMS 报告中相关的整改措施；

9. 执行上级交给的其他安全保卫任务。

二、招聘条件

（一）学历：2022 年毕业的大学专科及以上学历（含非全日制）。

（二）年龄：18~25 周岁。

（三）净身高：女性：165~174cm，
　　　　　　　男性：174~184cm。

（四）外语：具备一定外语（英语、日语、韩语优先）水平（有良好听、说能力）。

（五）面试时间：2022 年×月×日。

（六）面试地点：××民航大学逸夫楼 1 楼。

三、面试材料（略）

四、请完成本章节的任务签派

✈ 知识链接：求职信与简历

有些求职者常常用简历代替求职信，这是不严谨的。它们既相互独立，又不能互相替代；既紧密联系，又不能混为一谈。

一、书写格式不同

（1）标题不同。求职信属于书信，其标题用"求职信"，或干脆省略标题，直接用一般书信形式来行文。简历的标题非常单一，就叫"简历"或"个人简历"。

（2）称谓不同。求职信有称谓，比如尊敬的领导、某单位的负责人等，给不同的收信人，在称谓上有明确的区分。而简历不必用称呼，在标题下直截了当地填写个人经历和业绩等就可以了。

二、内容重点不同

（1）求职信主要是阐述求职者求职的缘由和求职条件，力求说明求职者的能力是能够胜任工作的，求职者的技术和特长是适合这类工作的，用已取得的成果证明求职者的潜力。简历主要侧重展示求职者的资历，是针对用人单位的求职条件做更为详尽的描述。

（2）个人简历也可以说是求职信的附件，是求职信的补充和佐证材料。一份好的简历往往可以起到画龙点睛、锦上添花的作用。

一般来说，求职信在前，简历附在其后，可以起到立体展示求职者的效果。如果只有求职信而无简历，就会使用人单位产生对求职者了解不够具体的感觉；如果只有简历而无求职信，用人单位对求职者在哪方面更适合觉得不明确。因此，求职信和简历是相互补充的。

第二节 简历

【任务签派】

××航空公司拟面向××民航大学航空乘务专业 2022 届毕业生招聘一批男性安全兼乘务员，要求如下：具有良好的外语（英语、日语或韩语等）水平，英语 CET-6（425 分以上）者优先；普通话发音标准、口齿清晰、表达流利；五官端正、身体匀称、肤色健康、动作协调，形象气质佳；身体健康，体能优秀；反应灵敏，性格开朗乐观，心理素质良好，有擒拿格斗训练经验者优先考虑。

对照上述招聘启事，2020 级航空乘务专业 8 班李云龙同学自觉各方面条件都符合，拟参加该次招聘面试，请代为拟写一份简历。

【任务解读】

简历是求职者通往求职面试的有效"绿卡"，它和求职信一样，是求职者求职时不可或缺的应用文书，是带给面试官第一印象的重要文书。

简历是对求职者的背景、优势、成果等相关信息的简要概述。

对初出校园的学生而言，简历是一份郑重的自我介绍文书，也是意味着对过往成长经历的一次全面梳理。求职者应根据自我职业规划，锁定求职目标，针对不同单位不同工作岗位特点制作出有针对性的、个性化的简历，恰到好处地把个人良好的自我形象立体地展现出来。

按照外在形式分，简历可分为如下三类。

1. 单页简历

将个人信息、求职意向、教育背景、工作经历等内容集中在一个页面进行表述。单页简历适用于大学毕业生、职场新人以及只有一二年工作经验的求职者。对那些考虑转行，并且没有太多与新行业相关工作经验的求职者来说，最好使用单页简历。

2. 双页简历

当求职者想在简历上添加更多内容时，可采用双页简历形式。需要注意的是，第二页通常不如第一页那样引起读者太多关注，设计时应仔细斟酌。

3. 多页简历

对那些学习或工作经历比较丰富，参与科研项目、发表论文、出版专著、获得成就等较多的求职者来说，可能需要将简历扩展至三页或更多页面。一般来说，第一页为封面，注明个人简历、应聘者姓名等，设计上要求美观、简洁、大方；第二页为自荐信，要求言简意赅，也可省略不写；从第三页开始，为简历正文，通常以表格形式，依次写明个人基本情况、专业、院校、技能、社会实践、工作经验、自我评价等内容，设计上要求美观大方。正文之后是成绩单、荣誉证、资格证、毕业证等相关材料复印件；最后一页为封底。

【任务导航】

简历没有固定的写作格式，其主要内容一般包括标题、个人信息、求职意向、教育背景、社会实践经历、校园实践经历、奖励荣誉、自我评价八个部分。

1. 标题

标题可以直接以"简历"二字为题，也可以在"简历"之前写上求职者的姓名。

2. 个人信息

个人信息是指与求职者有关的个人基本情况介绍，包括姓名、性别、年龄（出生年月）、政治面貌、籍贯、民族、联系方式（电话、E-mail）、照片等。

3. 求职意向

在简历上方的显要位置标明所要应聘的岗位名称，便于招聘人员第一时间了解求职者的求职意向。

4. 教育背景

教育背景是介绍求职人的受教育经历，如毕业的学校、专业、学历和时间，可适当列出求职者大学阶段的主修、辅修及选修课的科目和成绩，尤其要体现与所谋求的职位有关的教育科目、专业知识。一般来说，教育经历是按照倒叙的方式，时间由近及远来书写的，主要以求职者最近的学习经历为主。

5. 社会实践经历

社会实践经历是简历的重要组成部分。初出校门的大学生，社会实践经历包括兼职工作经验、培训经历、实习经历和实习单位的评价等。已出校门的大学生，在此部分主要写参加工作之后各阶段的情况，要注意突出个人的主要才能、贡献、成果以及工作中具有典型意义的事迹等。

6. 校园实践经历

对于未走入职场的大学生而言，生活的主要环境是校园。校园实践经历可包括大学生在学校、班级或学生社团担任的社会工作、职务，参与的勤工助学活动、校园及课外活动、志愿者工作以及参加的各种团体组织等。

7. 奖励荣誉

奖励荣誉包括求职者所获得的荣誉证书、荣誉称号、出版物上发表的论文以及与计算机、英语、普通话、职业资质相关的各类证书。

8. 自我评价

自我评价是对自己的职业优势进行的总结，要求突出自身与所应聘岗位的匹配度。评价中也可适当提及求职者个人的兴趣爱好，便于用人单位了解求职者的生活情况。自我评价切忌主观、堆砌辞藻，一定要有经历，有可量化的结果，并且把字数控制在200字以内。

总之，个人简历的写法比较灵活，无论采用哪种形式，求职者都要突出个性、富有创意，向用人单位展示自己，达到成功推销自己的目的。

【案例赏析】

个人简历

		标题
姓名：×××	出生年月：2002年8月11日	基本情况
民族：汉	政治面貌：预备党员	简洁明确、排版整齐。
籍贯：××		
住址：××市××区××路××号××室		
电话：×××××××	邮箱：××××@163.com	

求职意向

××航空公司空中乘务员

教育背景

2018.9—2021.6　　××航空航天大学　航空乘务专业　本科

主修课程：客舱服务、乘务英语、民航危险品运输、形体礼仪

综合排名：班级前5名

2016.9—2018.6　　××市××高级中学　高中

社会实践经历

2019.6—2019.9

培训机构：英国航空公司 SEP Awareness Day

培训内容：跳滑梯、水上救援、火灾处理

2020.6—2020.9

培训机构：英国西南柴郡学院

培训内容：体验英国学生的生活，参与航空知识等专业课程的学习，参观白金汉宫、大英博物馆等知名景点，对英国的风土人情有了更深入的了解

校园实践经历

2021.3　　参加学校礼仪活动的节目录制　　　　展示旗袍盘扣

2020.11　　参加学校职业体验日活动　　　　　担任迎宾礼仪

2020.9　　参与学校第五届外语文化节活动　　　录制配音短片

奖励荣誉

职业技能证书：大学英语六级证书、普通话二级甲等证书、日语三级证书 JLPT-3、计算机二级证书

（侧注：求职意向置于开头，十分醒目，有利于招聘者对应聘者的归类。教育背景 社会实践经历 针对性强，匹配度高。经历描写翔实，富有过程感。校园实践经历从着装礼仪、志愿服务、英语口语等不同维度，展示个人全面的职业风貌。）

荣誉证书：国家奖学金、优秀学生干部、三好学生

自我评价

　　大学期间，本人接受过为期3个月的客舱服务专业化培训，具备相关工作技能；英语六级，日语三级，听说读写流畅；喜欢旗袍、配音、礼仪展示；多年学生干部的工作经历，造就了本人热情开朗、谦和友善、积极主动、乐于助人的性格，让本人获得了人际沟通技巧与协调管理经验的双丰收。

> 奖励荣誉
>
> 体现出奖项荣誉的类型和含金量。
>
> 自我评价

【解析】这是一份单页型简历。简历包括标题、基本情况（个人信息）、求职意向、教育背景、社会实践经历、校园实践经历、奖励荣誉、自我评价八个部分。基本情况部分保留了个人联系方式，有利于用人单位的联络沟通。简历求职意向简洁明了，指向性强。这份简历最大的亮点是求职者的社会实践和校园实践经历，重点突出、角度多样，与空中乘务员这一求职意向的匹配度很高。

【注意事项】

1. 内容要真实客观

简历是求职者交给企业的第一张"名片"，不可以造假掺假，但可以做优化处理，弱化缺点、凸显优点。相较于有工作经历的职场人，大学生没有丰富的工作经历，这是弱势，写作时需要巧妙处理，如强调"勤奋踏实……迅速掌握新技能"，或表示愿意接受较低的薪水、不起眼的工作；要善于在简历中有效地掩饰实践空白和教育背景缺陷。

2. 形式要与众不同

如果想要求职成功，简历是需要花心思设计的。一方面求职者要将自己的过往经历有条理地表达出来，梳理出个人教育背景、社会实践经历、职业技能等重点内容；另一方面求职者要适当运用一些现代化编辑技巧，如使用各种字体、粗体字、下划线等，保证内容的一目了然。富有创意的简历更容易受到招聘者的"青睐"。曾经有一个寻找网络产品经理工作的求职者，将简历设计成了亚马逊产品页面，将自己作为商品进行"推销"。这份创意简历很快就吸引了全球约300家用人单位的注意，最终帮助他拿到了心仪的工作。

3. 语言要简洁明确

简历力求篇幅简短而富有感染力，体现出明确的求职目标，内容尽量压缩至一至两页纸。求职者要把最有价值的内容放在简历中，语言要平实客观、精练，要善于用事实和数字强化自己的强项，少用"认真严谨""爱岗敬业"之类显空泛的词语。

【拓展训练】

一、判断题（正确的打"√"，错误的打"×"）

1. 简历制作没有统一格式，可以别具一格。　　　　　　　　　　（　　）
2. 简历应当展示个人的全部经历。　　　　　　　　　　　　　　（　　）
3. 简历中应体现求职者薪酬的历史记录和待遇要求。　　　　　　（　　）
4. 简历中实践经历只需写出求职者的实践岗位，过程和结果可以不提。（　　）

二、写作题

请根据本章第一节"拓展训练"第三题所给材料"××航空股份有限公司 2021 年度乘务（安全）员岗位招聘启事"内容，结合自身实际，拟写一份个人简历。

三、请完成本章节的任务签派

知识链接：如何让工作经历提亮你的简历

简历是求职者的"敲门砖"。

怎样写好工作经历，为自己赢得面试的机会呢？以下两种实用写作方法可供参考借鉴。

一、"5W1H"写作法

求职者要在简历中突显自己的"卖点"，可以采用 5W1H（Who、What、Why、Where、When 和 How）写作法，剖析自己过往的工作经历、工作内容、工作职责。

如一个实习工作中的项目：

（1）What 指的是项目是什么，做什么。

（2）Why 指的是为什么要这么做，有什么意义。

（3）Where 指的是项目实施的地点或者项目适用的地点。

（4）When 指的是时间，即项目实施的时间，最好按照项目实施流程来介绍。

（5）Who 指的是你在项目中担任的角色。

（6）How 指的是在项目实施中遇到什么问题，你是怎么实现和解决的。

二、PAR 写作法

PAR 是 project、activity、results 的首字母缩写。运用 PAR 陈述法可以有效地扩充求职者相对较少的工作实践经历，突出求职者的能力和技能。具体写法如下：

（1）P：写出实习工作或项目（Project）的名称、背景、任务和工作。

（2）A：写出你在这段经历中的行为（Activity）。

（3）R：写出你在这段经历获得的结果（Results）或收益。

用 PAR 陈述法写工作经历，需要注意：一要通过具体实在的行动展现求职者的技能；二要在工作经历中列出一些数字来量化结果，如节省的开支量、服务过的客户数、获得奖励或表彰数等。

第三节　竞聘演讲稿

【任务签派】

程莉莉是××民航大学航空乘务专业的大四学生。今年4月，她通过参加校园双选会进入××航空公司进行顶岗实习，实习岗位为空中乘务员。指导老师张老师拟采取公开竞聘的方式，从众多顶岗实习的学生中挑选一名同学担任实习组长。对比有关要求，程莉莉自觉条件适合，并有意参与这一职务的竞聘，请代为拟写一份竞聘演讲稿。

【任务解读】

竞聘演讲稿，又称"竞聘报告""竞聘书"，是竞聘者在竞聘会议上向与会者发表的一种阐述自己竞聘条件、竞聘优势，以及对竞聘职务的认识、对被聘任后的工作设想等的应用文书。

竞聘演讲稿的撰写，是竞聘上岗演讲的一个不可忽视的重要环节。

竞聘演讲稿具有鲜明的目标性，需要明确表达出竞聘者所要竞聘的目标，即具体的某个岗位。文稿中所选用的一切素材和手法都是为了实现竞聘成功这一目标而服务的。

竞聘演讲稿的写作要体现出竞聘者人无我有、人有我强、人强我新的优势，要求竞聘者无论是展现个人自身的条件，还是展现自己任职后的施政设想，都体现出胜人一筹的特点。

按职位类属进行分类，竞聘演讲稿在民航领域的应用可分为如下三类。

（1）机关岗位竞聘演讲稿。其适用于竞聘从事国家管理和行使国家权力的民航局所属各机关单位相关岗位职务。

（2）事业岗位竞聘演讲稿。其适用于竞聘受国家机关领导的学校、医院、某些研究所等民航事业单位相关岗位职务。

（3）企业岗位竞聘演讲稿。其适用于竞聘航空公司、机场等民航企业单位相关岗位职务。

【任务导航】

竞聘演讲稿的基本结构一般可以分为标题、称呼、正文、落款四部分。

1. 标题

标题一般有三种写法，一种是文种标题法，即只写"竞聘书"三个字；一种是公文标题法，由竞聘人和文种构成或竞聘职务和文种构成，如《关于××大学学生会实践部部长的竞聘报告》；一种是文章标题法，可以采用单行标题形式拟写，也可采用正副标题形式拟写，如《平凡岗位立壮志，倾情奉献在蓝天——乘务一分部乘务长岗位竞聘书》。

2. 称呼

称呼是指对评委或听众的称谓，常用"各位评委""各位领导""各位听众""各位同事"等称呼，表示对与会者的尊重，引起与会者的注意。

3. 正文

正文包括开头、主体和结尾三个部分。

（1）开头。开头阐明竞聘岗位名称及竞聘缘由。开头常用"非常感谢给我这次争取新岗位的机会"一类句式引领。开头应写得简明扼要、自然真切、干净利落。

（2）主体。这是全文的重点和核心，通常围绕以下三个方面展开。

一是介绍个人情况。简要介绍竞聘者自己的基本情况，如年龄、政治面貌、学历、现任职务等，使评委和听众了解竞聘者情况。这部分的介绍要求真实、简要、突出个性。

二是摆出竞聘条件。竞聘条件包括竞聘者的政治素质、业务水平、工作经历和具备的能力等。竞聘条件的完整阐述为评委比较和选择提供依据。

三是提出施政目标及举措。这是竞聘演说的关键。一般来说，评委除了会关注竞聘者的基本条件外，更关心竞聘者的施政目标和施政措施。竞聘者提出的施政目标和施政措施，既要适应社会以及企业发展的总体形势，又要体现部门特点。施政目标要具有客观性、明确性和先进性，围绕评委对竞聘岗位较为关注的热点、难点、重点提出；措施必须明确具体，从岗位工作出发，有较强的可操作性。目标和举措要定性、定量相结合，能具体量化的尽量量化，便于评委比较和评估。

（3）结尾。结尾要用简洁的话语表达竞聘的决心、信心，表明自己的态度。

4. 落款

在竞聘稿右下方写明竞聘人姓名和日期。

【案例赏析】

竞聘演讲稿

各位领导、评委：

  大家下午好！

  非常感谢公司为我提供展示自己、推销自己的机会！谨此，请让我对大家多年来给予我无微不至的关心、帮助和支持表示衷心感谢！

  我叫杨峥，来自×航客舱服务部乘务二部，是一名有着4年客舱服务一线工作经验的乘务员，本科学历，中共党员。

  今天我要竞聘的是乘务长一职，理由如下。

  工作经验丰富。我是在2018年7月进入客舱部工作的。四年来，我一直工作在客舱服务一线。感谢客舱部领导和同事们的关心、支持与帮助，让我从一名理论多于实践的懵懂大学生迅速成长为一名理论与实践兼备的业务能手，并能在部门、公司以及民航系统举办的各级各类业务比赛中斩获佳绩。2021年，我被评为×航服务先进个人，这既是对我多年努力工作的肯定，更是一种鼓舞、一种鞭策和激励。

  勤于学习思考。多年来，我始终秉承"顾客至上""真诚第一"的服务理念，努力钻研业务，虚心向客舱部领导和同事请教，以身边优秀乘务员为标杆，勤勤恳恳、任劳任怨，发挥了先锋模范带头作用。我喜欢学习，勤于思考，乐于与同事分享客舱安全服务优秀案例，以实现共同提升、共同成长。作为客舱部业余通信员，我曾在客舱部公众号和中国民航报上发表多篇通信报道，弘扬先进典型，传承优秀班组文化，推动了学习型、创新型、服务型品牌团队建设向深里走、实里走。

  心理素质良好。我是一名共产党员，深知"五个属性"对民航安全工作的重要意义，始终站在讲政治的高度看待客舱服务工作，脚踏实地做好客舱服务工作。多年的客舱服务工作经历，磨炼了我过硬的心理素质，遇到突发事件临危不乱、处变不惊。在"5.18"飞机颠簸事件中，我沉着冷静，处置得当，在个人能力范围内实现了安全保障最大化和服务最优化，受到了旅客的表扬以及公司领导和同事们的称赞。

  性格乐观开朗。我为人低调，性格沉稳，积极乐观，待人真诚，善于与人沟通，无论是在生活中还是在工作中，都能与不同性格的人和谐相处，被同事们亲切地称呼为"暖宝宝"，被旅客们赞誉为"小凌燕"。

右侧批注：标题　称呼　问候语　正文　主体　先简要地介绍个人的基本情况，从业务水平、心理素质、性格特质等方面多层次地阐述自己有利的竞聘条件。

第八章　民航常用职场文书

人们常说，服务工作就像是木桶打水，哪一片木板不齐，这个水桶就装不满水。优质的客舱服务需要团队协作才能实现。如果能成功竞聘乘务长一职，我希望通过以下几个方面的努力，打造一支团结进取、合作共赢的精品团队，做优做精做强客舱服务品牌，为公司的社会企业文化形象赋能增值。

一、牢记"三个敬畏"，筑牢安全底线

坚持以人为本的作风精神和追求团结凝聚奋进合力，强化客舱作风建设，从制度机制改革入手，往理念思路深入，在方式方法上着力教育引导团队成员践行"三个敬畏"意识，牢记安全底线，做到事事有着落，件件办仔细，以优质服务保障民航运输安全。

二、坚持"顾客至上"，打造诚信文化

真情服务与飞行安全是民航发展的两大引擎。服务和安全相互影响、相辅相成、辩证统一。在团队中推行"顾客至上""真诚服务"理念，树立"言而有信"的职业操守，既是对民航局提出的"践行真情服务"的积极响应，也是做优做强客舱服务品牌的关键。

三、当好"桥梁纽带"，营造良好氛围

乘务长作为航空公司的基层管理者，是飞行中比较重要和有影响力的角色。乘务长在工作中应注意组织、协调、管理与沟通，使自己成为工作的纽带和桥梁，把组员们紧紧联系在一起，进而形成一支强大而高效的团队，使自己、组员和旅客相互感染、相互影响，营造出积极、轻松、温馨、愉快的客舱文化氛围。

四、注重分工合作，发挥优势潜能

在执行航班任务时，要把工作落到实处，不走形式，根据任务全程各阶段的不同特点开展组织工作。要对乘务员进行合理的分工，通过优化组合使组员发挥出最好的潜能。要充分体现管理执行的艺术性，将安全要领、服务要领融入各项管理中，让所有组员明确航班安全和服务的目标和方向，让每个组员对工作有愉快感和意义感，进而协同配合全体团队成员共同为旅客带来愉悦的出行体验。

"不可以一时之得意，而自夸其能；亦不可以一时之失意，而自坠其志。"机遇与挑战同在，我相信机遇从来都是垂青于勤勉、执著、奋进之人。无论今天竞聘成功与否，我都将一如既往，勤奋工作，力争上游！

谢谢大家！

竞聘人　杨峥
2022年6月6日

旁注：
- 然后结合岗位需求，提出自己的施政目标和施政措施。目标具体明确，均是客舱服务的重难点；措施具有较强的可操作性。
- 结尾表明竞聘的决心、信心。语言谦和诚恳，情感真挚。
- 落款

【解析】 这是一份乘务长竞聘演讲稿，结构上包括标题、称呼、正文、落款四个部分。其中正文部分为竞聘演讲稿的中心内容，竞聘者先是用简洁的语言介绍自己的基本情况，阐述了个人竞聘的有利条件，给予评审者比较与选择的条件；之后所提出的施政目标和举措，紧扣部门特点和工作重难点，采用"一、二、三……"分条列项的方式阐述，条理清晰、内容充实。

【写作提示】

1. 实事求是，客观准确

竞聘者应实事求是、言行一致；所介绍的经历和业绩要客观实在；所涉及的事实、材料、数据要符合实际、准确无误。

2. 深入调研，有的放矢

写作竞聘演讲稿前，竞聘者需对竞聘岗位做深入细致的调研，力求找到解决岗位问题的最佳方法，同时顾及听众的需求，有的放矢地选择主题内容和语言表达方式。

3. 主旨明确，中心突出

竞聘演讲稿要求主题集中明确，即全文表达的中心意思单一，围绕一个中心，突出一个重点。切忌出现多重点、多中心，让人理不清竞聘者的说话思路。

4. 谦和诚恳，情感真挚

评委及与会者是不会接受狂妄傲慢、目中无人的竞聘者并委以重任的，所以写作竞聘稿要讲究语言的艺术，表述要谦和诚恳，情感要真挚可信。要恰如其分地表情达意，避免夸大其词、哗众取宠，让人产生反感。

【拓展训练】

一、判断题（正确的打"√"，错误的打"×"）

1. 竞聘演讲稿在介绍自己经历的时候一定要做到事无巨细，把每个阶段的经历都要如实交代，最好用记"流水账"的方式展示。（   ）
2. 竞聘演讲稿中的构想和方案只是未来展望，不用太细化。（   ）
3. 为了突出优势，竞聘者可以对自己的履历做一些适当的夸张。（   ）
4. 竞聘演讲稿中的施政目标必须有切实可行的措施做保证。（   ）
5. 竞聘演讲稿的结尾要表达出竞聘者只能成功、不能失败的决心意志。（   ）
6. 竞聘演讲稿作为书面材料，不需要考虑是否便于口头表述。（   ）

二、请完成本章节的任务签派

知识链接：竞聘演讲的"三个细节"

竞聘演讲有"三个细节"不应忽视。

一、目光交流

（1）若读稿陈述，每读完一段话，要抬头与评委进行目光交流；
（2）若是PPT演讲，则要将70%的时间用在与评委的目光交流上；
（3）若脱稿陈述，目光要做到瞻前顾后、以点带面，照顾到全场；
（4）回答评委提问时，不仅要注意与提问的评委做目光交流，还要兼顾到其他评委。

以上方法，竞聘者如果能灵活做到位，给评委的印象是交流意识强，自信从容。

二、心态调整

（1）上场之前，深吸几口气，会明显感觉紧张减轻；
（2）上场的步伐迈得轻盈有弹性，自信心会油然而生；
（3）站着讲时，身体的重心尽量落在前脚掌上，身体自然会挺拔；
（4）若是坐在椅子上，两脚要踏地，会感到心里有底气；
（5）站稳或落座后，用目光与评委略做短暂交流后再开口，会显得沉稳、胸有成竹。

以上几点，竞聘者若能够按要求做到位，不仅能给评委得体、从容的印象，还会因为心理上的放松，能有超水平的发挥。

三、应对策略

面对评委的提问，竞聘者要做到反应快速、重点突出、条理清晰地应答，可参考运用以下几种策略。

（1）抛球法，即用虚心的语气语调，礼貌地请教评委："抱歉，刚才您问的问题我没太听清楚，烦请您再说一遍好吗？"以赢得更多的思考时间。
（2）带球法，即自己复述一遍刚才评委的问题，比如："您好，如果刚才我没理解错的话，您提问的问题是……"。自己复述时等于是在审题，同样可以起到赢得思考时间的作用。
（3）拍球法，即从问题中的基本概念解释起，找到问题的原点，激发解答问题的灵感。

以上三种应答策略，适用于竞聘者因一时紧张下的思维缓冲。如果遇有确实不知道的问题，竞聘者应如实回答不知道，切不可乱用策略。切记，诚实本分，是竞聘者应有的品德。

第四节　述职报告

【任务签派】

××航空公司客舱服务部拟于12月25日组织召开2021年度客舱乘务检查员年度述职报告会，研讨推进客舱乘务检查工作标准化、科学化、人性化，不断完善资质管理，精铸乘务检查员队伍质量，促进客舱安全管理和服务业务水平再上新台阶。

请以检查员方芳的名义，拟写一份个人年度述职报告。

【任务解读】

述职报告是指各级机关、社会团体和企事业单位的领导及工作人员，向所在单位的组织人事部门、上级机关或职工群众如实陈述本人在一定时期内履行岗位职责的情况，进行自我回顾评估、鉴定的书面报告。

"述职"一词由来已久。述职报告的内容必须紧紧围绕述职人本岗位职责和目标。无论是汇报工作实绩还是说明存在问题、提出日后的工作设想，所有的内容都被限定在述职人的职责范围内。不属于自己的岗位职责，即使做了某些工作也不需写入报告中。

述职报告的重点在于阐述工作实绩，即在述职人任职期间做了哪些工作，有什么突出贡献，包括工作质量、效率、完成情况等，客观公正进行自我评价。述职人描述实绩切忌泛泛而谈、抽象论证或含糊其词、文饰过非，须真实准确、语言质朴平实。

述职报告是考察人考察员工工作情况的重要依据之一，一般都要存入干部人事档案，具有极强的严肃性。

根据履职时间长短，可将述职报告分为三大类。

1. 年度述职报告

这是指一年一度的述职报告，写本年度的履职情况。

2. 任期述职报告

这是对任现职以来的总体工作情况进行报告的报告，通常涉及时间较长，工作面较广，要求写出一届任期的履职情况。

3. 阶段述职报告

该报告对于对担任某一项临时性职务或任现职以来某一阶段内的履职情况进行报告。

【任务导航】

述职报告的写作结构一般由标题、称呼、正文、落款四部分组成。

1. 标题

标题有三种常用写法：一种是文种式，直接以文体名称作为标题，如《述职报告》或《我的述职报告》；一种是公文式，由"履职时限+履职名称+文种"构成，如《20××年至20××年任××职务期间的述职报告》；一种是文章式，主标题点明报告人履职期间的主要成绩、经验或教训，副标题补充说明报告人姓名、履职时限、文种名称等，如《以创新为基础开创××工作新局面——×××2021年述职报告》。

2. 称呼

书面履职报告的称呼，要写明主送单位名称，如"××党委""××组织部"或"××人力资源部"等；顶格写在标题下一行，后加冒号。

口头履职报告的称呼，主要是写对述职会议现场听众的称呼，具体依会议性质及听众对象而定，如"各位代表""各位领导，同志们""尊敬的各位领导、来宾"等。

3. 正文

述职报告的正文一般分为开头、主体和结语三个部分。

（1）开头。开头介绍任职的基本情况，包括在何时任何职、变动情况及相关背景，岗位职责、考核期内的目标任务情况及个人认识，对自己工作尽职的整体评估等，以确定述职范围和总体基调。这部分内容无须过多展开，简明扼要即可，一般会用"现作述职报告如下""现将本人落实××工作情况述职报告如下"等过渡语句引出报告的主体部分。

（2）主体。这是述职报告的核心内容，主要写实绩、做法、经验、体会以及教训、问题等。主体主要陈述以下几个方面的内容：主持开展了哪几项工作，结果如何；协助他人开展了哪几项工作，结果如何，自己在其中发挥的作用；任职期间贯彻执行了上级部门出台的哪些方针政策，成效如何；面对上级的重要指示，自己是如何落实的，效果如何；开展工作中存在什么问题，原因何在，自己应负什么责任，有何教训，如何改进；工作中遇到了哪些新的情况和问题，如何处理，等等。在结构安排上，可以按照时间顺序展开陈述，将工作分为若干个阶段；也可将工作情况分为几个方面，分别陈述。

（3）结语。如为书面述职报告，可写"以上报告，请审阅""特此报告""请审查"等结束语；如为口头报告，可用"以上报告，欢迎领导、同志们批评指正""我的述职到此为止，谢谢大家"等作为结语。

4. 落款

落款处写上述职者姓名和述职日期，如职务名称在标题中已呈现，则可省略。

【案例赏析】

述职报告 <!-- 标题 -->

尊敬的各位领导、同事： <!-- 称呼 -->

大家好！

按照有关通知要求，现将本人2020年履职情况汇报如下。 <!-- 正文 -->

2020年，是我担任乘务长的第四年。一年来，我严格遵守公司和部门各项规章制度，坚持严于律己、宽以待人、严谨细致、积极进取，以高度的责任感和使命感，顺利完成了公司下达的各项飞行任务，全年未发生重大安全事故及服务质量事故。我的工作得到了领导和同事们的肯定，并获得了2019—2020年度"集团工会先进女职工"的光荣称号。 <!-- 开头 概述个人基本情况及取得的主要工作成效。 -->

一、主要工作成效

一年来，我紧紧围绕"安全职责与服务程序"这一中心工作，坚持"三个落实"、淬炼"二项技能"、做实"三个方面"，团结带领班组成员苦练基本功，不断规范客舱服务流程，有效提升客舱服务质量。 <!-- 主体 简述主要实绩、做法、经验、体会以及问题不足。 -->

（一）坚持"三个落实"，筑牢安全根基

安全是民航最大的政治。客舱服务工作必须以保证安全为首要。作为乘务长，保障民航旅客运输安全不仅是职责所需，更是一种政治责任。我坚持用"三个落实"来管好工作，带好队伍。一是落实十大关键风险管控。将客舱十大风险管控按划分为三类，按照风险等级高低，有针对性地督促指导乘务员在航班飞行过程中，根据自身所处的环境或实际情况，及时分辨、准确把握，做到预防在先，应对措施执行到位。二是落实责任到人机制。我正确处理疫情防控、航空安全、运行保障、客舱服务之间的关系，认真贯彻落实集团公司的各项部署，坚持把疫情防控与航空安全放在第一位，教育引导班组成员提高政治站位，明确岗位职责，做好组内协同配合，共保航班运输安全。三是落实航前准备和航后讲评制度。我通过文件宣导、案例分析、要点问答等多种方式，强化班组成员对业务知识和文件精神的理解、把握与应用，优化航前准备会质量，提升客舱管控效能；强化航后讲评，及时总结每次执飞过程中的经验，找寻存在的问题和不足，切实提升组员发现问题、解决问题的能力。

（二）淬炼"二项技能"，提升服务质量

在强化班组凝聚力和团队协作能力的同时，我注重发挥组员的主人翁意识，充分调动组员的工作积极性，突出"二项技能"的培养与锻炼。一是快速建立

良好的第一印象。通过案例教学、情境模拟、角色扮演等多种方式，引导乘务员把握旅客的心理特点，熟练运用人际交往技巧，确保在最短的时间内赢得旅客的认可与信任，为之后的客舱服务、飞行安全奠定良好基础。二是坚持以规范服务程序为本，优化服务细节为上。规范的服务流程和流畅的服务节奏是提升航司服务质量的保证。我结合工作实际，汲取先进人物的先进服务理念，进一步细化、优化客舱服务流程及规范；强化培养组员的服务意识，做到关爱于心、细腻于行、用心揣摩、主动服务，把旅客放在心上，把握住每个细节，在旅客开口之前温暖人心；落实和创新企业文化价值观教育，鼓励组员互提意见、互提建议，营造同进步、共提升的良好班组文化氛围，有效提升旅客品牌忠诚度。

（三）做实"三个方面"，激励责任担当

结合对乘务日志填报情况的例行检查，我从客舱设备的规范使用、制度文件的有效执行、服务标准的严谨有序三个方面对组员进行全面评价，客观评估其工作业绩，引导组员发现自己深层次的不足，及时补齐短板，切实提升客舱服务工作质量。

2020年，我带领班组成员取得了工作新成效，但也存在有一些问题和不足，比如践行"五心"服务理念还不够精细；对组员服务质量的监督还不够到位；在落实安全管理、指导组员处置突发事件方面的培训与指导还不够多等。

二、下一步工作打算

乘务长是飞行服务活动的管理者，在整个航班中发挥着衔接、均衡、协调和领导等不可替代的作用。乘务长的管理能力高低关系着乘务组服务质量的优劣，并影响着航司品牌社会形象。2021年，本人将立足本职，从以下三个方面强化管理，提升客舱服务工作能力与水准。

（一）立足技能提升，落实常态学习制度

立足提升班组成员客舱服务技能和水平，在完善航前准备会和航后讲评会的基础上，强化常态化学习力度；发挥"互联网+"等多媒体平台的优势效能，针对客舱服务工作实务，开展形式多样、内容丰富的学习，寓业务培训于经常，寓技能提升于日常。

（二）加强制度建设，规范客舱服务流程

结合实际，进一步细化、优化客舱服务工作流程，使各个工作环节突出"服务"这个中心点；在完善制度建设，强化制度执行中，激发组员的能动性和创造力，提升客舱服务工作效率与质量。

（三）强化安全管理，提升处理问题能力

明确岗位职责，落实安全管理制度和要求。强化对突发事件规范处置的培训与指导，确保组员在突发事件发生时具备灵活处置能力和科学预见能力，夯实民航安全运输基础。

（四）用好激励机制，提升客舱服务质量

全面把握组员的心理状态和性情，合理调配人力资源，客观评价、考核组员工作业绩，发挥激励政策的作用，推动乘务组服务质量不断提升。

　　耕耘更知韶光贵，不用扬鞭自奋蹄。2020年，本人带领班组成员共同努力，取得了良好工作成效。2021年，我将总结经验、扬长避短、不忘初心、砥砺前行，争取更大成绩，为公司高质量跨越式发展献力。　　　　　　　　结尾

　　以上报告，若有不妥之处，敬请领导、同事们批评指正。

××乘务组组长　×××　　落款
2021年1月5日

【解析】这是一份乘务长的年度述职报告。报告结构包括标题、称呼、正文、落款四个部分。其中，正文部分为述职报告的中心内容，开头部分对本人任乘务长一职的任职时间、主要职责做了简要的说明。主体部分以叙述本人履职情况为主，以评价本人作用大小为辅，总结了在工作中收获到的经验和做法，找出问题和不足，并提出了下一步工作设想，突出了作为乘务长在本职工作上的特色。值得一提的是，述职人将自己的工作用"三个落实""二项技能""三个方面"加以提炼概括，表述的层次鲜明、条理清晰，令人印象深刻。全文主次分明、评述客观、语言凝练准确。

【注意事项】

1. 主次鲜明，突显特色

述职者对照自身岗位职责，抓住任职过程中的工作中心和重点，陈述个人履职的优劣得失，避免事无巨细、面面俱到。述职报告要有一个主导思想，展现出个人工作的特色和风格。

2. 实事求是，客观评述

因述职报告都是从"我"的角度展开的，述职者在描述成绩时要恰如其分、准确客观，避免把话说满，言过其实，把集体或他人的功劳归于自己。述职者在描述工作问题时，不要避重就轻、推卸责任，多找主观原因，抓住问题根本。

3. 谦虚谨慎，摆正姿态

无论述职者担任何种职务，都要做到谦虚谨慎、摆正自己的位置，以征求意见、听取批评的态度完成述职报告。

【拓展训练】

一、选择题

1. 某领导在述职报告中，将其在职几年的工作成绩和部门工作成绩全部写了进去。以下对该做法的评论，最恰当的是（　　）。

A. 合乎情理，因为某领导的部门成绩是与其领导作用分不开的

B. 这样做明显突出了个人在工作中的作用

C. 述职报告都是这样写的

D. 可以这样写，但是应当实事求是地说明自己在这些工作中的实际领导作用

2. 以下关于述职报告，错误的描述是（　　）。

A. 突出重点　　　　　　　　B. 讲经验不谈矛盾
C. 客观评价　　　　　　　　D. 突出工作特点，显示工作个性

二、判断题（正确的打"√"，错误的打"×"）

1. 述职报告只需写个人履职情况即可，其他与本职工作无关的事情无须写。（　　）
2. 述职报告必须使用第一人称，采用自述方式，向有关方面报告自己的工作实绩。
（　　）
3. 为便于听众理解，述职报告的语言应轻松通俗有趣，忌庄重严肃。（　　）
4. 在述职报告中对于个人的工作事迹应作详细交代，便于领导考核。（　　）

三、请完成本章节的任务签派

知识链接：述职报告和个人总结

述职报告在写作中容易与个人工作总结混淆，两种文书既相关联又有区别。

相同点如下。

（1）写作形式相同。二者都须归纳做法和成果，找出问题，分析成功的经验和失败的教训。

（2）表达方式相同。二者都是运用叙述的语言概括述职者或总结人的主要工作过程和工作结果，运用夹叙夹议的语言谈体会，揭示工作规律。

不同点如下。

（1）回答的问题不同。个人工作总结要回答的是做了哪些工作，有哪些成绩，有什么经验，存在哪些不足，要吸取什么教训等问题。述职报告要回答的是有什么职责，自己是怎样履行职责的，称职与否等问题。

（2）内容侧重点不同。个人工作总结一般以归纳工作方法、汇总工作成绩为主，重点在于体现个人的主要工作实绩。述职报告则限于报告履行职责的思路、过程和履行职责的能力。

（3）反映成绩的范围不同。个人工作总结不受职责范围的限制，凡是自己做过的事情、取得的成果，都可以纳入其中。述职报告则必须局限于职责的范围之内，围绕职责这个基点安排结构、提炼观点、精选材料。

第五节　申请书

【任务签派】

李静是××航空航天大学航空服务专业的大三学生，目前正在××航空公司乘务一部实习。由于实习单位距离学校宿舍太远，上下班通勤时间累计超过4个小时，个人休息时间严重不足。作为在校学生的李静，目前并无固定的收入来源，单位附近的租房价格过高，难以承受，故希望××航空公司后勤部门能够提供实习员工宿舍。

请代李静拟写一份申请书。

【任务解读】

申请书是个人或集体向机关企事业单位或社会团体表述愿望、提出请求时使用的一种书面文书。

申请书在人们的日常工作、生活、学习中适用范围广、使用频率高。

从写作动机来看，申请书的写作带有明显的请求目的。无论是个人在政治生活上入团、入党的申请，或是个人、单位在其他方面的申请，均是请求满足其要求的一种文书。

从用途上划分，申请书主要有以下几个类别。

1. 组织类申请书

组织类申请书一般是指加入某些进步的党派团体，如申请加入中国共产主义青年团、中国共产党、少先队、工会、参军等时使用的文书。

2. 工作学习类申请

这是指求学或在实际工作中所写的申请，如入学申请书、带职进修申请书、工作调动申请书等。

3. 日常生活类申请

日常生活中柴米油盐、吃穿住行，人们常常会遇到一些问题，需要个人提出申请争取组织、集体、单位的照顾或帮助解决，诸如申请福利性住房、申请开业或困难补助申请等。

【任务导航】

申请书的结构一般由标题、称呼、正文、结语和落款五部分构成。

1. 标题

标题有两种写法：一种是直接以文种"申请书"为题；一种是由"申请内容+文种"组成，如《入党申请书》《困难补助申请书》等。

一般情况下，采用第二种标题方式。

2. 称呼

申请书中，另起一行，顶格写明接收申请书的单位名称或有关领导，如"××党支部""尊敬的××领导"等，后加冒号。

3. 正文

申请书的正文一般包括以下三个方面内容。

（1）自我介绍并表明申请事项，即向领导、组织提出申请什么。这部分内容的写作要求开门见山、直截了当、不含糊其词。

（2）申请理由，即为什么申请。申请人要写明申请的目的、意义以及自己对申请事项的认识。如果理由比较多，可以归类分段来写。这一部分应写得具体、详细，用语要真诚朴实。

（3）表明态度或决心，以便组织了解申请人对所申请事项的认识和态度。

如果是入团（党）申请书，其正文部分应包括五个方面的内容：表明申请入团（党）的愿望；阐明申请人申请入团（党）的原因，申请人一般可以结合自己的成长过程或思想进步过程，写清对团（党）的认识，说明入团（党）的动机；向团（党）组织汇报自己的思想、工作、学习等情况，第一次写入团（党）申请书，申请人一般还需要介绍自己的简历及家庭状况，以便组织全面了解和考察；对照团（党）员的标准，具体分析自己的优点和缺点，说明成绩，找出差距，明确今后的努力方向；表明自己的决心和态度，表达希望得到组织帮助、教育，争取早日加入组织的迫切愿望。

需要特别强调的是，撰写入团（党）申请书时，申请人一定要严肃认真，不得隐瞒，不得弄虚作假，虚与委蛇。

4. 结语

结语部分，一般写表达愿望和请求的话，如"恳请批准""请领导审核批准""敬祈核准""请求组织批准""请求组织考验"等；也可以写表示敬意和感谢、祝颂的话，如"此致 敬礼"等；也可不写。

5. 落款

在正文右下方署明申请人姓名，并在下面注明日期。

【案例赏析】

转岗申请书 ——标题

尊敬的公司领导： ——称呼

您好！ ——问候语

我是客舱服务部乘务一分部乘务员张玲琳，获闻公司将面向内部转岗招聘客舱部办公室文书档案助理一名，对比有关要求，经慎重考虑，特提出转岗申请！ ——正文 申请事项

我是 2018 年 6 月进入客舱部从事客舱服务工作的。感谢公司领导的关心与指导，感谢客舱部老师和同事们的关爱、支持与帮助。四年来，我学到了很多，也成长了很多，无论是客舱服务专业知识素养还是客舱服务实践工作能力都有了很大提升，使我更加敢于面对困难、勇于接受挑战、乐于吃苦耐劳。 ——申请事由

作为一名共产党员，我严于律己，宽以待人，时刻注意发挥党员的先锋模范带头作用，得到了客舱部领导和同事们的一致认可。作为一名空中乘务员，我始终秉承"顾客至上""以客为尊"的服务理念，努力钻研业务知识，虚心向领导和同事学习请教，把争当"服务明星""业务能手"作为自己的追求目标，尽职尽责、任劳任怨，曾先后 4 次在部门、公司以及民航系统举办的各类业务比赛中获得名次，并在 2021 年 10 月举办的第五届民航乘务员职业技能竞赛中取得了第一名的好成绩。

我为人低调，性格谦和，沟通能力强，与领导同事相处融洽。我喜欢文学，爱好写作，善于观察、归纳、总结与提炼，曾在客舱部公众号上发表各类弘扬客舱服务先进人物和先进事迹的通讯报道 10 余篇，为营造和谐向上的客舱文化氛围做出了努力，是 2019 年、2020 年、2021 年"优秀通讯员"光荣称号获得者。

对照办公室文书档案助理的岗位职责，我自觉从性格特点、兴趣爱好、业务知识准备和工作能力等方面均符合要求，并希望能有机会到公司的不同岗位工作、锻炼。 ——结语

谨此，本人郑重提出转岗申请，希望能得到领导的认可与批准。我将为自己的选择加倍努力，勤奋学习，争取以最快的速度适应新岗位的工作要求，为公司创造更多的价

值，与公司一起共创美好未来，不辜负公司和领导对我的信任！
　　此致
敬礼

　　　　　　　　　　　　　　　　　　申请人　乘务一分部　张玲琳　　　落款
　　　　　　　　　　　　　　　　　　2022年5月1日

　　【解析】这是一份乘务员转岗申请书，包括标题、称呼、正文、结语、落款五个部分。其中正文部分为申请书的中心内容，写明申请人工作期间的优异表现，不仅突出了申请人良好的工作态度和工作作风，而且表达了希望在不同岗位为公司做出更大贡献的强烈愿望。这种对公司的真情实感、强烈的事业心和责任感，正是温暖人、打动人的强大力量，从态度和情感上为"转岗"获得理解和支持打下了基础。

【注意事项】

1. 实事求是，客观表达

申请书应该要真实客观地表达申请人的愿望、反映情况，所叙述的事情准确无误，提出的申请诉求要明确具体，不能为了达成申请成功的目的而言过其实，弄虚作假。

2. 简明扼要，一事一请

申请书的内容要求单一明确、一事一文。一份申请只能表达一个愿望或是提出一个请求，不能把不同的愿望或请求放在一份申请书里。阐述的理由要条理清晰、具体明确，便于上级单位和领导能迅速了解情况，及时研究。

3. 语言朴实，态度诚恳

申请书的读者是特定的上级单位或领导同志，申请人写作时态度应该诚恳坦率，语气应该谦虚，语言应该朴实无华。

4. 表述得体，书写规范

申请书的表述要严肃郑重，书写要工整，标点符号要正确，格式要规范，这样才能使人读起来对申请人产生严肃认真、恭敬礼貌的印象，从而收到申请的最佳效果。

【拓展训练】

一、选择题

1. 以下场景中，适合用申请书文种写作的是（　　　）。
A. ××市教育局向所属学校公布初中毕业生统考时间及要求
B. ××航空公司向××航空航天大学发文商洽水上撤离实训场地的相关事宜
C. ××民航学院向民航局请求批准更名为××航空航天大学
D. ××航空公司乘务员王力因夫妻两地分居请求调离现有岗位

2. 以下关于申请书，说法正确的一项是（　　　）。
A. 住宿困难女职工提出产假申请的同时，可以同时提出困难补助申请

B. 申请书中，最重要的申请事项应该置于文末，卒章显志

C. 申请理由应真实，客观地表达愿望、反映情况

D. 为了使申请得以批准，申请书的表达方式应以描写和抒情为主，达到生动形象、情感真挚的效果

二、请指出下列申请书中的不当之处并改正

转岗申请书

尊敬的公司领导：

我于 2018 年 1 月 1 日起进入××航空公司上海分公司担任乘务员。2020 年 6 月，本人查出腰椎间盘突出，已不适应客舱服务工作。现本人提出申请，要求公司能够将我转岗至乘务员培训中心担任教员，泣谢！

您的可怜的员工：王晶晶 敬上
2021 年 12 月 5 日

三、请完成本章节的任务签派

✈ 知识链接：申请书与请示

申请书与请示都带有请求帮助、支持之意，但二者之间有着明显区别。

（1）文种属性不同。申请书为专用书信，请示是公务文书，二者属于不同文种。

（2）适用范围不同。申请书既可用于下级向上级请求不属于请求范围之内的事项，也可用于向不相隶属的但按规定、法律程序必须向其请求的机关、单位、部门等提出请求；请示用于下级机关向上级机关提出请求，且只能在上级机关的职权范围内报请需要批准的事项。

（3）写作要求不同。申请书的内容不以系统、部门为限，写法不强求一律，且常以填写有关部门印制的各种表格代替；请示的内容限于本系统、本部门的行政公务或政策问题范围，写法规范。

（4）撰文作者不同。申请书的作者可以是机关、团体，也可以是个人；请示的作者是法定的机关、团体。

第九章 民航常用学业文书

民航常用学业文书是空中乘务等民航专业学生在学习过程中以及完成学业时所需要撰写的各类应用文书的总称。

教授学生学习民航常用学业文书的写作，目的在于培养其综合运用所学知识、理论和技能去发现问题、分析问题和解决问题的能力，从总体上考查学生达到的学业水平，检验学生的岗位实习成效，培养学生对某一专业领域的现实问题或理论问题进行科学研究的能力等。

民航常用学业文书包括实习报告、毕业论文等。

第一节 实习报告

【任务签派】

王静是××大学航空乘务专业大三学生。2021年7月，王静凭借优异表现，通过了××航空公司的面试，成为一名空中乘务实习生。在实习过程中，王静勤奋努力、积极主动、待人热情、服务周到、乐于奉献、团队协作意识强，无论是业务能力还是职业素养都有了长足的提升，受到了公司领导和带教老师的一致好评。眼看实习期就要结束，按照学校要求，王静认真回顾了半年来的实习经历，总结经验，找寻不足，并撰写了一份实习报告。

请代为王静拟写这则实习报告。

【任务解读】

实习是指学生把学习到的理论知识拿到实际工作中去应用和检验，以提高和煅炼工作能力。

实习报告是指实习人员对实习期间学习和工作经历进行描述的一种书面文体，是对实习经历的记录和总结。

实习是学生将理论知识同实际应用相联系的重要教育环节。实习过程就是实践的过程，因此实习报告具有鲜明的实践性。

实习报告是学生实习经历的总结，撰写重点应展现实习人员运用所学专业基础知识和理论从事实践工作的能力，具有比较鲜明的专业性特点。

实习报告是实习者真实工作经历的汇报与总结，其工作内容、工作案例、工作体会与总结都要建立在真实经历和真实感受的基础上，这样才能得到真实有效、具有参考意义的实习报告。

按照总结阶段不同，实习报告可以分为两大类。

1. 阶段性实习报告

这是指实习者对某一阶段内的实习工作、实习计划实施情况以及所取得的实习成果等进行记录和总结的报告。

2. 终结性实习报告

这是指实习活动结束后，实习者对实习过程中的学习和工作情况等进行总结性陈述的报告。

【任务导航】

实习报告的撰写，在内容和形式上都比较灵活。其写作结构一般包括标题、前言、正文、落款四个部分。

1. 标题

常见的实习报告有以下三种标题形式：

（1）由"实习单位+文种"构成，如《××航空公司实习报告》；

（2）由"实习岗位+文种"构成，如《民航地面服务实习报告》；

（3）只写明文种，不分专业等，即《实习报告》。

有些学校制订了固定的实习报告模板，标题常带有学校字样，如《××民航大学实习报告》。

2. 前言

前言概述实习的基本情况，包括实习目的、实习时间、实习地点、实习单位、实习岗位等。这一部分应简洁明确，有针对性，且符合专业技能的基本要求。前言最后可用"现将此次实习情况报告如下"等惯用语句，过渡到正文部分。

3. 正文

这部分是实习报告的主体，主要介绍实习内容、结果、经验等。一般来说，正文应该包括以下几个方面。

（1）实习内容介绍。实习内容介绍包括实习的主要内容、实习时间范围、专业技能训练的过程等的介绍。这一部分的描述应当层次清晰、重点突出，侧重描述实习者受到的技能的锻炼及岗位能力的提高。写作时实习者可根据实习的实际过程，分别就所从事的岗位和具体工作一一陈述。

（2）实习取得的成绩和经验。这部分是实习报告的重点，是实习者对这一阶段实习工作的全面总结与回顾，具体介绍自己实习过程的收获、取得的成绩，对所从事实习岗位的认识以及在专业技能锻炼过程中的体会。同时，实习者要注意选择与所学专业有关的内容来写，应条理清楚地把自己取得的成绩和具体做法结合起来进行分析，按主次顺序，分条列项地写出来。这一部分的写作既要有理性的概括，又要有具体事实的依据，可以插入案例介绍，使实习总结显得更加真实和有说服力。

（3）不足与改进方向。这部分主要介绍实习者在实习过程中发现的自身的不足，或者遇到的尚未解决的问题，并阐述今后改进的方向。这部分要注意抓住重点、实事求是。

（4）实习意见与建议。这部分主要写实习者通过实习经历，对本专业的专业知识、课程结构的建议和想法，也可以对实习岗位的工作方面提出相关建议。如没有意见与建议，也可以略过不写。

（5）结尾。实习者根据实习的收获和教训，明确努力方向，表明自己的态度或者表达对实习单位和母校的感谢。

4. 落款

这部分写明报告人的姓名和报告时间。

【案例赏析】

封面

××民航大学毕业生产实习报告

标题

年级＿＿＿＿＿＿＿＿＿＿＿＿＿＿＿
专业＿＿＿＿＿＿＿＿＿＿＿＿＿＿＿
班级＿＿＿＿＿＿＿＿＿＿＿＿＿＿＿
姓名＿＿＿＿＿＿＿＿＿＿＿＿＿＿＿
日期＿＿＿＿＿＿＿＿＿＿＿＿＿＿＿

作者基本信息

××年×月到××年×月，我按照学校要求，来到××航空公司进行实习。这期间我经历了岗前集训、机上实习两个实习阶段。这段实习经历加深了我对空中乘务工作基础理论知识的理解，同时也让我体验与熟悉空乘岗位工作的实际情况。下面我就实习情况报告如下。

前言
介绍实习经历的基本情况。

1. 实习过程和岗位

（1）××年×月×日—×月×日，岗前集训（3个月）。

来到公司报到后，公司安排我们进行集训，集训地点安排在××航空公司××分公司空乘培训中心。在为期三个月集训中，我学习了机型知识、语言沟通、模拟航班、机上急救、紧急撤离等多项知识。每天的培训从早上8点开始，一直到晚上9点，并且要出早操、上晚自习，整个过程比较辛苦和紧张，但我一直认真对待，全力以赴，最终顺利通过了考核。

（2）××年×月×日—×月×日，机上实习（4个月）。

在集训结束后，公司安排我们实习生来到客舱部，开始进入带飞阶段。在带飞教员的悉心指导下，我顺利通过了带飞阶段，并开始正式的机上工作。在整个实习过程中，我一共飞了××次航班，累计飞行××小时。我努力提高自己的岗位工作能力，尽心做好每一次飞行工作，在实习结束时，受到了公司领导的好评。

2. 实习总结与体会

空乘是一个表面光鲜亮丽的职业，可背后的辛酸只有自己知道。这在公司集训阶段就得到了体现，每天的日程都安排得满满的，连吃饭都在赶时间，一天的课程下来会感觉很累，脑子很懵，不能很快地消化当天的课程内容。在服务课程学习中，我感受到了这个工作并不是一个人就可以完成的，而是需要团队合作，我们要相互配合、沟通，才能成为一个优秀的团队。理论课程结束后就进入模拟舱练习阶段了。每次进舱之前，教员会对我们的妆容发型进行严格检查，这也使我养成了一个良好的习惯。第一天，我们学习了送餐、送水、回收餐食，虽然这些内容在理论课上都有学习，但在实际运用的时候还是会让我有一点蒙。实际操作更注重细节，比如拿杯子的时候不能握到杯口，给小朋友倒水的时候只能使用冷饮杯，倒咖啡的时候要先放入搅拌棒，等等。那段时间我们是紧张的也是快乐的，因为我们在朝着同一个目标努力，每天都在房间里练习到凌晨。我们一直咬牙坚持，因为在飞机上，只有我们才能保证乘客的舒适和安全，将他们送达目的地。

两个月的培训时间很快过去了，我也迎来了一个新的挑战——带飞。飞第一班时我有些不知所措，前辈们也教了我很多，让我觉得在一个工作团队里是多么的幸福。一切准备差不多了，开始上客了，我对着每一名旅客微笑，尽可能地帮助旅客放置行李。慢慢地我发现，其实大部分旅客是很友善的，我冲着他们微笑服务，他们也会给我回应，每一个回应，都让我感觉到我的认真没有白费，就更有热情去进行工作了。

在这之后，我终于开启了正式的飞行经历。这期间，发生了很多事，让我成长，让我感动，也让我反思。

春运，一个简单的字眼，在其他人的眼里，代表着中国40天内最大的迁移，而在民航人的眼里，它承载着梦想与希望，蕴含着使命与担当。那天是大年初二，我执行××航班任务，可能是因为春节，人们都在家里团聚，比起往常，客舱里的乘客少之又少。在协助乘客放好行李并引导他们入座之后，飞机很快就起飞了。平飞后，在组员的默契配合下我很快顺利完成了餐饮服务，不过一位没有用餐的奶奶

主体部分
基本情况概述。包括实习目的、实习时间、实习地点、实习单位、实习岗位等基本情况的介绍。

实习过程记载，包括实习的主要内容、实习时段的安排与专业技能训练过程记录等，并阐述自己的收获和体会。

实习阶段的案例和收获

引起了我的注意,当我要蹲下询问她是否哪里不舒服时,奶奶在我耳边对我说:"姑娘,辛苦啦,不给你们添麻烦了,大过年的,落地去儿子家吃几口就行。"作为空中天使的我们,虽然无法在家和亲人团聚,但因为有了我们的付出,让那么多的人圆上回家的梦,那份幸福谁又能说不属于我们呢?第一次在外过春节,可能会有些难过,但也正是在春运航班中遇到了"你们",我们的春节就再也不孤单了。

民航乘务员实习使我有了预期之外的收获,它成为我人生中一段难忘的经历,让我多了一份成熟、稳重,少了一份幼稚。通过这次民航乘务员实习,我的人生观、价值观、世界观发生了改变,更加懂得如何完善自己、磨炼自己,去发现自己的价值并为今后的就业打下坚实的基础。同时它更教会我怎样去生活、去奋斗、去对待自己的工作。这次民航乘务员实习考验了我的责任心,磨砺了我的意志。

但同时,我也发现了自己的很多不足,比如我相对粗心的性格,在工作中经常会犯一些小错误;自己的英语能力急需提升。这都是我未来要引起注意并要快速改进的。相信通过学校老师的教诲,通过在公司努力工作的经验积累,我一定会将工作干得更加出色!

最后,我要感谢公司给我的实习机会以及对我的培养,同时我要感谢母校,感谢老师,在学校期间让我感受着当代民航精神,为我注入了"准民航人"血脉,使我拥有行业认同感和归属感。在校的学习和工作经历也不断磨砺着我,让我骨子里变得更加坚韧和有担当。

虽然实习时间不长,但对我有重大的意义。它使我看到了自己的不足,也看到了我的努力,提高了我的能力。这对我今后的学习、工作将产生积极影响。我非常喜欢民航乘务员工作!我热爱这份工作,也从不后悔自己选择了这份工作。在以后的学习工作中,我必将以饱满的热情和主动心态做好民航乘务员的工作。

> 体会和感悟

> 发现不足,提出今后努力方向。

> 结语
> 对母校、公司表达感谢,也对自己进行了一次总结

【解析】这则实习报告写清了实习者的实习时间、地点、目的、主要内容,其中穿插案例,生动地总结了实习的体会和收获,同时分析了自己的不足。总体而言,这则实习报告结构完整、内容翔实、重点突出、逻辑清楚、感情真挚,符合实习报告的基本写作要求。

【注意事项】

1. 要实事求是,切忌浮夸编造

实习报告在内容选取上,可以是如何将学校里学到的理论和技能应用到实践的过程性描述,也可以是对实习过程中通过观察、体验与思考所发现的新问题、新现象、新规律、新方法、新技巧的经验性总结。

2. 要注意重点突出,层次清楚

实习报告要求语言简练,重在总结实习经历对提高实习者的实际动手能力和职业基本技能的意义,因此体会和感悟应有侧重,选择的案例应该典型。实习者在写作时,既要有独特的感悟与体会,又要有有说服力的事实依据作为支撑,切忌简单罗列。

3. 要注重积累材料,内容充实

丰富的资料是写好实习报告的基础,从开始实习的那天起,实习者就要注意广泛收集资料,

以备选用。

【拓展训练】

一、填空题

1. 实习报告的特点是_____、_____、_____。
2. 实习报告一般由标题、_____、正文、落款构成。
3. 实习报告的正文部分一般包括实习内容介绍、_____、_____、实习意见与建议等内容。
4. 实习报告重在总结实习经历对提高实习者的_____和_____的意义。

二、判断题（正确的打"√"，错误的打"X"）

1. 民航常用学业文书包括实习报告和业务通告。（   ）
2. 在撰写实习报告过程中，为增加表达效果，写作者可对有关数据和案例进行技术性处理。（   ）
3. 实习报告的内容可以是如何将学校里学到的理论和技能应用到实践的过程性描述。（   ）
4. 实习过程就是实践的过程，因此实习报告具有鲜明的实践性。（   ）

三、写作题

请结合自己在××航空公司的实习经历，根据实习报告的写作要求，拟写一篇实习报告。

四、请完成本章节的任务签派

知识链接：实习报告的重要意义

首先，实习报告是检验实践的重要形式。实践是培养人才的重要手段，实习是实践教学的主要形式。学生按要求完成实习任务，是完成学业的基本条件。实习报告是对实践过程的阐述、分析、综合和总结，是检验学生是否认真参与，完成必需的实践任务的重要形式。

其次，实习报告是检验实习效果的重要参考。作为实践教学的受众，学生应该在实践中掌握一定方法，提高相应技能，实现特定的目的。学生实习结果质量的好坏，可以通过实习报告来体现，为学校和指导教师了解学生的实践情况提供了重要参考。

最后，实习报告是就业面试的重要砝码。对用人单位而言，通过实习报告能够间接了解学生在学习期间从事了什么样的实践活动，是否符合单位的发展要求，同时，从实习报告的内容上能间接看出一个学生的职业素养和工作态度。因此，实习报告可以为用人单位了解学生实际工作能力提供重要参照。

第二节 毕业论文

【任务签派】

××民航大学航空乘务专业三班的杜丽同学即将完成四年的大学学业。按照学校要求，毕业前需结合个人所学专业知识或岗位实习经历，就某一现实问题或理论问题展开研究，并完成一篇不少于6 000字的毕业论文。

请结合你的理解，为杜丽同学推荐一个选题并拟写一份毕业论文提纲。

【任务解读】

毕业论文是普通中等专业学校、高等专科学校、本科院校等学生在教师指导下，综合运用所学专业理论知识、技能，结合实践心得，对某一专业问题阐述见解、表述研究成果的具有一定学术价值或应用价值的议论性文章。

毕业论文的目的在于总结学生在校期间的学习成果，培养学生综合性、创造性运用所学的专业理论知识和技能去解决复杂问题的能力，并受到相关科学研究性质的基本训练。

毕业论文一般安排在修业的最后一学年（学期）进行。

作为学术论文的一种，毕业论文具有学术性、科学性、专业性、创新性特点。

按综合型分类法，毕业论文可分为以下四大类。

1. 专题型毕业论文

这是指在分析前人研究成果的基础上，以直接论述的形式发表见解，从正面提出某学科中某一学术问题的毕业论文，如《浅析空中乘务员工作压力管理的方法与技巧》一文，从正面论述了空中乘务员管理好工作压力对提升客舱工作服务质量的重要意义，并结合实际探究了管理工作压力的方法、原则与技巧，表明了作者对管理工作压力与提升客舱服务质量的理解。

2. 论辩型毕业论文

此类论文即针对他人在某学科中某一学术问题的见解，凭借充分的论据，着重揭示其不足或错误之处，通过论辩形式来发表见解的毕业论文。例如，《高品质人性化客舱服务是提升客户满意度的唯一途径吗？》一文，针对"高品质人性化客舱服务是提升客户满意度的唯一途径"的观点，展开了有理有据的分析和驳斥，以论辩的形式阐明了提升客户满意度，不仅需要高品质个性化客舱服务，还需要优化客舱服务管理流程，提升客舱服务人员的专业能力与职业素养等。

3. 综述型毕业论文

此类论文即在归纳、总结前人对某学科中某一学术问题研究成果的基础上，加以介绍或评论，从而发表自己见解的一种论文。例如，《中国航空服务行业发展现状分析与前景趋势预测（2018—2021年）》一文，分析了航空服务行业的市场规模、航空服务市场供需状况、航空服务市场竞争状况和主要航空服务企业经营情况，同时对航空服务行业的未来发展进行科学预测。

4. 综合型毕业论文

此类论文即将综述型毕业论文和论辩型毕业论文两种形式有机结合起来，写成的毕业论文。例如，《关于提升民航服务人员素质的几点思考》一文，分析了当前民航服务人员素质的现状，指出了存在的几个值得研究的问题，并围绕这些问题展开论述，提出解决问题的建议。

【任务导航】

毕业论文一般包括前置部分、主体部分和附录。

1. 前置部分

各高等院校根据实际情况，对论文前置部分规定了相关的格式，学生只需按照规定格式填写相关的内容即可。前置部分中必不可少的内容有标题、摘要、关键词、目录。

（1）标题。标题又称题目、题名。标题应能精练、集中概括论文的主题，力求鲜明准确、一目了然。标题用词要有科学性和逻辑性，不宜用比喻、夸张等语法进行表达。标题应简洁，一般不宜超过20字，必要时可以采取主副标题的形式。

（2）摘要。摘要又称提要，是对论文的研究目的、研究方法、研究结果和最终结论等的概括和说明，目的是让读者在阅读全文前能够对论文的基本内容、主要观点和创新之处有所了解，摘要一般200~300字。

（3）关键词。关键词又称主题词，指反映论文主要内容的单词或术语，其作用是，一方面，代表着文章的核心词汇，另一方面，主要是为文献检索提供方便。一般地，每篇论文选取3~6个关键词，另起一行写在摘要的下方。关键词尽量选用论文中已有的事物名称和学术名词。

（4）目录。篇幅短的毕业论文可以没有目录，而篇幅较长，结构较复杂的毕业论文，一般要设置目录。目录既有利于读者阅读、查找，同时也能直观地展示论文各部分的层次和逻辑关系。

2. 主体部分

主体部分是毕业论文写作的核心和重点，一般由绪论、正文、结论、注释和参考文献、致谢构成。

（1）绪论。绪论又叫作引言、前言或导语，其作用主要是引出论点，引导读者去理解论文内容和研究思路。绪论应简要说明研究工作的目的、范围、相关领域的前人研究成果、研究方法和预期成果等。

（2）正文。正文也称本论，是毕业论文的核心部分，占论文的主要篇幅，由于论文种类和所涉及的学科、选题、研究方法等有很大的差异，正文的写作方法各有不同，但是，一般要求观点明确、论据翔实、论证逻辑严密、结构层次清晰。

毕业论文正文部分的结构层次一般采用以下三种方式编排。

①并列式：论文由多个分论点支持总论点，各分论点是平行并列的关系，分别从不同的角度对总论点加以论述，共同支撑总论点。

②递进式：这种结构是总论点下的各分论点的内容层层深入，后一层次内容是对前一层次内容的发展，后一个分论点是前一个分论点的深化，逐步递进，最终得出结论。

③综合式：将上述两种形式综合运用，一般以某一种形式为主，以另一种形式为辅，在编

排时注意结构和逻辑清晰,不要造成混乱。

(3)结论。结论又称结语,是论文最终的结论。结论应该是理论分析、实践验证的综合结果,而不是正文中每段小结的简单重复。结论应准确、完整、明确、精练。结论的方式一般有总结性的、探讨性的和预测性的。

(4)注释和参考文献。在毕业论文中,凡是引用了别人的文章、数据、图片等文献资料的,都要按相关格式要求进行注释。论文撰写中,如作者参考了相关材料,也应列出被参考文献的相关信息。

(5)致谢。致谢为毕业论文写作格式的选择项目,需要时才用。一般毕业论文要有致谢部分,放在正文后,对在学习和论文写作中给予帮助、指导的人或单位表示感谢。

3. 附录

附录不是论文的必需部分,是论文的补充项目,根据论文实际需要设置。附录内容可以包括统计表、年表、技术方案、原始数据等。

【案例赏析】

浅谈乘务工作中的沟通能力

摘要: 在中国民航业高速发展的背景下,民航旅客对民航服务质量也提出了新的要求。客舱乘务员作为直接服务旅客的人员,其沟通能力和效果直接影响民航客舱服务质量,沟通能力对空中乘务工作有着重要意义,这就要求乘务员既要掌握沟通的基本原则,也要结合民航客舱服务工作的性质,努力提高乘务员的沟通能力,最终提高民航整体服务质量。

关键词: 乘务工作;沟通;能力

1. 沟通能力对空中乘务工作的重要性

中国民航业的高速发展,对民航服务工作提出了更高的要求,提高服务质量也是各个航空公司提高核心竞争力的重要手段。同时,随着人民生活水平的提高,民航旅客对民航服务人员提出了越来越高的要求,民航服务已成为决定民航企业运营管理质量和经济效益的重要因素。要想提高民航服务质量,提高空中乘务员的沟通能力是一个重要的手段,从这个角度来讲,沟通能力对做好空中乘务工作具有重要意义。

(1)良好的沟通是做好客舱服务的保障。

沟通是人与人之间传递信息、表达感情的重要途径。在客舱服务中,乘务员的沟通能力尤为重要。在客舱服务的过程中,乘务员照顾旅客的情绪,与旅客交流感情,是做好服务工作的重要保障。

(2)良好的沟通可以更好地树立公司品牌形象。

良好的沟通可以更好地宣传航空公司的服务,树立航空公司的品牌形象,提高公司的核心竞争力。同时,在客舱服务中,乘务员可以在与旅客沟通的过程中,将公司的理念传达给旅客,让旅客接受并认可公司文化。反之,如果沟

标题

摘要
位于标题下方,对论文的基本内容、主要观点和采用的研究方法进行概括说明,200字左右为宜。

关键词
3~6个为宜。

主体
论文的主体部分一般包括绪论、正文、结论、致谢、注释和参考文献。

正文部分,分别从几个不同的角度阐述沟通能力。

通不顺利，甚至发生矛盾，会让旅客对公司产生抵触情绪。

（3）沟通有助于锻炼乘务员的业务能力和服务意识。

乘务员应该具备良好的服务意识，其工作的主要职责就是给旅客提供优质的服务，而服务能力和服务意识的提升在很大程度上基于乘务员和旅客的沟通。乘务员只有多与旅客沟通，才能知道旅客真正需要什么，才能为旅客提供更周到、更贴心的服务；只有多与旅客沟通，才能让旅客理解、支持乘务员的工作。良好的沟通可以使旅客感到愉悦，从而易于接受乘务员的建议，配合乘务员的工作，进而对整个服务感到满意。由此可见，良好沟通对提高乘务员的业务能力和提高服务意识具有积极意义。

所以，客舱乘务员应该有意识地通过学习、锻炼，努力提高自己的沟通技巧和能力，通过沟通，提升服务意识，帮助旅客解决实际困难，提供更好的服务。

2. 良好沟通的基本原则

客舱乘务员要想提高沟通能力，首先要掌握沟通的基本原则。一般来说，提高沟通能力需要注意以下原则。

（1）合作原则。

沟通的最终目的是合作。因此，合作原则是在沟通的时候需要遵循的重要原则。它要求沟通者在语言表达上尽量做到礼貌，在语气态度等方面尽量做到谦和，同时沟通时要考虑对方的立场。

（2）得体原则。

得体原则是指在沟通的过程中，语言表达应该得体、适当。所谓得体，就是沟通者根据沟通的环境、对象和沟通目的等，运用合适的言语，以最佳的方式来传递最适当的信息。

（3）尊重、真诚、礼貌原则。

在语言沟通中，学会尊重是非常重要的。尊重应该是礼仪之本，也是待人接物的基本美德。尊重、真诚和礼貌是我们在沟通中应该积极倡导和努力追求的。

……

3. 良好客舱沟通的技巧

（1）掌握基本沟通技巧。

客舱乘务员要想在客舱服务中提高沟通的能力，首先应该掌握沟通的基本技巧。

①倾听技巧。良好的沟通，不是专注于自己的表达，而是要学会倾听对方的声音，专心致志地倾听会让你的沟通对象感觉到你对他的接受和认可，从而更加深入地与你沟通。

②提问技巧。除了倾听和表达之外，还要学会提问。客舱乘务员提出好的问题，除了可以确认对方表达的信息外，还可以启发思路。在与人沟通时，学会提问，才能让对方说出内心想说的话，你才能了解他的真实情感与想法。

③反馈技巧。沟通的对象不仅在意你对所谈论的问题是否重视，更需要了解你对此的看法、意见，适时给出回应会增加彼此的认同感，容易达成一致。

（2）满足不同旅客需求。

民航客舱服务沟通，是带有职业特点的沟通，乘务员除了掌握基本沟通技巧之外，还应该根据不同旅客的特点进行沟通。比如老年旅客，老年人由于生活经验和阅历丰富，一般容易理解乘务员的辛苦，只要真诚服务、体贴入微，就能让他们满意。乘务员与老年人沟通时要注意放慢语速，声音要略大，要主动关心他们需要什么服务，洞察并及时满足他们的需求。再比如生病旅客，他们较正常的旅客自理能力差，需要别人的照顾。乘务员一定要密切关注他们，对他们给予体贴、耐心，必要时动员飞机上的旅客予以支援和帮助。

（3）提升税务员服务素质。

①强化责任心的培养。乘务员要想提高沟通能力，就要注意在服务过程中培养自身的责任心、爱心和包容心。乘务工作既关系航空公司服务水平的高低，更关系旅客生命，责任重大，需要乘务员以高度的责任心认真对待。乘务员的爱心首先是对空中服务工作本身的热爱。看似高雅、轻松的乘务工作实际是非常劳累和枯燥的，如果没有对乘务工作的爱心，以及对旅客的包容心，乘务员就很难长久地保持对这份工作的激情和热情，也很难能做好沟通工作。

②保持积极向上的心态。积极向上、阳光自信的人容易赢得旅客的信任，也能够提升沟通的意愿和效果。同时，乘务员开朗活泼的个性，幽默风趣的言行，也会在沟通中营造一种轻松快乐的氛围，这种氛围会感染到旅客，会使沟通变得更加容易，甚至会让很多矛盾化解于无形之中。

③提高乘务员自身的抗压能力。乘务员工作压力很大，在工作中经常会遇到很多压力、困难，有时候因一些客观原因，旅客将负面情绪发泄在乘务员身上，如果乘务员没有良好的心理调节能力，这时候就会情绪崩溃，更别提进行良好的沟通了。所以，要做好客舱服务工作，需要乘务员提高自身的心理素质，正视问题和困难，面对糟糕的局面，要调整心态，始终以微笑面对旅客，耐心与旅客沟通，最终达到理想的效果。

4. 结论

与乘客的交流与沟通是客舱服务的主要内容之一，良好的沟通能力是乘务员业务能力的具体体现。客舱乘务员沟通能力直接影响客舱服务质量，从而影响民航整体服务质量。沟通可以帮助乘务员与旅客建立良好的关系，有助于旅客理解和配合乘务员工作，因此，加强乘务员沟通能力对客舱服务和安全工作的顺利开展具有重要意义。

致 谢

感谢学校的培养，为我步入社会打下坚实的基础。感谢指导我的老师，不但在我的论文撰写过程中给予了我悉心指点，还教给我做人的道理。在此论文完成之际，谨向我尊敬的××老师致以诚挚的谢意和崇高的敬意。

参考文献：

1. 王丽丹. 空乘的职业素质[J]. 东方航空报，2005.8.
2. 高宏. 空乘服务概论[M]. 北京：旅游教育出版社，2010.
3. 张澜. 民航服务心理与实务[M]. 北京：旅游教育出版社，2010.

【解析】这是一篇毕业论文。从格式上来说，标题、摘要、关键词、主体、致谢、参考文献等要素基本齐全。论文的结构层次清晰，以三章篇幅来阐述三个问题，每章又分成若干分论点，逐一展开论述，最终形成结论。虽然论文的思维逻辑还不是很严密，语言方面也值得进一步推敲，但总体上来说是一篇合格的毕业论文。

【注意事项】

1. 观点要鲜明

毕业论文质量的高低，首先取决于论文的观点是否明确清晰，并且富有新意，当然，也不能盲目求新走极端，既要有新意，又要保持科学的态度。

2. 论据要真实

论文要有说服力，就需要大量真实可靠的论据支撑。无论是事实还是数据，都应该力求准确无误，即便是说理，也要保证言之有据、句有出处，这样才能让论文的论据基础坚实。

3. 论证要严谨

有了好的观点和充分的材料之外，论文还需要严谨、科学，运用科学合理的论证方式，组织材料说理，揭示论据与观点之间的逻辑关系，环环相扣的推导出结论，令人信服。

4. 语言要规范

毕业论文是一种阐述具有理论价值或应用价值研究成果的议论文体，其语言表达既要精确简明，又要庄重严密，这就要求学术论文的写作要使用规范、专业的书面语言。

【拓展训练】

一、填空题

1．毕业论文的特点是_____、_____、_____、_____。
2．毕业论文的正文部分常见的写作方法有_____、_____、_____。
3．毕业论文一般包括_____、_____、_____几个部分。

二、写作题

请参照毕业论文的结构形式和写作要求，利用网络、图书馆资料和电子数据库，结合学习和实习工作经验与体会，以《浅议民航乘务员的服务意识》为题，写一篇不少于3 000字的论文。

三、请完成本章节的任务签派

知识链接：如何写好一篇毕业论文

首先，确定论文选题。选题决定了论文的质量，也影响着本研究的价值。不同的选题关注的问题、理论深度、学术界的认同程度、社会效应都是不同的。

其次，要做好论文材料的搜集和整理工作。论文写作需要尽可能地搜集相关材料，并合理利用材料为论文服务。材料是进行研究的基础，也是论文写作的保障。

再次，要编写论文提纲。论文提纲的编写，既要注意论文各部分的先后顺序，也要注重论文各部分之间的内在联系。提纲是论文的规划，是论文最重要的内容，需要精心设计、认真构建。

最后，要重视论文的修改。论文的修改是指论文初稿完成之后，作者对论文的内容和结构等方面的改动、加工、完善。修改是提高论文质量的必要步骤，是作者对读者、科研负责的行为，也是提高作者科研能力和写作能力的重要途径。

附录 A

常见文章修改符号及其用法

编号	符号名称	符号形态	符号说明	用法示例
1	改正号		表明需要改正错误，把错误之处圈起来，再用引线引到空白处改正。	
2	删除号		表明删除掉。文字少时加圈，文字多时可加框打叉。	
3	增补号		表明增补。文字少时加圈，文字多时可用线画清增补的范围。	
4	对调号		表明调整颠倒的字、句位置。三曲线的中间部分不调整。	
5	转移号		表明词语位置的转移。将要转移的部分圈起，并画出引线指向转移部位。	

附录 A　常见文章修改符号及其用法

续表

编号	符号名称	符号形态	符号说明	用法示例
6	接排号		表明两行文字之间应接排，不需另起一行。	本应用文书，语言通畅，但个别之处……
7	另起号		表明要另起一段。需要另起一段的地方，用引线向左延伸到起段的位置。	我们今年完成了任务。明年……
8	移位号	或 或	表明移位的方向。用箭头或凸曲线表示。使用箭头，是表示移至箭头前直线位置；使用凸曲线是表示把符号内的文字移至开口处两短直线位置。	锦州印刷厂 锦州　印刷厂
9	排齐号		表明应排列整齐。在行列中不齐的字句上下或左右画出直线。	认真提高提高质量印刷质量，缩短出版周期
10	保留号	△	表明改错、删错后需保留原状。在改错、删错处的上方或下方画出三角符号，并在原删除符号上画两根短线。	认真搞好校对工作

207

附录 B
民航应用文写作常见惯用语一览表

序号	名称	作用	惯用语
1	开篇用语	用于文章开头,表示目的、依据等发端语	为、为了、按、按照、遵照、依照、依据、鉴于、基于、关于、由于、兹、兹有、兹定于、今、随着、现将
2	引叙用语	用于复文引据	接、前接、近接、现接、悉、得悉、惊悉、近悉、据
3	追叙用语	引出被追叙事实	业经、前经、均经、即经、复经、迭经
4	称谓用语	对人、单位称谓	第一人称：本、我、敝，如本人、我校、敝单位 第二人称：贵、你，如贵公司、你部 第三人称：该、他，如该同志、他方
5	谦敬用语	用于表示尊敬	蒙、承蒙、承蒙惠允、不胜、大力、通力
6	征询用语	用于征请、征询	妥否、当否、可否
7	期请用语	用于请求、期望	上行：请、恳请、拟请、特请、报请、敬请 平行：务请、如蒙、即请、切盼 下行：希、即希、敬希、望、尚望、切望、希予
8	命令用语	表示命令或告诫	表示命令的：着、着令、特命、责成、令其、着即 表示告诫的：切切、毋违、切实执行、不得有误、严格办理
9	表态用语	用于审批、拟办	同意、照办、批准、可行、可引、原则同意、原则批准、责成、交办、试办、可办、不可办、执行
10	过渡用语	用于承上启下	为此、据此、故此、因此、鉴于此、为使、对于、关于、如下
11	拟办用语	用于审批、拟办	责成、交办、试办、查照办理、遵照办理、参照办理、酌办
12	经办用语	表示处理进度	经、业经、已经、兹经、拟定、拟将、责成
13	递送用语	表示文件递送方向	上行：报、报送、呈、呈报、 平行：送、抄送 下行：发、颁发、颁布、发布、印发、下发
14	结束用语	用于文章最后,表示收束	上行：当否，请批示；妥否，请批准；以上报告，请审核；以上报告，如无不妥，请批转……为盼/为荷 平行：特此函达、即此函商、尚望函复……为要/为宜/为妥 下行：希遵照执行、此复、特此通知、特此通告 表示敬意、谢意的词语：此致 敬礼、致以谢意、谨致谢忱

附录 C
民航客舱服务常用专业术语一览表

序号	名称	含义
1	签派	又称飞行签派，指负责组织、安排、保障航空公司航空器的飞行与运行管理的工作
2	签到	起飞前在规定的时间内到达航班调度部门，然后在乘务员所执行的航班上签名或在电脑上确认。
3	机组成员	飞行期间在飞机上执行任务的航空人员，包括飞行机组成员和乘务员
4	乘务组	由乘务员依照航班计划要求编成的任务组
5	准备会	飞行前按规定的时间参加由乘务长组织的航前乘务组会，主要内容：复习航线机型知识、分工、了解业务通知、制订服务方案和客舱安全紧急脱离预案
6	机组会	飞行前一天由机长召集，机组成员及带班乘务长参加会议，主要内容：汇报各工种准备情况，听取机长的有关要求等
7	预先准备	空中服务的四个过程之一，指执行任务前至登机阶段的各项准备工作
8	直接准备	空中服务的四个过程之一，指乘务员登机后至旅客登机前的准备工作
9	空中实施	空中服务的四个过程之一，指飞机开始滑行起飞至下机前所有的服务工作
10	航后讲评	空中服务的四个过程之一，指完成航班任务后的工作讲评
11	安全检查	飞机在起飞、下降、着陆、颠簸或紧急情况下，为确认旅客及各种设施符合安全规定而进行的检查，包括紧急出口、走廊、厕所无障碍物
12	巡舱	乘务员在客舱走动，观察旅客需求、安全状况，处理特殊情况，提供及时、周到的服务行为
13	巡航	飞机进入预定航线后的飞行状态
14	清舱	旅客登机前，安全员或乘务员检查机上所有部位，确保机上无外来人、外来物
15	机供品	为旅客和机组配备的航班上需要的物品的总称
16	特殊餐	有特殊要求的餐食，如婴儿餐、犹太餐、清真餐、素食等
17	载重平衡图	以空机重心指数作为计算的起点，以确定飞机的起飞重心位置，并根据飞机重心位置的要求，妥善安排旅客在飞机上的座位和各货舱装载量的填制图
18	关封	海关官员使用的公文。常用信封封好后在航班起飞前交给乘务员，由乘务员在到站后转交海关官员
19	核销单	机上免税品出售后填写的表格，用于海关核销进口免税品

续表

序号	名称	含义
20	复飞	由于机场障碍或飞机故障以及其他不宜降落的条件存在时,飞机终止着陆重新拉起转入爬升的过程
21	备降	航空器在飞行过程中不能或不宜飞往飞行计划中的目的地机场或目的地机场不适合着陆,而降落在其他机场的行为
22	飞行时间	航空器为准备起飞而借助自身动力开始移动时起,到飞行结束停业移动止的总时间
23	飞行经历时间	机组成员在其执勤岗位上执行任务的飞行时间,即在座飞行时间
24	飞行休息时间	从飞行人员到达休息地点起至执行下次任务离开休息地点止的时间段
25	飞行值勤期	机组成员接受合格证持有人安排的飞行任务后(包括飞行、调机或转场等),从为完成该次任务而到指定地点报到的时刻开始,到飞机在最后一次飞行的发动机关车且机组成员没有再次移动飞机的意向为止的时间段
26	新雇员训练	航司新雇佣人员或已雇佣但没有在机组成员或飞行签派员工作岗位上工作过的人员,在进入机组成员或飞行签派员工作岗位之前所需进行的训练
27	初始训练	未曾在相同组类其他飞机的相同职务上经审定合格并服务过的机组成员和飞行签派员需要进行的改飞机型训练
28	差异训练	对于已在某一特定型别的飞机上经审定合格并服务过的机组成员和飞行签派员,当局方认为其使用同型别飞机与原飞机在性能、设备或操作程序等方面存在差异,需要进行补充性训练时应当完成的训练
29	定期复训	已取得资格的机组成员和飞行签派员,为了保持其资格和技术熟练水平,在规定的期限内按规定的内容所进行的训练

附录 D

民航咨询通告式样

中国民用航空局××司

咨 询 通 告

编　　号：AC-145-FS-00× R3

颁发日期：××××年×月×日

××××××××

附录 E 公文式样

000001
秘密★6个月
特急

××××××文件
×××发〔××××〕×号

××××××关于××××的通知

××××、××××，××××，××××：

  ××。

  附件：1.××××××××××
     2.××××××××××

××××××
××××年×月×日

抄送：××××××、××××××。
××××××××　　　　　　　　　　　　　　　　××××年×月×日印发

附录 F

民航明传电报式样

民航明传电报

签批盖章 ×××

等级 特急　　　　　×发明电〔××××〕×号

关于××××××的通知

××××××，××××××，××××××：
　　××。

　　附件：××××××××

　　　　　　　　　　　　　　××××××
　　　　　　　　　　　　　××××年×月×日

抄送：××××、××××，××××××××。

××××××××　　　　　　　××××年×月×日印发

附录 G　信函式样

×××××××××

000001
秘　密
特　急

×××函〔××××〕×号

××××××关于×××的函

××××××：
　　××。

　　附件：×××××××××××

××××××
××××年×月×日

　　抄送：××××××、××××××××。

附录 H

纪要式样

×××××纪要

〔××××〕第×期

　　××××年×月×日，×××主持召开×××××专题会议，讨论了×××××、×××××问题。纪要如下：

　　一、××××××

××××××××××××××××××××。

　　二、×××××××

×××××××××××××××××××。

出席：×××、×××、×××、×××
请假：×××
列席：×××、×××、×××

分送：×××、×××，×××××。

××××××　　　　　　　　　　　　　　××××年×月×日印发

参考文献

1. 朱淑萍，邹旗辉. 应用文写作[M]. 北京：北京理工大学出版社，2016.
2. 赵丽花. 实用应用文写作[M]. 西安：西北大学出版社，2018.
3. 贾勇，朱宏伟，王增智. 新编应用文写作[M]. 北京：北京理工大学出版社，2014.
4. 程宁宁. 应用文写作[M]. 北京：北京邮电大学出版社，2017.
5. 陈顾，王瑜珲. 实用应用文写作教程[M]. 北京：北京理工大学出版社，2018.
6. 戴盛才. 中文应用写作[M]. 上海：复旦大学出版社，2011.
7. 陈庆元，高兰. 应用文写作[M]. 北京：北京师范大学出版社，2013.
8. 张莹. 空中乘务应用文写作[M]. 北京：人民交通出版社，2018.
9. 中共中央办公厅，国务院办公厅. 党政机关公文处理工作条例. 中发办〔2012〕14号. 2012.
10. 中国民用航空局. 民航局公文处理实施办法. 民航发〔2014〕21号. 2014.
11. 高兰，赵爱萍. 应用文写作[M]. 武汉：华中师范大学出版社，2018.
12. 刘进. 民航应用文写作[M]. 2版. 北京：科学出版社，2019.
13. 周文建. 怎样写可行性研究报告[J]. 新闻与写作，2002(8):37-38.
14. 阳慧. 经济合同与经济意向书用语差异辨析[J]. 应用写作，2014(5):23-26.
15. 郭光华. 新闻写作[M]. 3版. 北京：中国传媒大学出版社，2020.
16. 夏德勇、李宁，等. 新闻报道写作[M]. 广州：暨南大学出版社，2014.
17. 刘建华. 卞丽敏，李炜. 一本书学会新闻写作[M]. 2版. 北京：人民日报出版社，2021.
18. 廖广莲. 新闻通讯传媒写作技巧与范例[M]. 北京：北京联合出版公司，2015.
19. 王卫明，倪洪江. 通讯员新闻采写一本通[M]. 2版. 北京：人民日报出版社，2018.
20. 刘明华，徐泓，张征. 新闻写作教程[M]. 北京：中国人民大学出版社，2002.
21. 民航旅客市场特征研究项目组. 2010年民航国内旅客市场特征报告. 中国民航管理干部学院.
22. 周文建. 怎样写可行性研究报告[J]. 新闻与写作，2002(8):37-38.
23. 鞠彩华. 经济合同的写作及应注意的问题[J]. 黑龙江科技信息，2007(7):133.
24. 赵羚. 中文经济合同中"责任"表述的局部语法研究[D]. 北京：北京外国语大学，2022.
25. 于静荣. 大学生就业创业指导[M]. 北京：清华大学出版社，2012.
26. 谭靖仪. 应用文写作[M]. 北京：北京理工大学出版社，2019.